浙江省普通高校“十三五”新形态教材

高等职业教育“互联网+”新形态一体化教材

电气CAD技术

主　编　颜晓河　陈荷荷

副主编　董玲娇　王石磊

参　编　陈宣荣　王哲禄　李　俐

机械工业出版社

本书以 AutoCAD 2020 为平台，从实际操作和应用的角度出发，全面讲述了 AutoCAD 2020 的基本功能及其在电气工程行业中的实际应用。本书内容丰富，结构层次清晰，讲解深入细致，案例经典，具有很强的操作性和实用性。

本书既适用于 AutoCAD 软件的初级、中级用户阅读，也适合作为已经学过 AutoCAD 的读者提高 AutoCAD 电气设计水平的书籍，还可作为普通高校电气设计相关专业的计算机辅助设计课程教材和辅助教材。

为方便教学，本书有电子课件、思考与练习答案、模拟试卷及答案等教学资源，凡选用本书作为授课教材的老师，均可通过 QQ（2314073523）咨询。

图书在版编目（CIP）数据

电气 CAD 技术/颜晓河，陈荷荷主编. —北京：机械工业出版社，2021.7（2025.1 重印）

高等职业教育“互联网+”新形态一体化教材

ISBN 978-7-111-68824-2

Ⅰ.①电… Ⅱ.①颜…②陈… Ⅲ.①电气设备-计算机辅助设计- AutoCAD 软件-高等职业教育-教材 Ⅳ.①TM02-39

中国版本图书馆 CIP 数据核字（2021）第 153628 号

机械工业出版社（北京市百万庄大街 22 号　邮政编码 100037）

策划编辑：曲世海　责任编辑：曲世海　赵　帅

责任校对：潘　蕊　封面设计：马精明

责任印制：单爱军

河北鑫兆源印刷有限公司印刷

2025 年 1 月第 1 版第 9 次印刷

184mm×260mm · 12 印张 · 296 千字

标准书号：ISBN 978-7-111-68824-2

定价：45.00 元

电话服务　　网络服务

客服电话：010-88361066　机　工　官　网：www.cmpbook.com

010-88379833　机　工　官　博：weibo.com/cmp1952

010-68326294　金　　书　　网：www.golden-book.com

　机工教育服务网：www.cmpedu.com

前　言

AutoCAD 是一款通用的计算机辅助设计软件，其功能强大，性能稳定，兼容性好，扩展性强，使用方便，是集二维绘图、三维设计、渲染及通用数据库管理和互联网通信功能于一体的计算机辅助绘图软件，在电子电气、机械、汽车、航空航天、造船、石油化工、玩具、服装、建筑等行业广泛应用。

本书讲解细致，操作实例通俗易懂，具有很强的实用性和操作性。在介绍基本命令和功能的同时，始终贯穿与实际应用相结合的原则，所讲解的工具命令有利于培养读者应用 AutoCAD 基本工具完成绘图的能力。

1．本书特点

循序渐进、通俗易懂：本书按照初学者的学习规律和习惯，由浅入深、由易到难地安排每个项目的内容。

案例丰富、内容全面：本书的每个项目都是关于 AutoCAD 的一个专题，每个案例都包含多个知识点。

视频教学轻松易懂：本书配有微课视频，通过细致讲解和适当的技术点拨，读者可领悟并轻松地掌握每个案例的操作要点，提高学习效率。

2．本书内容

本书以 AutoCAD 2020 简体中文版为平台，从实际操作和应用的角度出发，全面阐述了 AutoCAD 的基本功能及其在电气工程行业中的实际应用。全书分为 9 个项目。

项目 1：主要介绍电气工程图的相关基础知识。

项目 2 ~ 项目 6：主要介绍 AutoCAD 软件的基本绘图功能，其内容包括 AutoCAD 2020 的基本操作、绘图环境设置、基本工具的应用等。

项目 7 ~ 项目 9：主要介绍常用电气元件的绘制、电路图和电力工程图的绘制等。

本书是国家级职业教育教师教学创新团队课题（课题编号：SJ2020010102）支撑建设的课程教材，并入选 2020 年浙江省普通高校“十三五”新形态教材建设项目。

本书由颜晓河、陈荷荷、董玲娇、王石磊、陈宣荣、王哲禄和浙江正泰电器股份有限公司的李俐共同编写。其中颜晓河编写项目 1 ~ 项目 6，陈荷荷编写项目 7，董玲娇和王石磊编写项目 8，陈宣荣、王哲禄和李俐编写项目 9，全书由颜晓河统稿。

由于编者水平有限，书中欠妥之处在所难免，敬请广大读者批评指正。

编　者

二维码索引

（续）

资源名称	二维码	页码	资源名称	二维码	页码
创建堆叠文字（17）		114	半径标注（22）		138
创建与编辑图块（18）		120	绘制三根导线（23）		146
线性标注（19）		136	电阻器的绘制（24）		147
对齐标注（20）		137	电流互感器的绘制（25）		152
角度标注（21）		137	白炽灯照明线路图的绘制（26）		157

目 录

项目1

电气工程制图基础

学习目标：▲

△ 掌握电气制图的基本规范

△ 认识电气图形符号

△ 了解电气制图过程

知识点：▲

1. 掌握图纸的幅面与格式
2. 掌握简图布局方法
3. 掌握电气图形的基本符号
4. 掌握电气技术中的文字符号
5. 掌握电气技术中的项目代号

技能点：▲

1. 能独立完成图纸幅面的设计
2. 能布局简图
3. 能区分不同的电气图形符号
4. 能根据要求引用电气技术中的文字符号和项目代号

素养点：▲

1. 具备认真负责的学习态度
2. 具备严谨细致的学习作风
3. 具备学习主体意识
4. 具备职业道德意识
5. 具备团队合作意识

任务1.1 电气工程图概述

电气工程图（简称电气图）是对电气技术领域中各种图的总称，主要用来表达电气系统、装置或设备的功能、用途、原理、装接与使用等信息。电气图是用电气图形符号、带注释的围框或简化外形表示电气系统或设备中组成部分之间相互关系及其连接关系的一种图。广义地说，表明两个或两个以上变量之间关系的曲线，用以说明系统、成套装置或设备中各组成部分的相互关系或连接关系，或者用以提供工作参数的表格、文字等，也属于电气图。

1.1.1 电气工程的分类

电气工程包含的范围很广，如电力、电子、工业控制、建筑电气等。电气工程图主要用来表现电气工程的构成和功能，描述各种电气设备的工作原理，提供安装、接线和维护的依据。电气工程主要分为电力工程、电子工程、工业电气工程和建筑电气工程等。

（1）电力工程　电力工程又分为发电工程、变电工程和输电工程等。

1）发电工程。根据电源性质的不同，发电工程主要分为火电、水电和核电等。发电工程中的电气工程指的是发电厂电气设备的布置、接线、控制及其他附属项目。

2）变电工程。升压变电站将发电站发出的电能进行升压，以减小远距离输电的电能损失；降压变电站将电网中的高电压降为各级用户能使用的低电压。

3）输电工程。用于连接发电厂、变电站和各级电力用户的输电线路为输电工程，包括内线工程和外线工程。内线工程指室内动力、照明电气线路及其他线路。外线工程指室外电源供电线路，包括架空电力线路、电缆电力线路等。

（2）电子工程　电子工程主要是指应用于家用电器、广播通信、电话、电视、计算机等众多领域的弱电信号线路和设备。

（3）工业电气工程　工业电气工程是指应用于机械、工业生产及其他控制领域的电气设备，包括机床电气工程、工厂电气工程、汽车电气工程和其他控制电气工程。

（4）建筑电气工程　建筑电气工程主要应用于工业和民用建筑领域的动力照明、电气设备、防雷接地等，包括各种动力设备、照明灯具、电器，以及各种电气装置的保护接地、工作接地、防静电接地等。

1.1.2 电气图的组成

电气图用来阐述电气工程的构成和功能，描述电气装置的工作原理，提供安装和维护使用的信息。电气工程的规模不同，对应的电气图的种类和数量也不同。一般而言，电气图由以下几个部分组成：

（1）目录和前言　对某个电气工程的所有图样编制目录，便于资料系统化和检索图样，目录由序号、图样名称、图样编号、张数、备注等组成。

前言一般包括设计说明、图例、设备材料明细栏、工程经费概算等。

（2）电气系统图　电气系统图表示整个工程或该工程某一项目的供电方式和电能输送的关系，也可表示某一装置各主要组成部分的关系，是用符号或带注释的框来表示系统或分系统的基本组成、相互关系及其主要特征的一种简图。

（3）电路图　电路图主要表示系统或装置的电气工作原理，又称为电气原理图。电路图是用图形符号绘制，并按工作顺序排列，详细表示电路、设备或成套装置的全部基本组成部分的连接关系，侧重表达电气工程的逻辑关系，而不考虑其实际位置的一种简图。

（4）接线图　接线图是用符号表示电气装置内部各元件之间及其与外部其他装置之间连接关系的一种简图，便于安装接线及维护。接线图有单元接线图、端子接线图、电线电缆配置图等类型。

（5）电气平面图　电气平面图主要表示电气工程中电气设备、装置和线路的平面布置，一般是在建筑平面图的基础上绘制出来的。根据用途不同，电气平面图可分为线路平面图、变电所平面图、动力平面图、照明平面图、弱电系统平面图、防雷与接地平面图等。

（6）设备布置图　设备布置图主要表示各种电气设备和装置的布置形式、安装方式及相互位置之间的尺寸关系，通常由平面图、断面图、剖面图等组成。

（7）大样图　大样图主要表示电气工程某一部件的结构，用于指导加工与安装，其中一部分大样图为国家标准图。

（8）附上电气图的产品说明书　生产厂家往往随产品使用说明书附上电气图，供用户了解相应产品的组成和工作过程及注意事项，以达到正确使用、维护和检修的目的。

（9）设备元件和材料明细栏　设备元件和材料明细栏是把某一电气工程中所需主要设备、元件、材料和有关的数据列成表格，表示其名称、符号、型号、规格、数量。这种表格主要用于说明图上符号所对应的元件名称和有关数据，应与图联系起来阅读。

（10）其他电气图　在电气图中，电气系统图、电路图、接线图、电气平面图是最主要的。但在一些较复杂的电气工程中，为了补充和详细说明某一局部工程，还需要使用一些特殊的电气图，如功能图、逻辑图、印制电路板图、曲线图等。

1.1.3　电气图的特点

电气图是电气工程中各部门进行沟通、交流信息的载体。电气图所表达的对象不同，提供信息的类型及表达方式也不同，因此电气图通常具有如下特点：

（1）简图是电气图的主要表现形式　简图是采用标准的图形符号和带注释的框或者简化外形表示系统或设备中各组成部分之间相互关系的一种图，绝大多数电气图采用简图形式。

（2）元件和连接线是电气图描述的主要内容　电气设备主要由电气元件和连接线组成，因此，无论是电路图、电气系统图，还是接线图和电气平面图，都是以电气元件和连接线作为描述的主要内容。也正因为对电气元件和连接线有多种不同的描述方法，所以电气图具有多样性。

（3）图形符号、文字符号和项目代号是电气图的基本要素　一个电气系统或装置通常由许多部件、组件构成，这些部件、组件或者功能模块称为项目。项目一般由简单的符号表示，这些符号就是图形符号，通常每个图形符号都有相应的文字符号，在同一张图上，为了区分相同型号的设备，需要有设备编号，设备编号和文字符号一起构成项目代号。

（4）电气图具有多样性　在某个电气系统或电气装置中，各种元件、设备、装置之间，从不同角度、不同侧面去考察，存在着不同的关系，构成四种物理流：

1）能量流：表征电能的流向和传递。

2）信息流：表征信号的流向、传递和反馈。

3）逻辑流：表征相互间的逻辑关系。

4）功能流：表征相互间的功能关系。

在电气技术领域，往往需要从不同的目的出发，对上述四种物理流进行研究和描述，而作为描述这些物理流的工具之一的电气图，当然也需要采用不同的形式。这些不同的形式，从本质上揭示了各种电气图的内在特征和规律。实际上将电气图分成若干种类，从而使电气图具有多样性。

任务1.2　电气制图的规范

电气工程设计部门设计、绘制图样，施工单位按图样组织工程施工，所以图样必须有设计和施工等部门共同遵守的一定的格式和一些基本规定、要求。

下面根据国家标准 GB/T 18135—2008《电气工程 CAD 制图规则》中常用的有关规定，介绍电气工程制图的规范。

1.2.1　图纸的幅面和格式

1. 图纸的幅面尺寸

（1）图纸的格式　一张完整图面的图纸由边框线、图框线、标题栏、会签栏等组成，如图 1-1 所示。

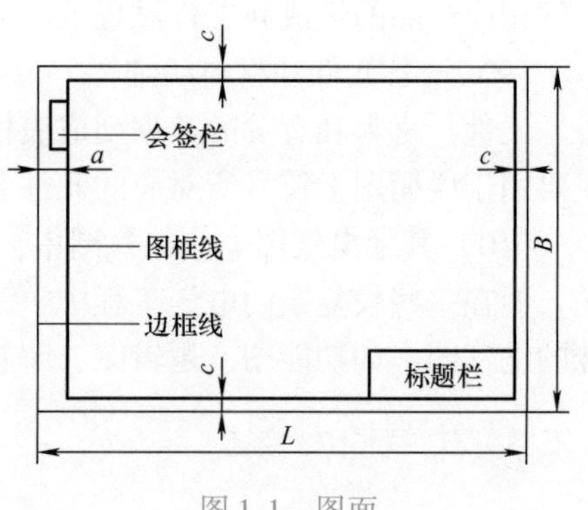

图 1-1　图面

（2）幅面尺寸　图纸的幅面就是由边框线所围成的图面。一般幅面尺寸规格采用 A 系列标准，共分为五种：A0 ~ A4，具体尺寸要求见表 1-1。L 表示边框的宽度，B 表示边框的高度，a、c、e 为周边尺寸。

图框线必须用粗实线绘制。图框格式分为留有装订边和不留装订边两种，如图 1-2 和图 1-3所示。两种格式图框的周边尺寸 a、c、e 见表 1-1。但应注意，同一产品的图样只能采用一种格式。

表 1-1　图纸的基本幅面及图框尺寸　（单位：mm）

幅面代号	A0	A1	A2	A3	A4
$B \times L$	841 × 1189	594 × 841	420 × 594	297 × 420	210 × 297
a	25				
c	10			5	
e	20		10		

国家标准规定，工程图样中的尺寸以 mm 为单位时，不需标注单位符号（或名称）。若采用其他单位，则必须注明相应的单位符号。

（3）图幅分区　为了确定图中内容的位置及其他用途，往往需要将一些幅面较大、内容复杂的电气图进行分区，如图 1-4 所示。

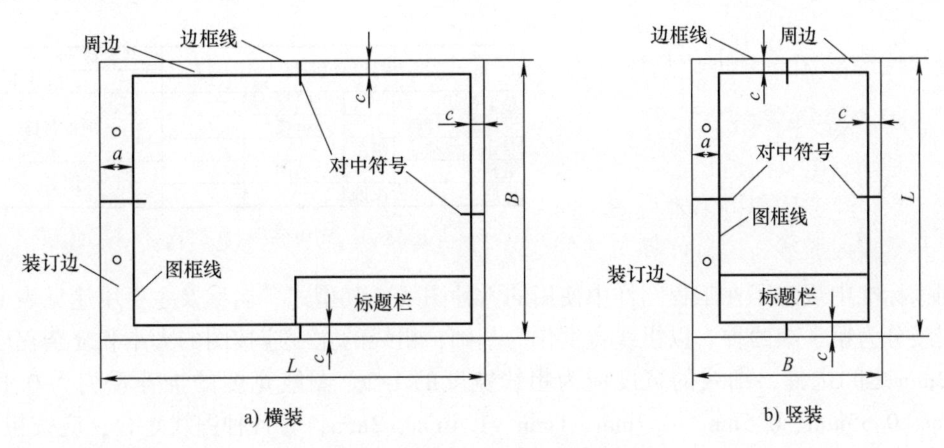

图 1-2 留有装订边的图框格式

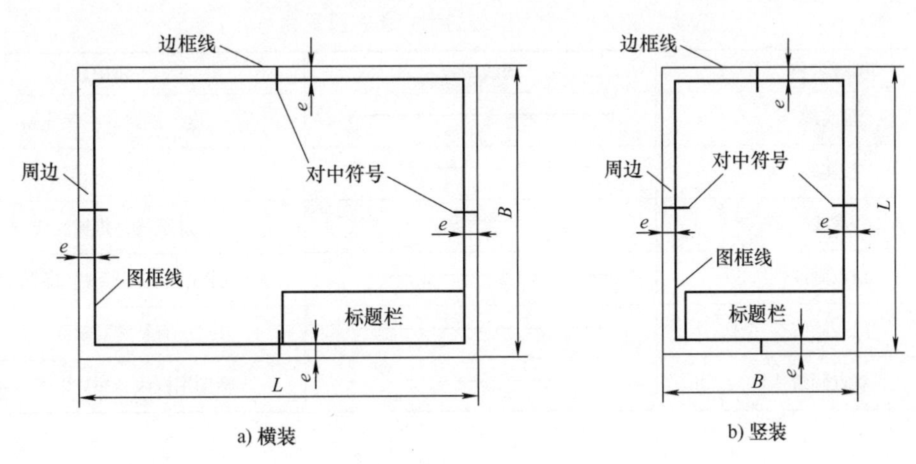

图 1-3 不留装订边的图框格式

图幅的分区方法是：将图纸相互垂直的两边各自加以等分，竖边方向用大写拉丁字母编号，横边方向用阿拉伯数字编号，编号的顺序应从标题栏相对的左上角开始，分区数应为偶数，每一分区的长度一般应不小于25mm，不大于75mm，分区中符号应以粗实线给出，其线宽不宜小于0.5mm。

图幅分区后，相当于在图样上建立了一个坐标系。电气图上的元件和连接线的位置可由此唯一地确定下来。

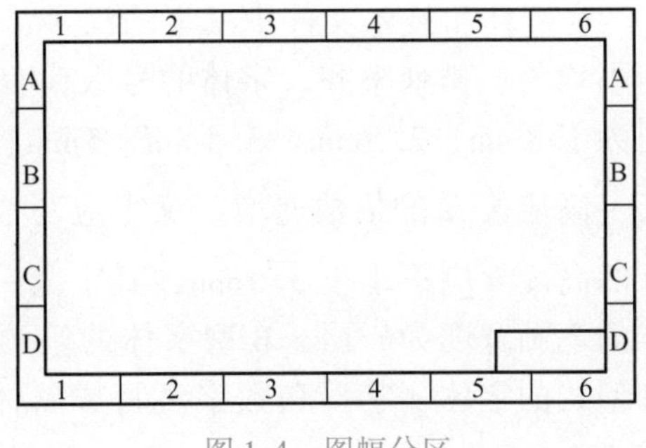

图 1-4 图幅分区

2. 标题栏

标题栏是用来确定图样的名称、图号、张次、更改和有关人员签署等内容的栏目，位于图样的下方或右下方。图中的说明、符号均应以标题栏的文字方向为准。

目前我国尚没有统一规定标题栏的格式，各设计部门的标题栏格式不一定相同。通常采用的标题栏应包括设计单位名称、工程名称、项目名称、图名、图别、图号等内容。图 1-5 所示是一种标题栏格式，可供读者借鉴。

1.2.2 图线、字体及比例

1. 图线及其画法

图线是绘制电气图所用的各种线条的统称，它是组成图形的基本要素，形状可以是直线或曲线、连续线或不连续线。国家标准中规定了在工程图样中使用的六种图线，其型式、名称及主要用途见表1-2。

<table>
<tr><td colspan="4" rowspan="2">设计单位名称</td><td>工程名称</td><td>设计号</td><td></td></tr>
<tr><td></td><td>图号</td><td></td></tr>
<tr><td>总工程师</td><td></td><td>主要设计人</td><td></td><td colspan="3" rowspan="3">项目名称</td></tr>
<tr><td>设计总工程师</td><td></td><td>审核</td><td></td></tr>
<tr><td>专业工程师</td><td>制图</td><td></td><td></td></tr>
<tr><td>组长</td><td></td><td>描图</td><td></td><td colspan="3" rowspan="2">图名</td></tr>
<tr><td>日期</td><td>比例</td><td></td><td></td></tr>
</table>

图1-5 标题栏格式

图线分为粗、细两种。以粗线宽度作为基础，粗线的宽度应按图的大小和复杂程度，在0.5～2mm之间选择，细线的宽度应为粗线宽度的1/2。图线宽度的推荐系列为0.18mm、0.25mm、0.35mm、0.5mm、0.7mm、1mm、1.4mm、2mm，若各种图线重合，应按粗实线、点画线、虚线的先后顺序选用线型。

表1-2 常用图线的型式和主要用途

图线名称	图线型式	主要用途
粗实线	————————	电气线路、一次线路
细实线	————————	二次线路、一般线路
虚线	— — — — — — —	屏蔽线、机械连线
细点画线	——·————·——	控制线、信号线、围框线
粗点画线	——·————·——	有特殊要求线
双点画线	——··————··——	辅助围框线、36V以下线路

2. 字体

电气图中的字体必须符合标准，一般汉字常用宋体，字母、数字用正体、罗马字体。

在图样和技术文件中书写的汉字、数字和字母，都必须做到字体工整、笔画清楚、间隔均匀、排列整齐。字体的号数代表字体高度（用h表示）。字体高度的公称尺寸系列为1.8mm、2.5mm、3.5mm、5mm、7mm、10mm、14mm、20mm。若需更大字号，其字高应按$\sqrt{2}$的倍数递增。汉字应写成宋体字，并应采用国家正式公布的简化字。汉字的高度h应不小于3.5mm，其字宽一般为$h/\sqrt{2}$。字母和数字分A型和B型。A型字体的笔画宽度为$h/14$，B型字体的笔画宽度为$h/14$。在同一张图样上，只允许选用一种型式的字体。字母和数字可写成斜体和直体。斜体字字头向右倾斜，与水平基准线成75°。

不同的场合使用不同大小的字体，根据文字所代表的内容不同应用不同大小的字体。一般来说，电气元器件触点号最小，线号次之，元器件名称号最大，具体也要根据实际情况调整。

3. 比例

比例是指图中图形与其实物相应要素的线性尺寸之比。由于图幅有限，而实际的设备尺寸大小不同，需要按照不同的比例绘制才能安置在图中。大部分电气图是不按比例绘制的，某些位置图则按比例绘制或部分按比例绘制。绘制图样时，应优先选择表1-3所列的优先使用比例。

表1-3　绘图的比例

种类		比例
原值比例		1:1
放大比例	优先使用	5:1　2:1　(5×10^n):1　(2×10^n):1　(1×10^n):1
	允许使用	4:1　2.5:1　(4×10^n):1　(2.5×10^n):1
缩小比例	优先使用	1:2　1:5　1:10　1:(2×10^n)　1:(5×10^n)　1:(1×10^n)
	允许使用	1:1.5　1:2.5　1:3　1:4　1:6 1:(1.5×10^n)　1:(2.5×10^n)　1:(3×10^n)　1:(4×10^n) 1:(6×10^n)

注：n为正整数。

1.2.3　电气图布局的方法

电气图布局是用图形符号、带注释的围框或简化外形表示电气系统或设备的组成及其连接关系的一种图。电气图布局主要包括以下两类布局形式。

1. 图线的布局

电气图的图线一般用于表示导线、信号通路、连接线等，图线一般应为直线，即横平竖直，尽可能减少交叉和弯折。图线的布局通常有以下3种形式：

（1）水平布局　将设备和元件按行布置，使得其连接线一般成水平布置。

（2）垂直布局　将设备或元件按列排列，连接线成垂直布置。

（3）交叉布局　将相应的元件连接成对称的布局。

2. 元件的布局

（1）功能布局法　功能布局法是指绘图时只考虑元件间功能关系，而不考虑实际位置的一种布局方法。在此布局中，将表示对象划分为若干功能组，按照一定功能关系从左到右或从上到下布置，每个功能组的元件应集中布置在一起，并尽可能按工作顺序排列。大部分电气图为功能图，如系统图、电路图等，布局时遵守的原则如下：

1）布局顺序应是从左到右或从上到下。

2）如果信息流或能量流从右到左或从上到下，或流向对看图都不明显时，应在连接线上画开口箭头。开口箭头不应与其他符号相邻近。

3）在闭合电路中，前向通路上的信息流方向应该是从左到右或从上到下，反馈通路的方向则相反。

4）图的引入线及引出线最好画在图样边框附近。

（2）位置布局法　位置布局法是指电气图中元件符号的布局对应于该元件实际位置的布局方法。此布局可以看出元件的相对位置和导线的走向。接线图、设备布置图及平面图通常采用这种布局方法。

任务1.3 认识电气图形符号

1.3.1 电气图形符号

1. 电气图形符号的构成

在绘制电气图形时，一般用于图样或其他文件来表示一个设备或概念的图形、标记或字符称为电气图形符号。电气图形符号采用示意图形绘制，不需要精确比例。电气图的图形符号通常由一般符号、符号要素、限定符号和方框符号等组成。

（1）一般符号 一般符号是用来表示一类产品或此类产品特征的简单符号，电阻符号如图1-6所示。

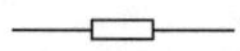

图1-6 电阻符号

（2）符号要素 符号要素是一种具有确定意义的简单图形，必须同其他图形组合构成一个设备或概念的完整符号，不能单独使用。例如，真空二极管由外壳、阴极、阳极和灯丝四个符号要素组成。

（3）限定符号 限定符号是用于提供附加信息的一种加在其他符号上的符号。限定符号一般不代表独立的设备、器件和元件，仅用来说明某些特征、功能和作用等，通常不能单独使用。一般符号加上不同的限定符号，可以得到不同的专用符号。例如，在开关的一般符号上加不同的限定符号可分别得到隔离开关、断路器、接触器、按钮开关、转换开关的符号。

有时一般符号也可用作限定符号，如电容器的一般符号加到扬声器符号上即构成电容式扬声器符号。

（4）方框符号 方框符号是用来表示元件、设备等的组合及其功能的一种简单图形符号。既不给出元件、设备的细节，也不考虑所有连接。

方框符号在系统图和框图中使用最多。另外，电路图中的外购件、不可修理件也可用方框符号表示。

2. 图形符号的分类

国家标准《电气简图用图形符号》采用国际电工委员会标准，在国际上具有通用性，有利于对外技术交流。该标准对各种电气符号的绘制做了详细的规定，分为以下13个部分：

（1）一般要求 内容包括《电气简图用图形符号》的内容提要、名词术语、符号的绘制、编号的使用及其他规定。

（2）符号要素、限定符号和其他常用符号 内容包括轮廓和外壳、电流和电压的种类、可变性、力或运动的方向、流动方向、材料的类型、效应或相关性、辐射、信号波形、机械控制、操作件和操作方法、非电量控制、接地、接机壳和等电位、理想电路元件等。

（3）导体和连接件 内容包括电线、屏蔽或绞合导线、同轴电缆、端子导线连接、插头和插座、电缆终端头等。

（4）基本无源元件 内容包括电阻器、电容器、电感器、铁氧体磁心、压电晶体、驻极体等。

（5）半导体管和电子管 内容包括二极管、晶体管、晶闸管、电子管、辐射探测器件等。

(6) 电能的发生与转换　内容包括绕组、发电机、变压器、变流器等。

(7) 开关、控制和保护器件　内容包括触点、开关、开关装置、控制装置、启动器、继电器、接触器、熔断器、避雷器等。

(8) 测量仪表、灯和信号器件　内容包括指示仪表、记录仪表、热电偶、遥测装置、传感器、灯、电铃、蜂鸣器、扬声器等。

(9) 电信：交换和外围设备　内容包括交换系统、选择器、电话机、电报和数据处理设备、传真机、换能器、记录和播放机等。

(10) 电信：传输　内容包括通信电路、天线、波导管器件、信号发生器、激光器、调制器、解调器、光纤传输线路等。

(11) 建筑安装平面布置图　内容包括发电站、变电站、网络、音响和电视的分配系统、建筑用设备、露天设备、防雷设备等。

(12) 二进制逻辑元件　内容包括计数器、存储器等。

(13) 模拟元件　内容包括放大器、函数器、电子开关等。

电气图常用图形符号及画法使用命令见表1-4。

表1-4　电气图常用图形符号及画法使用命令

序号	图形符号	说　　明	画法使用命令
1		直流电压可标注在符号右边，系统类型可标注在左边	直线
2	～	交流频率或频率范围可标注在符号的左边	样条曲线
3		交直流	直线、样条曲线
4	+	正极性	直线
5	—	负极性	直线
6		运动方向或力	引线
7		能量、信号传输方向	直线
8		接地符号	直线
9		接机壳	直线
10		等电位	正三角形、直线
11		故障	引线、直线

（续）

序号	图形符号	说　　明	画法使用命令
12		导线的连接	直线、圆、图案填充
13	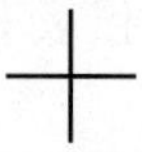	导线跨越而不连接	直线
14		电阻器的一般符号	矩形、直线
15	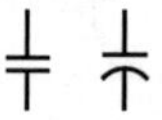	电容器的一般符号	直线、圆弧
16		电感器、线圈、绕组、扼流圈	直线、圆弧
17	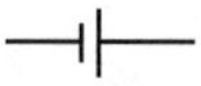	原电池或蓄电池	直线
18		动合（常开）触点	直线
19		动断（常闭）触点	直线
20	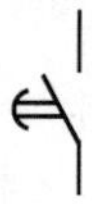	延时闭合的动合（常开）触点	直线、圆弧
21	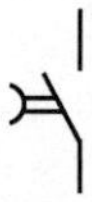	延时断开的动合（常开）触点	
22		延时闭合的动断（常闭）触点	
23		延时断开的动断（常闭）触点	
24	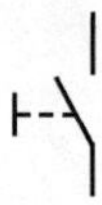	手动操作开关的一般符号	直线
25	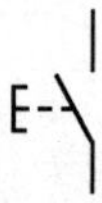	自动复位手动按钮开关	

（续）

序号	图形符号	说　明	画法使用命令
26		位置开关，动合触点 限制开关，动合触点	直线
27		位置开关，动断触点 限制开关，动断触点	
28		多极开关的一般符号，单线表示	
29		多极开关的一般符号，多线表示	
30		隔离开关的动合（常开）触点	
31		负荷开关的动合（常开）触点	直线、圆弧
32		断路器（自动开关）的动合（常开）触点	直线
33		接触器动合（常开）触点	直线、圆弧
34		接触器动断（常闭）触点	
35	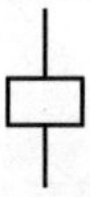	继电器、接触器等线圈的一般符号	矩形、直线
36	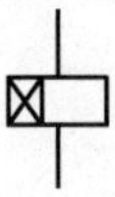	缓吸线圈（带时限的电磁电器线圈）	
37	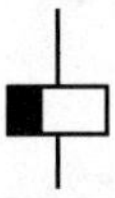	缓放线圈（带时限的电磁电器线圈）	直线、矩形、图案填充
38	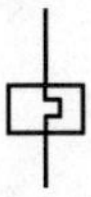	热继电器的驱动器件	直线、矩形

（续）

序号	图形符号	说　　明	画法使用命令
39	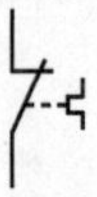	热继电器的触点	直线
40		熔断器的一般符号	直线、矩形
41		熔断器式开关	直线、矩形、旋转
42		熔断器式隔离开关	
43		跌落式熔断器	直线、矩形、旋转、圆
44		避雷器	矩形、图案填充
45		避雷针	圆、图案填充
46		电机的一般符号 同步变流机 发电机 同步发电机 电动机 能作为发电机或电动机使用的电机 同步电动机 伺服电动机 测速发电机 力矩电动机 感应同步器	直线
47		交流电动机	圆、多行文字
48	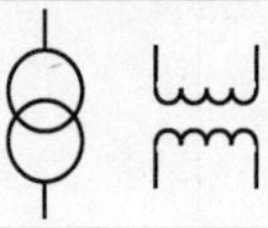	双绕组变压器、电压互感器	直线、圆、复制、修剪
49	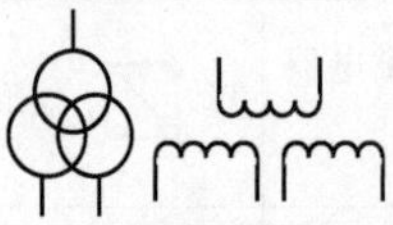	三绕组变压器	
50		电流互感器	

（续）

序号	图形符号	说 明	画法使用命令
51		电抗器、扼流圈	直线、圆、修剪
52		自耦变压器	直线、圆、圆弧
53	V	电压表	圆、多行文字 A
54	A	电流表	
55	$\cos\varphi$	功率因数表	
56	Wh	电度表	矩形、多行文字 A
57		钟	圆、直线、修剪
58		电铃	
59		电扬声器	矩形、直线
60		蜂鸣器	圆、直线、修剪
61		调光器	圆、直线
62	*t*	限时装置	矩形、多行文字 A
63		导线、导线组、电线、电缆、电路、传输通路等线路母线一般符号	直线
64		中性线	圆、直线、图案填充
65		保护线	直线
66		灯的一般符号	直线、圆
67	A–B C	电杆的一般符号	圆、多行文字 A

（续）

序号	图形符号	说　　明	画法使用命令
68	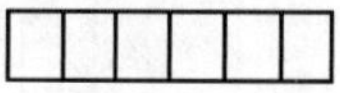	端子板	矩形、多行文字
69		屏、台、箱、柜的一般符号	矩形
70		动力或动力-照明配电箱	矩形、图案填充
71		单相插座	圆、直线、修剪
72	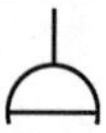	密闭（防水）	
73		防爆	圆、直线、修剪、图案填充
74	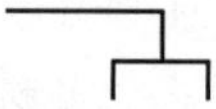	电信插座的一般符号	直线、修剪
75		开关的一般符号	圆、直线
76		钥匙开关	矩形、圆、直线
77	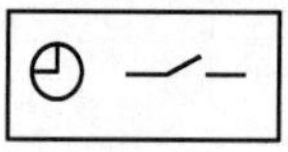	定时开关	
78		阀的一般符号	直线
79		电磁制动器	矩形、直线
80	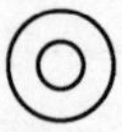	按钮的一般符号	圆
81	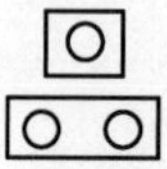	按钮盒	矩形、圆
82	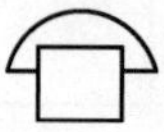	电话机的一般符号	矩形、圆、修剪
83		传声器的一般符号	圆、直线
84		扬声器的一般符号	矩形、直线
85		天线的一般符号	直线

（续）

序号	图形符号	说明	画法使用命令
86		放大器的一符号 中断器的一般符号，三角形指传输方向	正三角形、直线
87		分线盒一般符号	圆、修剪、直线
88		室内分线盒	
89		室外分线盒	
90		变电站	圆
91		杆式变电站	
92		室外箱式变电站	直线、矩形、图案填充
93		自耦变压器式启动器	矩形、圆、直线
94		真空二极管	圆、直线
95		真空三极管	
96		整流器框形符号	矩形、直线

1.3.2 电气设备用图形符号

1. 电气设备用图形符号的特点

电气设备用图形符号是完全区别于电气图的图形符号，主要用于各种类型的电气设备或电气设备部件，使操作人员了解其用途和操作方法。电气设备用图形符号的用途有识别、限定、说明、命令、警告和指示。标识在设备上的图形符号，应告知使用者如下信息：

1）识别电气设备或其组成部分（如控制器或显示器）。

2）指示功能状态（如通、断、警告）。

3）标志连接（如端子、接头）。

4）提供包装信息（如内容识别、装卸说明）。

5）提供电气设备操作说明（如警告、使用限制）。

电气设备用图形符号与电气简图用图形符号的形式大部分是不同的，但也有一些是相同的，其含义却大不相同。例如，电气设备用熔断器图形符号虽然与电气简图用图形符号的形式是相同的，但电气简图用熔断器符号表示的是一类熔断器，而电气设备用图形符号如果标在设备外壳上，则表示熔断器盒及其位置，标在某些电气图上时也仅仅表示这是熔断器的安装位置。

2. 电气设备用图形符号

电气设备用图形符号分为6个部分：通用符号，广播、电视及音响设备符号，通信、测量、定位符号，医用设备符号，电话教育设备符号，家用电器及其他符号，见表1-5。

表1-5 电气设备用图形符号

序号	名称	符号	应用范围
1	直流电	⎓	适用于直流设备的铭牌上，或用来表示直流电的端子
2	交流电	～	适用于交流设备的铭牌上，或用来表示交流电的端子
3	正极	+	表示使用或产生直流电设备的正极
4	负极	−	表示使用或产生直流电设备的负极
5	电池检测		表示电池测试按钮和表明电池情况的灯或仪表
6	电池定位		表示电池盒本身及电池的极性和位置
7	整流器		表示整流设备及其有关接线端和控制装置
8	变压器		表示电气设备可通过变压器与电力线连接的开关、控制器、连接器或端子，也可用于变压器包封或外壳上
9	熔断器		表示熔断器盒及其位置
10	测试电压	☆	表示该设备能承受500V的测试电压
11	危险电压		表示危险电压引起的危险
12	接地		表示接地端子
13	保护接地		表示在发生故障时防止电击的与外保护导线相连接的端子，或与保护接地相连接的端子
14	接机壳、接机架		表示连接机壳、机架的端子
15	输入		表示输入端

（续）

序号	名称	符号	应用范围
16	输出		表示输出端
17	过载保护装置		表示一个设备装有过载保护装置
18	通		表示已接通电源，必须标在开关的位置
19	断		表示已与电源断开，必须标在开关的位置
20	可变性（可调性）		表示量的被控方式，被控量随图形的宽度而增加
21	调到最小		表示量值调到最小值的控制
22	调到最大		表示量值调到最大值的控制
23	灯、照明设备		表示控制照明光源的开关
24	亮度、辉度		表示亮度调节器、电视接收机等设备的亮度、辉度控制
25	对比度		表示电视接收机等的对比度控制
26	色饱和度		表示彩色电视机等设备上的色彩饱和度控制

任务1.4 电气图中常用的文字符号和项目代号

一个电气系统或一种电气设备通常都是由各种基本件、部件、组件等组成的，为了在电气图上或其他技术文件中表示这些基本件、部件、组件，除了采用各种图形符号外，还须标注一些文字符号和项目代号，以区分这些设备及线路的不同的功能、状态和特征等。

1.4.1 文字符号

文字符号通常由基本文字符号、辅助文字符号和数字组成，用于提供电气设备、装置和元器件的种类字母代码和功能字母代码。

1. 基本文字符号

基本文字符号可分为单字母符号和双字母符号两种。

（1）单字母符号　单字母符号是按英文字母顺序将各种电气设备、装置和元器件划分为23个大类，每个大类用一个专用单字母符号表示，如“R”表示电阻器类，“C”表示电容器类等，见表1-6。其中，“I”“O”易同阿拉伯数字“1”和“0”混淆，不允许使用，字母“J”也未采用。

表 1-6　电气图中常用的单字母符号

符号	项目种类	举例
A	组件、部件	分离元件放大器、磁放大器、激光器、微波激光器、印制电路板等组件、部件
B	非电量到电量或电量到非电量变换器	热电传感器、热电偶
C	电容器	普通电容、电解电容
D	二进制元件、延迟器件、存储器件	数字集成电路和器件、延迟线、双稳态元件、单稳态元件、磁心储存器、寄存器、磁带记录机、盘式记录机
E	其他元器件	光器件、发热器件、本表其他地方未提及元件
F	保护器件	熔断器、过电压放电器件、避雷器
G	发生器、发电机、电源	旋转发电机、旋转变频机、蓄电池、振荡器、石英晶体振荡器
H	信号器件	光指示器、声响指示器
K	继电器、接触器	继电器、接触器
L	电感器、电抗器	感应线圈、线路陷波器、电抗器
M	电动机	同步电动机、异步电动机
N	模拟元件	运算放大器、混合模拟/数字器件
P	测量设备、试验设备	指示、记录、计算、测量设备，信号发生器，时钟
Q	电力电路的开关器件	断路器、隔离开关
R	电阻器	可变电阻器、电位器、变阻器、分流器、热敏电阻
S	控制电路的开关器件选择器	控制开关、按钮、限制开关、选择开关、选择器、拨号接触器、连接级
T	变压器	电压互感器、电流互感器
U	调制器、变换器	鉴频器、解调器、变频器、编码器、逆变器、电报译码器
V	电子管、晶体管	电子管、气体放电管、晶体管、晶闸管、二极管
W	传输导线、波导和天线	导线、电缆、母线、波导、波导定向耦合器、偶极天线、抛物面天线
X	端子、插头、插座	插头和插座、端子板、焊接端子、连接片、电缆封端和接头
Y	电气操作的机械器件	制动器、离合器、气阀
Z	终端设备、混合变压器、滤波器、均衡器、限幅器	电缆平衡网络、压缩扩展器、晶体滤波器、网络

（2）双字母符号　双字母符号是由一个表示种类的单字母符号与另一个字母组成的，其组合形式应为单字母符号在前、另一个字母在后。双字母符号可以较详细和具体地表达电气设备、装置和元器件的名称。双字母符号中的另一个字母通常选用该类设备、装置和元器件的英文名词的首位字母，或常用缩略语，或约定俗成的惯用字母。例如，“G”为同步发电机的英文名，则同步发电机的双字母符号为“GS”。电气图中常用的双字母符号见表 1-7。

表 1-7　电气图中常用的双字母符号

序号	设备、装置和元器件种类	名　　称	单字母符号	双字母符号
		天线放大器		AA
		控制屏		AC
		晶体管放大器		AD
		应急配电箱		AE
1	组件、部件	电子管放大器	A	AV
		磁放大器		AM
		印制电路板		AP
		仪表柜		AS
		稳压器		AS
		变换器		
		扬声器		
		压力变换器		BP
2	非电量到电量变换器或电量到非电量变换器	位置变换器	B	BQ
		速度变换器		BV
		旋转变换器（测速发电机）		BR
		温度变换器		BT
3	电容器	电容器	C	
		电力电容器		CP
		本表其他地方未规定器件		
4	其他元器件	发热器件	E	EH
		照明灯		EL
		空气调节器		EV
		避雷器		FL
		放电器		FD
		具有瞬时动作的限流保护器件		FA
5	保护器件	具有延时动作的限流保护器件	F	FR
		具有瞬时和延时动作的限流保护器件		FS
		熔断器		FU
		限压保护器件		FV
		发电机		
		同步发电机		GS
		异步发电机		GA
6	发生器、发电机、电源	蓄电池	G	GB
		直流发电机		GD
		交流发电机		GA
		永磁发电机		GM

（续）

序号	设备、装置和元器件种类	名　称	单字母符号	双字母符号
6	发生器、发电机、电源	水轮发电机	G	GH
		汽轮发电机		GT
		风力发电机		GW
		信号发生器		GS
7	信号器件	声响指示器	H	HA
		光指示器		HL
		指示灯		HL
		蜂鸣器		HZ
		电铃		HE
8	继电器、接触器	继电器	K	
		电压继电器		KV
		电流继电器		KA
		时间继电器		KT
		频率继电器		KF
		压力继电器		KP
		控制继电器		KC
		信号继电器		KS
		接地继电器		KE
		接触器		KM
9	电感器、电抗器	扼流线圈	L	LC
		励磁线圈		LE
		消弧线圈		LP
		陷波器		LT
10	电动机	电动机	M	
		直流电动机		MD
		力矩电动机		MT
		交流电动机		MA
		同步电动机		MS
		绕线转子异步电动机		MM
		伺服电动机		MV
11	测量设备、试验设备	电流表	P	PA
		电压表		PV
		（脉冲）计数器		PC
		频率表		PF
		电能表		PJ
		温度计		PH

（续）

序号	设备、装置和元器件种类	名　称	单字母符号	双字母符号
11	测量设备、试验设备	时钟	P	PT
		功率表		PW
12	电力电路的开关器件	断路器	Q	QF
		隔离开关		QS
		负荷开关		QL
		自动开关		QA
		转换开关		QC
		刀开关		QK
		转换（组合）开关		QT
13	电阻器	电阻器、变阻器	R	
		附加电阻器		RA
		制动电阻器		RB
		频敏变阻器		RF
		压敏电阻器		RV
		热敏电阻器		RT
		起动电阻器（分流器）		RS
		光敏电阻器		RL
		电位器		RP
14	控制电路的开关器件选择器	控制开关	S	SA
		选择开关		SA
		按钮		SB
		终点开关		SE
		限位开关		SLSS
		微动开关		
		接近开关		SP
		行程开关		ST
		压力传感器		SP
		温度传感器		ST
		位置传感器		SQ
		电压表转换开关		SV
15	变压器	变压器	T	
		自耦变压器		TA
		电流互感器		TA
		控制电路电源用变压器		TC
		电炉变压器		TF
		电压互感器		TV

（续）

序号	设备、装置和元器件种类	名　　称	单字母符号	双字母符号
15	变压器	电力变压器	T	TM
		整流变压器		TR
16	调制器、变换器	整流器	U	
		解调器		UD
		频率变换器		UF
		逆变器		UV
		调制器		UM
		混频器		UM
17	电子管、晶体管	控制电路用电源的整流器	V	VC
		二极管		VD
		电子管		VE
		发光二极管		VL
		光电二极管		VP
		晶体三极管，晶体管		VT
		稳压管		VS（或 VZ）
18	传输通道、波导和天线	导线、电缆	W	
		电枢绕组		WA
		定子绕组		WC
		转子绕组		WE
		励磁绕组		WR
		控制绕组		WS
19	端子、插头、插座	输出口	X	XA
		连接片		XB
		分支器		XC
		插头		XP
		插座		XS
		端子板		XT
20	电气操作的机械器件	电磁铁	Y	YA
		电磁制动器		YB
		电磁离合器		YC
		防火阀		YF
		电磁吸盘		YH
		电动阀		YM
		电磁阀		YV
		牵引电磁铁		YT

（续）

序号	设备、装置和元器件种类	名称	单字母符号	双字母符号
21	终端设备、滤波器、均衡器、限幅器	衰减器	Z	ZA
		定向耦合器		ZD
		滤波器		ZF
		终端负载		ZL
		均衡器		ZQ
		分配器		ZS

2. 辅助文字符号

辅助文字符号是用来表示电气设备、装置和元器件及线路的功能、状态和特征的。如“ACC”表示加速，“BRK”表示制动等。辅助文字符号也可以放在表示种类的单字母符号后边组成双字母符号，如“SP”表示压力传感器。当辅助文字符号由两个以上字母组成时，为简化文字符号，只允许采用第一位字母进行组合，如“MS”表示同步电动机。辅助文字符号还可以单独使用，如“OFF”表示断开，“DC”表示直流等。辅助文字符号一般不能超过三位字母。电气图中常用的辅助文字符号见表1-8。

表1-8 电气图中常用的辅助文字符号

序号	名称	符号	序号	名称	符号
1	电流	A	20	紧急	EM
2	交流	AC	21	快速	F
3	自动	AUT	22	反馈	FB
4	加速	ACC	23	向前、正	FW
5	附加	ADD	24	绿	GN
6	可调	ADJ	25	高	H
7	辅助	AUX	26	输入	IN
8	异步	ASY	27	增	ING
9	制动	BRK	28	感应	IND
10	黑	BK	29	低、左、限制	L
11	蓝	BL	30	闭锁	LA
12	向后	BW	31	主、中、手动	M
13	控制	C	32	手动	MAN
14	顺时针	CW	33	中性线	N
15	逆时针	CCW	34	断开	OFF
16	降	D	35	闭合	ON
17	直流	DC	36	输出	OUT
18	减	DEC	37	保护	P
19	接地	E	38	保护接地	PE

（续）

序号	名称	符号	序号	名称	符号
39	保护接地与中性线共用	PEN	48	置位、定位	SET
40	不保护接地	PU	49	饱和	SAT
41	反、右、记录	R	50	步进	STE
42	红	RD	51	停止	STP
43	复位	RST	52	同步	SYN
44	备用	RES	53	温度、时间	T
45	运转	RUN	54	真空、速度、电压	V
46	信号	S	55	白	WH
47	起动	ST	56	黄	YE

3. 文字符号的组合

文字符号的组合形式一般为基本文字符号 + 辅助文字符号 + 数字序号。例如，第一台电动机的文字符号为 M1，第一个接触器的文字符号为 KM1。

4. 特殊用途文字符号

在电气图中，一些特殊用途的接线端子、导线等通常采用一些专用的文字符号。例如，三相交流系统的电源线分别用 L1、L2、L3 表示，三相交流系统的设备分别用 U、V、W 表示。

1.4.2 项目代号

项目代号是用于识别图、表图、表格中和设备上的项目种类，并提供项目的层次关系、实际位置等信息的一种特定的代码。

1. 项目代号的组成

项目代号由拉丁字母、阿拉伯数字、特定的前缀符号，按照一定规则组合而成。一个完整的项目代号含有以下四个代号段：

（1）高层代号段　其前缀符号为“=”。

（2）种类代号段　其前缀符号为“-”。

（3）位置代号段　其前缀符号为“+”。

（4）端子代号段　其前缀符号为“:”。

2. 项目代号的种类

用于识别项目种类的代号，有如下三种表示方法：

1）由字母代码和数字组成。

2）用顺序数字（1、2、3 等）表示图中的各个项目，同时将这些顺序数字和它所代表的项目排列于图中或另外的说明中，如 -1、-2、-3 等。

3）对不同种类的项目采用不同组别的数字编号。如对电流继电器用 11、12、13 等。如用分开表示法表示的继电器，可在数字后加“.”。

3. 项目代号的应用

项目代号的应用如下：

=高层代号段-种类代号段+位置代号段

其中高层代号段对于种类代号段是功能隶属关系，位置代号段对于种类代号段来说是位置信息。如“=A1-K1+C8S1M4”表示A1装置中的继电器K1，位置在C8区间S1列控制柜M4柜中；“=A1P2-Q4K2+C1S3M6”表示A1装置P2系统中Q4开关中的继电器K2，位置在C1区间S3列操作柜M6柜中。

思考与练习

1. 电气工程图纸由边框线、图框线、标题栏、(　　　)组成。

A. 会签栏　　B. 签字栏　　C. 签名栏　　D. 登记栏

2. 电气图中常用的文字符号包括(　　　)、双字母符号。

A. 单字母符号　　B. 大写字母符号　　C. 多字母符号　　D. 小写字母符号

项目2

AutoCAD的基础知识

学习目标：▲

- △ 掌握 AutoCAD 软件的基本窗口
- △ 掌握 AutoCAD 软件安装与运行方法
- △ 了解 AutoCAD 的主要功能

知识点：▲

1. 掌握 AutoCAD 软件的安装方法
2. 掌握 AutoCAD 软件的文件管理操作
3. 掌握命令的几种输入方式

技能点：▲

1. 能独立完成 AutoCAD 软件的安装
2. 能以多种方式启动 AutoCAD 软件
3. 能根据要求设置窗口界面
4. 能根据要求实现文件管理

素养点：▲

1. 具备认真负责的学习态度
2. 具备严谨细致的学习作风
3. 具备学习主体意识
4. 具备职业道德意识
5. 具备团队合作意识

任务2.1 AutoCAD简介

AutoCAD是计算机辅助绘图和设计软件，由美国Autodesk公司推出，被广泛应用于航天航空、机械、土木建筑、电子、汽车、造船、冶金、地质、轻工等领域，在同类软件中使用范围较广。

通过多年的设计实践，计算机辅助设计（CAD）技术以简单、快捷、存储方便等优点在工程设计中发挥着重要作用。许多工程都使用计算机进行辅助设计和绘图，不仅能提高设计质量，缩短设计周期，而且有着良好的经济效益和社会效益。CAD技术的应用将人的思维推理与机器的高效率有机地结合起来，完全改变了设计师以往伏案绘图的传统模式，可使其将大部分时间和精力投入到设计的深度上，而大量的绘图、出图工作均由计算机来完成。因此，计算机辅助设计具有十分积极的意义。

AutoCAD的功能包括绘制及修改二维和三维图形、标注尺寸；用绘图机和打印机输出图形；嵌有AutoLISP语言和ObjectARX环境，可编程实现分析计算和参数化绘图；提供了多种定制工具，方便用户按自己的需要开发新的菜单、工具条、应用程序和文件，使软件用户化；通过各种标准的图形和图像格式文件，与其他软件交换图形数据信息；此外，还可以与外部数据库连接，实现对外部数据库的操作。

任务2.2 AutoCAD的主要功能

1. 绘制与编辑图形

AutoCAD的绘图菜单中包含丰富的绘图命令，可以用于绘制直线、构造线、多段线、圆、矩形、多边形、椭圆等基本图形，也可以将绘制的图形转换为面域，对其进行填充。如果再借助于修改菜单中的修改命令，便可以绘制出各种各样的二维图形。对于一些二维图形，通过拉伸、设置标高和厚度等操作就可以轻松地转换为三维图形。使用绘图及建模命令中的子命令，可以很方便地绘制圆柱体、球体、长方体等基本实体及三维网格、旋转网格等曲面模型。结合修改菜单中的相关命令，还可以绘制出各种各样的复杂三维图形。

2. 标注图形尺寸

标注显示了对象的测量值，对象之间的距离、角度，或与指定原点的距离。AutoCAD的标注菜单中包含一套完整的尺寸标注和编辑命令，使用它们可以在图形的各个方向上创建各种类型的标注，也可以方便、快速地以一定格式创建符合行业或项目标准的标注。AutoCAD提供了线性、半径和角度三种基本的标注类型，可以进行水平、垂直、对齐、旋转、坐标、基线或连续等标注。此外，还可以进行引线、公差及自定义表面粗糙度标注。标注的对象可以是二维图形或三维图形。

3. 渲染三维图形

在AutoCAD中，可以运用雾化、光源和材质等功能，将模型渲染为具有真实感的图像。如果是为了演示，可以渲染全部对象；如果时间有限或显示设备和图形设备不能提供足够的灰度等级和颜色，就不必精细渲染；如果只需快速查看设计的整体效果，则可以简单消隐或设置视觉样式。

4. 输出与打印图形

AutoCAD 不仅允许将所绘图形以不同样式通过绘图仪或打印机输出，还能够将不同格式的图形导入 AutoCAD，或将 AutoCAD 图形以其他格式输出。因此，当图形绘制完成之后，可以使用多种方法将其输出。例如，可以将图形打印在图纸上，或者创建成文件以供其他应用程序使用。

5. 二次开发功能

用户可以根据需要来自定义各种菜单及与图形有关的一些属性。AutoCAD 提供了一种内部的 Visual Lisp 编辑开发环境，用户可以使用 Lisp 语言定义新命令，开发新的应用和解决方案。

任务 2.3　AutoCAD 的安装

AutoCAD 2020 的安装过程可分为安装和注册并激活两个步骤，下面介绍 AutoCAD 2020 简体中文版的安装过程。

1）下载需要安装的软件及注册机，如图 2-1 所示。

图 2-1　AutoCAD 2020 软件压缩包

2）双击下载的“AutoCAD_2020_Simplified_Chinese_Win_64bit. 614833577. exe”压缩包，默认解压到 C 盘，一般把软件安装在 D 盘或 E 盘，如图 2-2 所示，安装之后，可将解压文件删除。

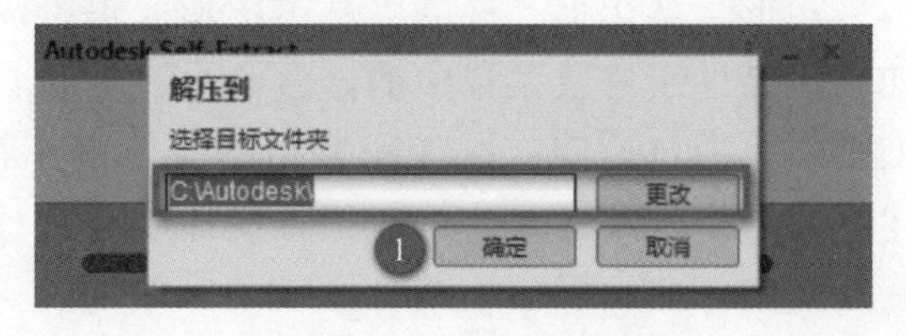

图 2-2　软件解压存盘

3）解压时间一般为几分钟，如图 2-3 所示，解压完成后即可安装。

4）解压完成后，进入安装初始化过程，如图 2-4 所示。

5）完成初始化以后，自动进入软件安装界面，单击“安装”按钮，如图 2-5 所示。然后进入软件许可协议界面，单击右下角的“我接受”按钮，单击“下一步”按钮，如图 2-6 所示。

6）根据自身习惯，设置安装路径，这里将软件安装在 D 盘，然后单击“安装”按钮，如图 2-7 所示。AutoCAD 的安装对计算机的要求较高，安装前请参看系统要求（一般要求内存为 4GB 及以上）。

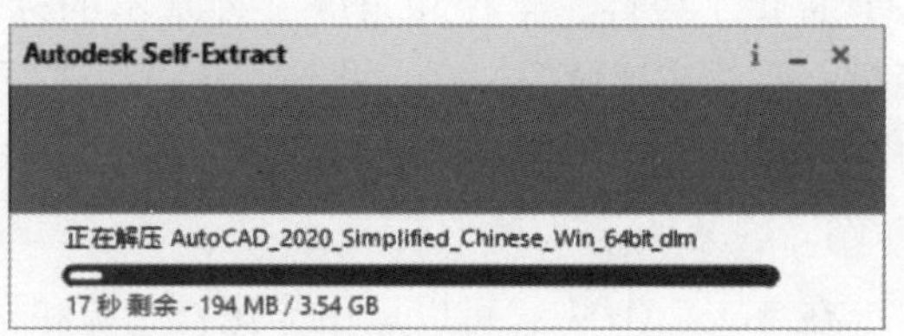

图 2-3　软件解压中

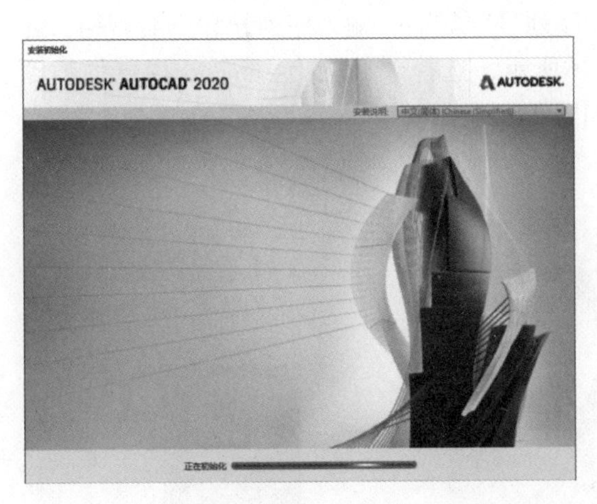

图 2-4 安装初始化界面

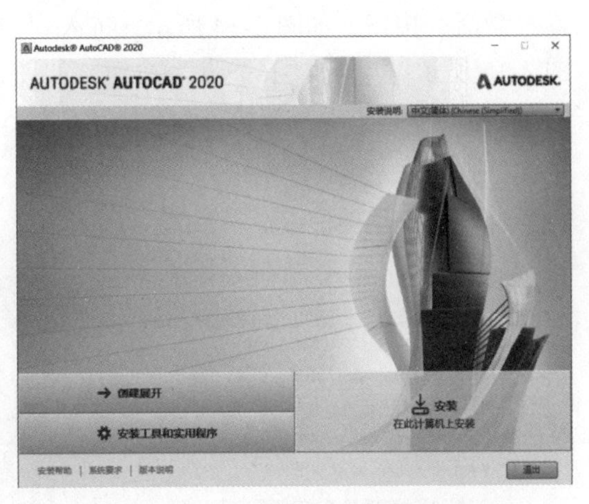

图 2-5 软件安装界面

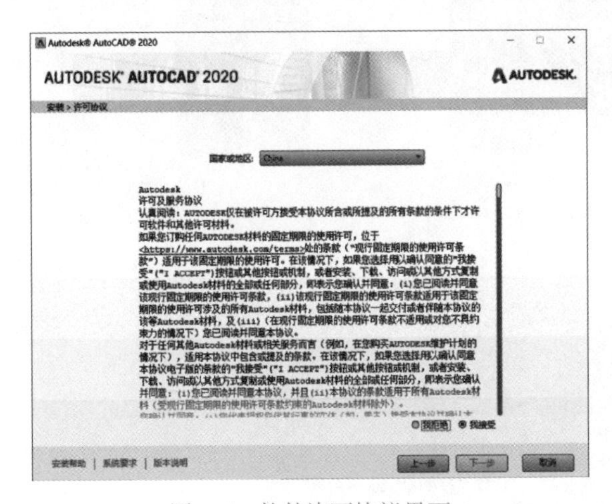

图 2-6 软件许可协议界面

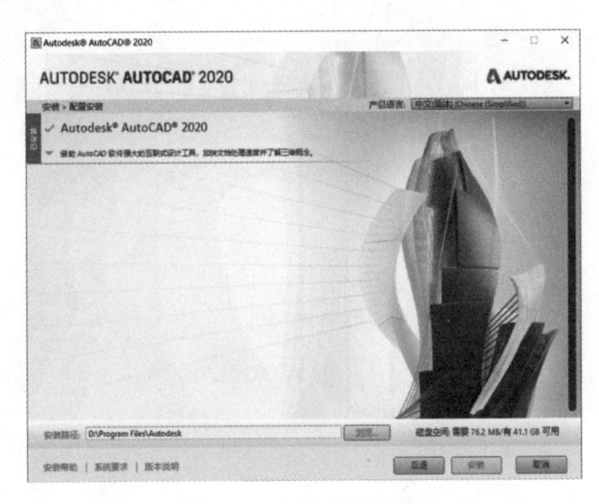

图 2-7 安装路径设置

7）安装需要一段时间，如图 2-8 所示。

8）执行安装进度，一般计算机需要几分钟，安装成功后，界面如图 2-9 所示。

9）然后计算机桌面上会出现两个图标，如图 2-10 所示。

10）单击图 2-9 中的“立即启动”按钮，进入“数据收集和使用”界面，如图 2-11 所示。单击“OK”按钮。然后出现“输入序列号”界面，如图 2-12 所示。输入序列号后进入图 2-13所示界面，单击“我同意”按钮，进入“产品许可激活”界面，选

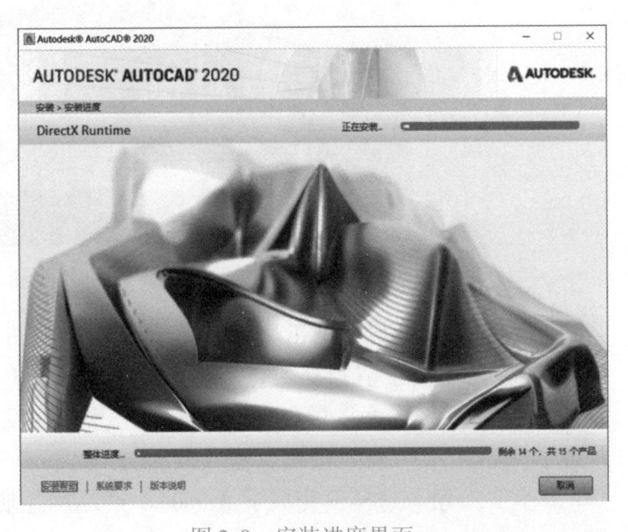

图 2-8 安装进度界面

择“激活”按钮，如图2-14所示。进入“产品序列号”界面，输入序列号和产品密钥，如图2-15所示。单击“下一步”按钮，如图2-16所示，选择“我具有Autodesk提供的激活码”，单击“下一步”按钮，会产生申请号，如图2-17所示。

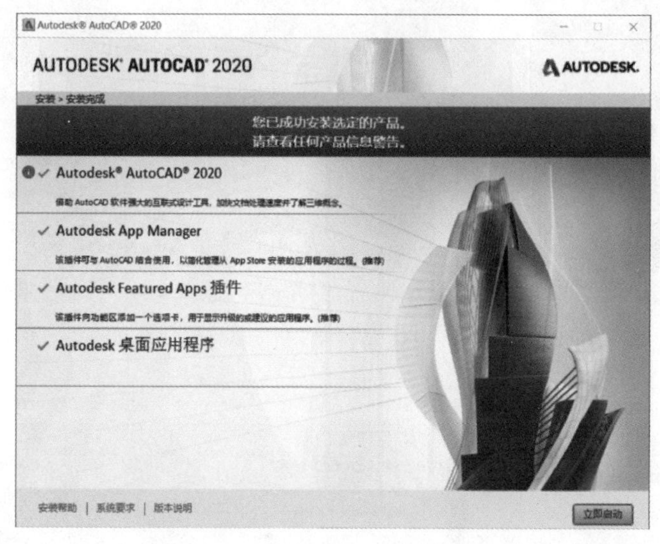

图2-9　安装完成界面

图2-10　安装完成后出现在计算机桌面上的图标

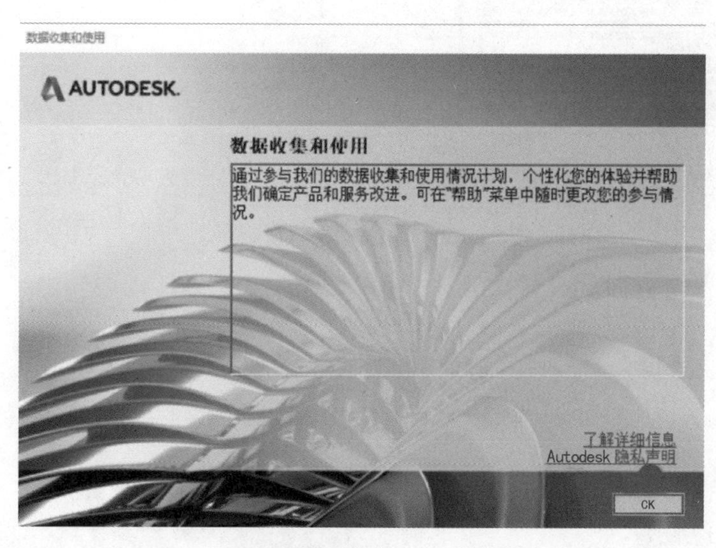

图2-11　数据收集和使用界面

11）启用注册机，右击xf-adesk20_v2激活软件，以管理员身份运行，如图2-18所示，将图2-17所示的申请号复制到注册机的“Request”中，单击“Generate”（生成），获得激活码，如图2-19所示。复制“Activation”中的激活码，转到AutoCAD激活页面，如图2-20所示，单击“上一步”按钮。输入激活码到AutoCAD的激活界面，如图2-21所示，并单击“下一步”按钮。这样就完成了Autodesk产品的注册，如图2-22所示。

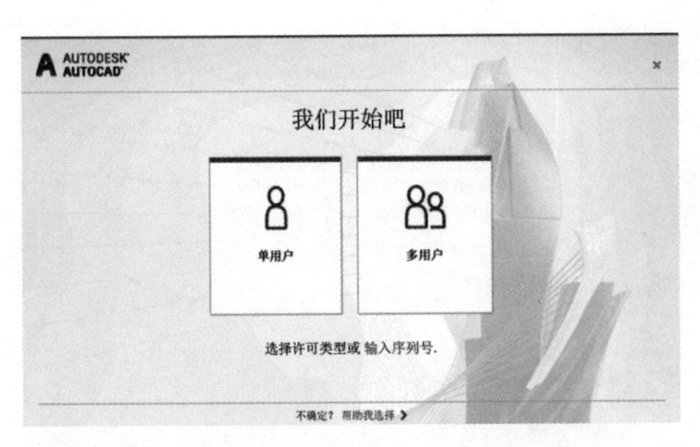

图 2-12　输入序列号界面

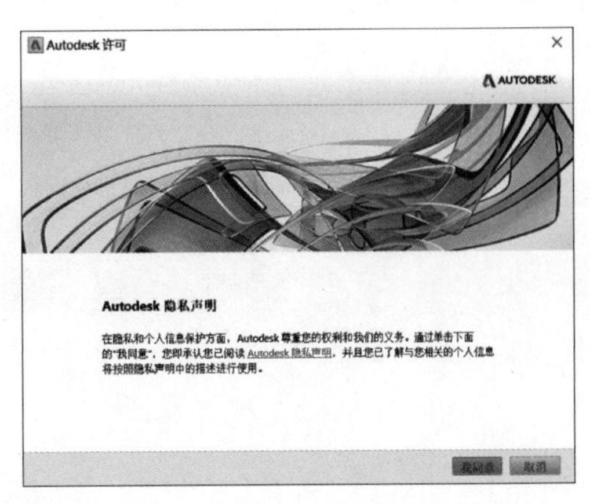

图 2-13　隐私声明界面

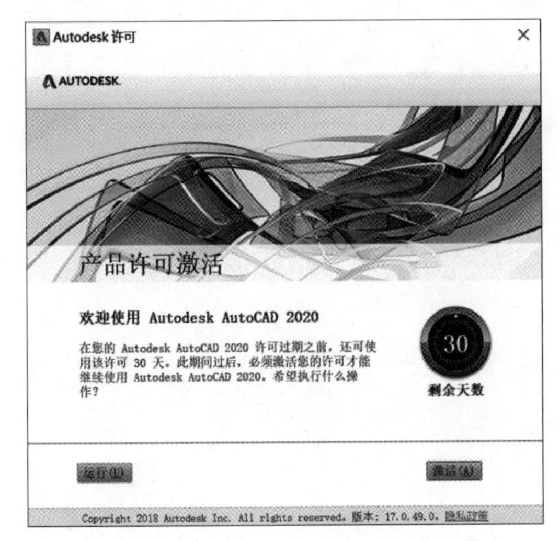

图 2-14　产品许可激活界面

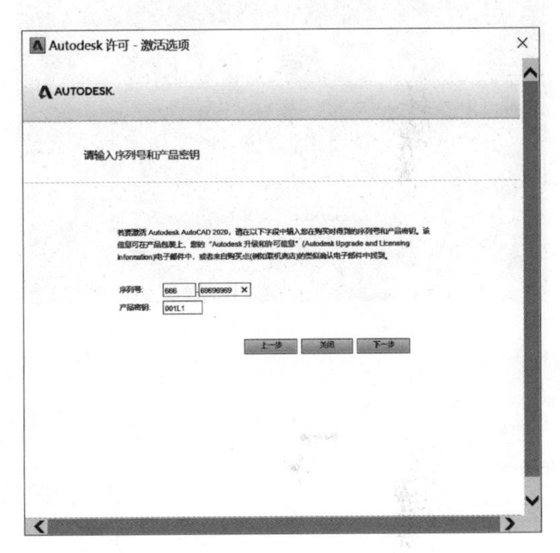

图 2-15　产品序列号界面

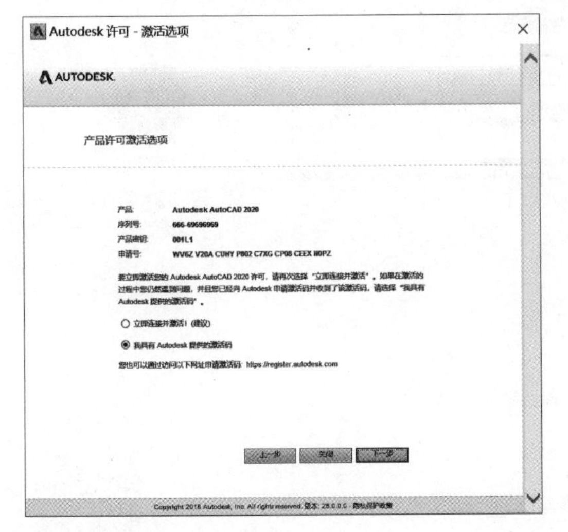

图 2-16　激活选项

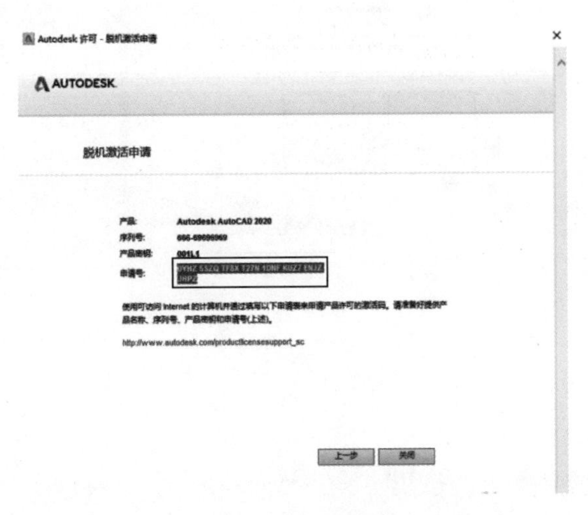

图 2-17　脱机激活申请界面

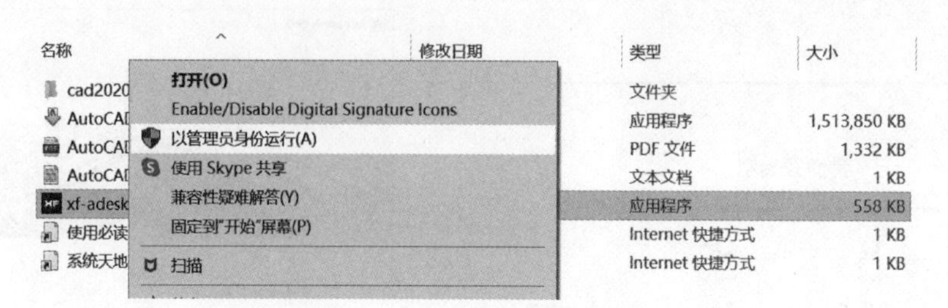

图 2-18 激活软件文档界面

图 2-19 注册机界面

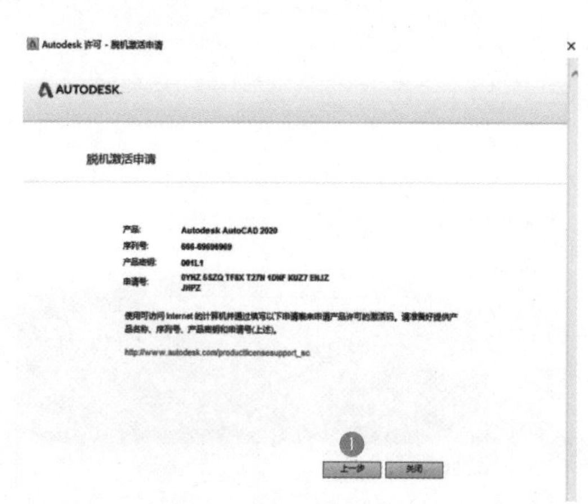

图 2-20 产生激活码

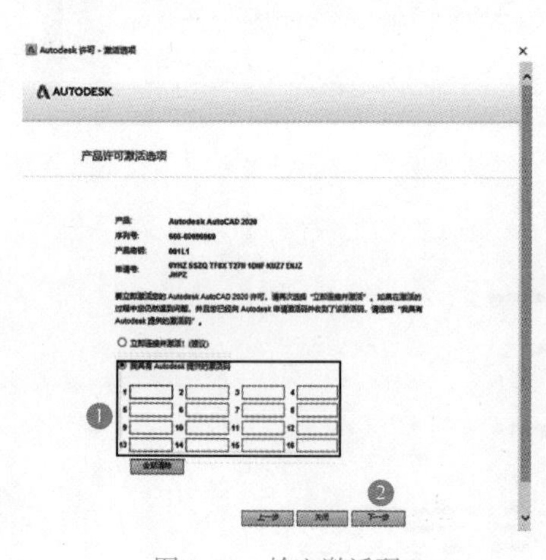

图 2-21 输入激活码

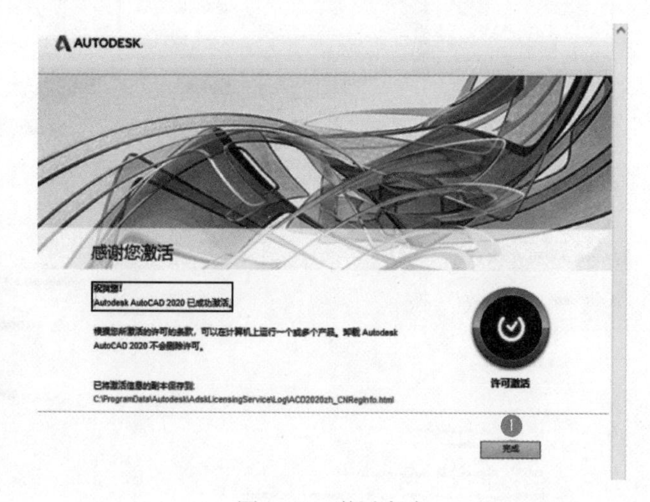

图 2-22 激活完成

任务 2.4 AutoCAD 基本操作

2.4.1 AutoCAD 启动

双击计算机桌面的 AutoCAD 快捷图标（图 2-23），即可启动 AutoCAD 软件。

2.4.2 AutoCAD 窗口界面

AutoCAD 2020 的窗口界面主要由应用程序按钮、快速访问工具栏、标题栏、功能区、绘图区、命令行和状态栏等组成。其中，绘图区内部又包含视口标签菜单、ViewCube 工具、导航栏、坐标系图标、模型/布局选项卡和十字光标等内容，如图 2-24 所示。

图 2-23 AutoCAD 快捷图标

1. 应用程序按钮

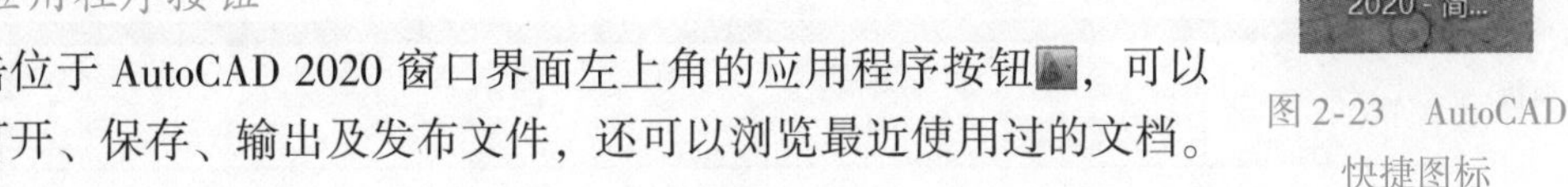

单击位于 AutoCAD 2020 窗口界面左上角的应用程序按钮，可以创建、打开、保存、输出及发布文件，还可以浏览最近使用过的文档。

2. 快速访问工具栏

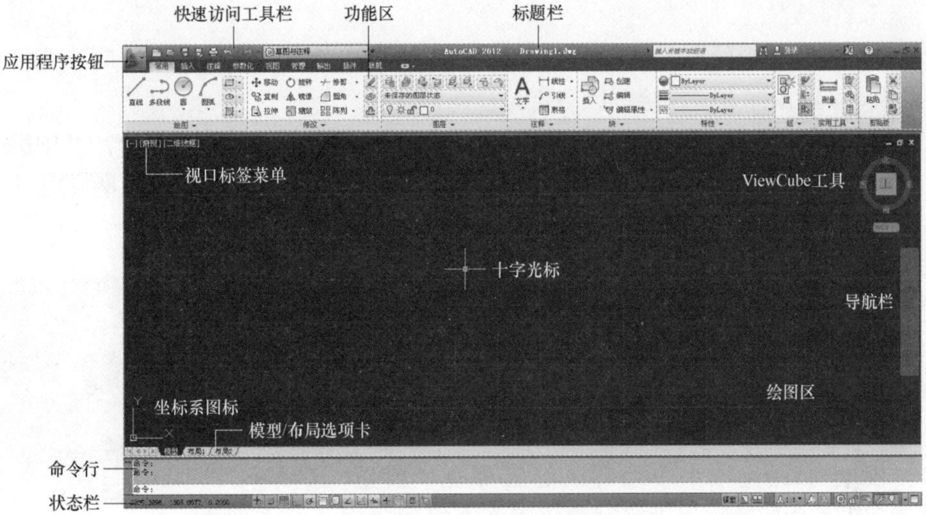

图 2-24 AutoCAD 窗口界面

快速访问工具栏位于应用程序按钮的右侧，用于显示常用工具，包括“新建”“打开”“保存”“打印”“放弃”和“重做”按钮等，如图 2-25 所示。AutoCAD 2020 的快速访问工具栏新增了“切换工作空间”选项，提供了“草图与注释”“三维基础”和“三维建模”三种工作空间模式，用户可以根据需要设置工作空间的样式。位于最后的下拉菜单按钮，用于自定义设置快速访问工具栏的内容，如是否显示“工作空间”“菜单栏”等。

图 2-25 快速访问工具栏

3. 标题栏

在默认状态下，AutoCAD 2020 的标题栏在快速访问工具栏的右侧，如图 2-26 所示，用于显示 AutoCAD 的版本及当前图形文件的名称。标题栏最右面的 3 个按钮可用来实现窗口的最小化、最大化或还原和关闭，操作方法与 Windows 界面操作相同。

图 2-26 标题栏

4. 功能区

AutoCAD 2020 的功能区位于绘图区的上方，提供了创建和编辑文件时需要的所有工具命令。功能区又分为选项卡和面板两部分，在每个功能区选项卡的下面，都对应着相应的面板，而面板上的很多工具和控件与 CAD 经典样式中的“工具条”相同，如图 2-27 所示。将光标指向某个工具按钮，便会显示该工具按钮的名称，并在状态栏中给出该按钮的简要说明。

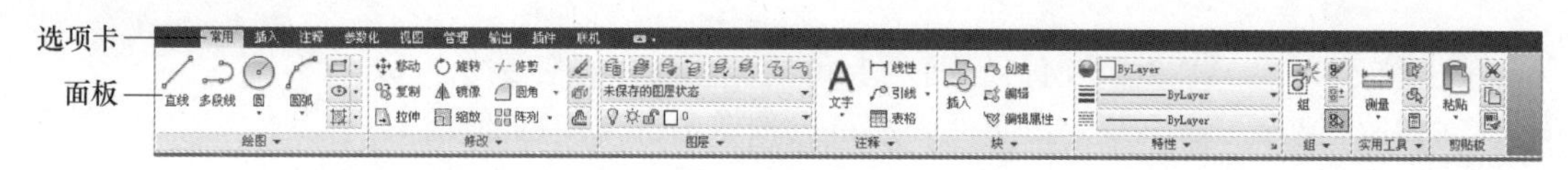

图 2-27　功能区

5. 绘图区

绘图区是进行图形绘制并显示所绘图形的区域。将光标移动到绘图区时，光标会变成“十”字形，可用鼠标直接在绘图区中定位。

（1）视口标签菜单　视口标签菜单位于绘图区左上方，分为 3 个部分，其中[-]可以控制视口显示的数量、切换 ViewCube 工具的显示，[俯视]用于选择视图方式，[二维线框]用于选择视觉样式。

（2）ViewCube 工具　ViewCube 工具位于绘图区右上方，可以用来旋转图形的视图，尤其适用于三维图形的观察和绘制，如图 2-28 所示。

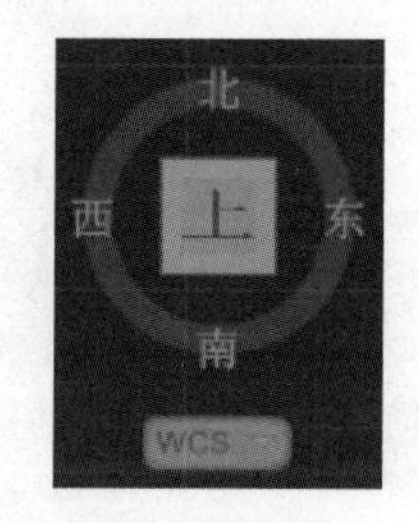

图 2-28　ViewCube 工具

（3）导航栏　导航栏位于 ViewCube 工具下方，可用于平移、缩放和动态观察图形等，如图 2-29 所示。

（4）模型/布局选项卡　绘图区的底部有“模型”“布局 1”和“布局 2”三个标签，用于控制绘图工作在模型空间还是在图纸空间进行。默认状态下，一般的绘图工作都在模型空间进行，单击“布局 1”或“布局 2”标签可进入图纸空间，在图纸空间中主要完成打印输出图形的最终布局；单击“模型”标签即可返回模型空间。将光标指向任意一个标签并右击，可以使用弹出的快捷菜单新建、删除、重命名、移动或复制布局，也可以进行页面设置等操作。

图 2-29　导航栏

6. 命令行

命令行位于绘图区下方，是用户使用键盘输入各种命令的位置，也可以显示操作过程中的各种信息和提示。默认状态下，命令行保留显示所执行的最后 3 行命令或提示信息。

AutoCAD 软件拥有人性化的设计，每一步操作都会有提示指导。当某个命令用户从未使用过时，可根据提示操作完成。AutoCAD 软件的命令行区域可显示 2 ~ 3 行信息，这样就能完全看到每一步的提示，如图 2-30 所示。

图2-30 命令行

7. 状态栏

状态栏用于反映和改变当前的绘图状态，AutoCAD 2020 的状态栏包括光标的当前坐标（如 2606.1005, 1342.4766, 0.0000）、常用绘图辅助工具、布局和视图工具、注释缩放工具及工作空间自定义工具等。

2.4.3 AutoCAD 文件管理

文件的管理包括新建图形文件，打开、保存已有的图形文件及退出打开的文件。

1. 新建图形文件

1）单击应用程序按钮，选择“新建”命令，或者单击快速访问工具栏中的“新建”按钮。

2）系统打开“选择样板”对话框，如图2-31所示。在“名称”列表框中，用户可根据需要选择模板样式。

图2-31 “选择样板”对话框

3）选择样式后，单击打开(O)按钮，即可在窗口显示新建的文件。

2. 打开图形文件

1）单击应用程序按钮，选择“打开”命令，或者单击快速访问工具栏中的“打开”按钮。

2）系统将打开“选择文件”对话框，如图2-32所示。在“查找范围”下拉列表框中选择需要打开的文件。AutoCAD 的图形文件格式为 .dwg（在“文件类型”下拉列表框中显示）。

3）在“选择文件”对话框的右侧预览图像后，单击打开(O)按钮，即可打开文件。

3. 保存图形文件

1）单击应用程序按钮，选择“保存”命令，或者单击快速访问工具栏中的“保存”按钮，可打开“图形另存为”对话框，如图2-33所示。

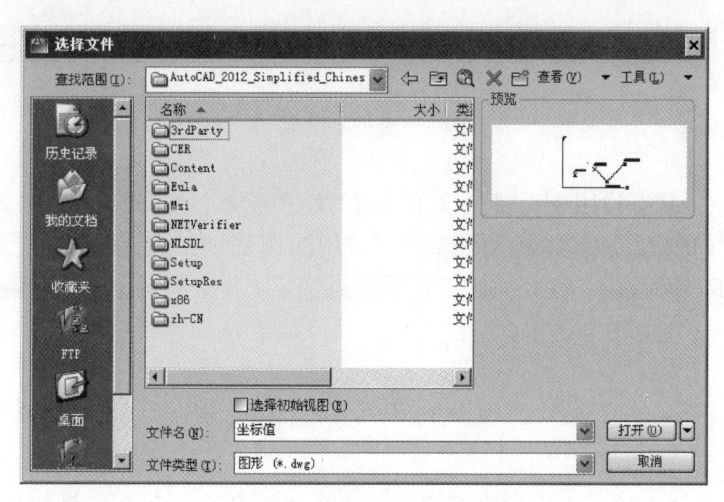

图2-32 “选择文件”对话框

2）在“保存于”下拉列表框中指定图形文件保存的路径。

3）在“文件名”文本框中输入图形文件的名称。

4）在“文件类型”下拉列表框中选择图形文件要保存的类型。

5）设置完成后，单击 保存(S) 按钮，文件即被保存。

在“图形另存为”对话框中可以把当前图形存为其他的兼容格式，如AutoCAD 2007图形文件格式、AutoCAD 2014图形文件格式等，因为只有这样才能把在AutoCAD 2020中创建的图形文件在相应的AutoCAD版本中打开。

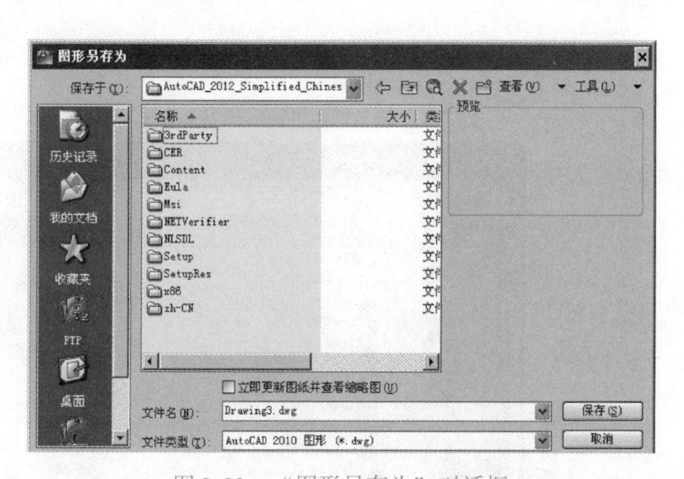

图2-33 “图形另存为”对话框

4. 设置密码

1）执行保存图形命令后，单击应用程序按钮，选择“另存为”命令，或者单击快速访问工具栏中的“另存为”按钮，打开“图形另存为”对话框，如图2-33所示。

2）单击右上角的 工具(L) 按钮，选择“安全选项”选项，系统将打开“安全选项”对话框，如图2-34所示。

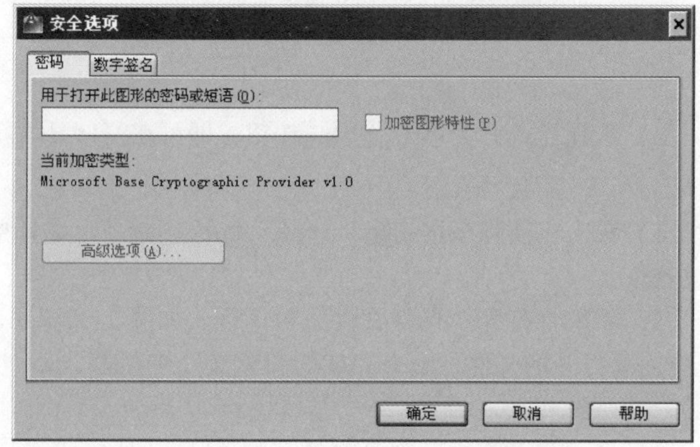

图2-34 “安全选项”对话框

3）选择“密码”选项卡，在“用于打开此图形的密码或短语(O)”文本框中输入相应密码，单击 确定 按钮，系统将打开“确认密码”对话框，如

图2-35所示。用户需要再输入一次密码，确认后单击[确定]按钮，完成密码设置。

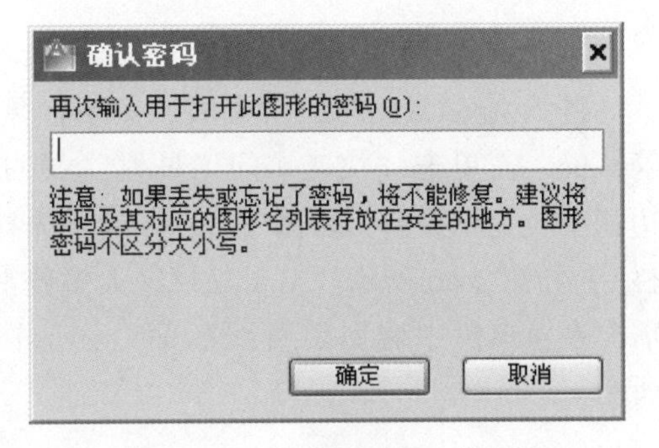

图2-35 “确认密码”对话框

5. 退出图形文件

1）单击应用程序按钮，选择“关闭”命令；或者单击右上角的，关闭文件；或者在命令行输入“quit”命令。

2）如果图形文件没有保存或未作修改后的最后一次保存，系统会弹出询问对话框，如图2-36所示。

3）单击询问对话框中的[是(Y)]按钮，系统将打开“图形另存为”对话框，进行保存即可；单击[否(N)]按钮，不保存退出；单击[取消]按钮，则返回编辑状态。

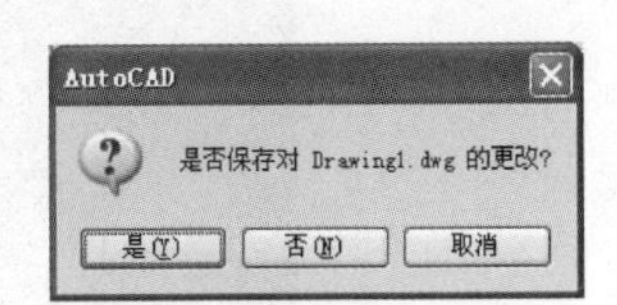

图2-36 询问对话框

在AutoCAD中，也可以让文件自动存盘：选择功能区中的“视图”选项卡，单击“窗口”面板右下方的按钮，弹出“选项”对话框，如图2-37所示。选择“文件”选项卡，设置“自动保存文件位置”选项，然后在“打开和保存”选项卡中设置“自动保存”及保存时间间隔。注意不要把时间间隔设得太短，否则会浪费系统资源，一般设为5min即可。

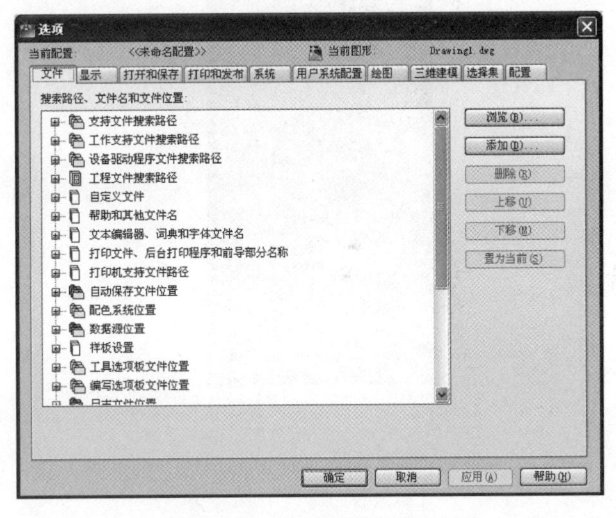

图2-37 “选项”对话框

2.4.4 AutoCAD执行命令的方式

命令是AutoCAD用户与软件交换信息的重要方式，掌握AutoCAD 2020命令的调用方法是使用AutoCAD 2020软件制图的基础，也是深入学习AutoCAD功能的重要前提。

AutoCAD中调用命令的方式有很多种，下面介绍最常用的几种方式。

1. 使用功能区调用

在AutoCAD中，3个工作空间都是以功能区作为调用命令的主要方式。相比其他调用命令的方法，功能区调用命令更为直观，非常适合不能熟记绘图命令的AutoCAD初学者。

功能区使绘图界面无须显示多个工具栏，系统会自动显示与当前绘图操作相关的面板，从而使应用程序窗口更加整洁。因此，可以将进行操作的区域最大化，使用单个界面来加快和简化工作，如图2-38所示。

图2-38 使用功能区调用

2. 使用菜单栏调用

进入 AutoCAD 2020 界面时，菜单栏是隐藏的，需单击“快速访问工具栏”最右边的下拉菜单按钮，如图 2-39 所示，选择“显示菜单栏”，选择“自定义快速访问工具栏”，如图 2-40 所示。AutoCAD 绝大多数常用命令都分门别类地放置在菜单栏中。例如，若需要在菜单栏中调用“直线”命令，选择“绘图”/“直线”菜单命令即可，如图 2-41 所示。

图 2-39 快速访问工具栏

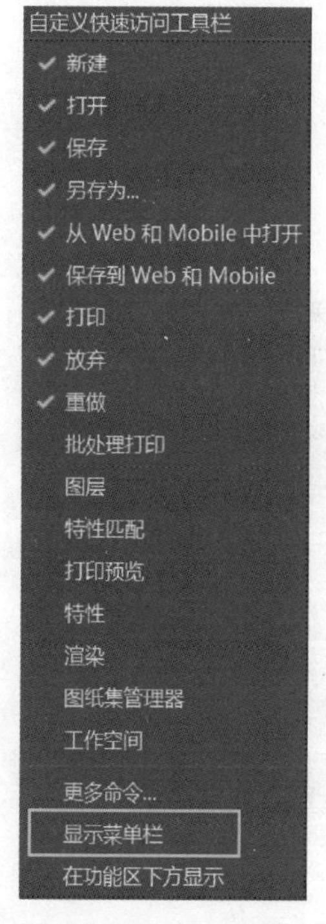

图 2-40 自定义快速访问工具栏选择项

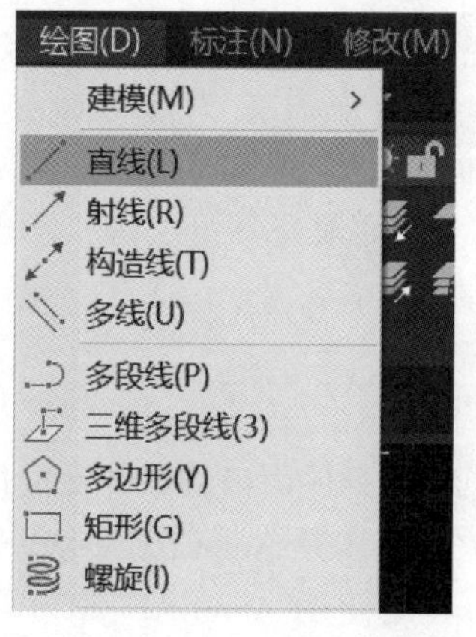

图 2-41 使用菜单栏调用

3. 使用工具栏调用

与菜单栏相同，工具栏不显示于 3 个工作空间中，需要通过“工具”/“工具栏”/“AutoCAD”命令调出。单击工具栏中的按钮，即可执行相应的命令。用户可以在其他工作空间绘图，也可以根据实际需要调出工具栏，如“绘图”“修改”“UCS”“三维导航”“建模”“视图”等。

4. 使用命令行调用

使用命令行（图 2-30）输入命令是 AutoCAD 的一大特色功能，同时也是最快捷的绘图方式。这就要求用户熟记各种命令名称，用此方式绘制图形，会大大提高绘图的速度和效率。

AutoCAD 中的绝大多数命令都有其相应的简写方式。如“直线”命令 LINE 的简写方式为 L，“圆”命令 CIRCLE 的简写方式为 C。对于常用的命令，用简写方式输入将大大减少键盘输入的工作量，提高工作效率。另外，AutoCAD 对命令或参数输入不区分符号大小写，因此操作者不必考虑输入符号的大小写。

5. 使用快捷菜单调用

使用快捷菜单调用命令，即在绘图区右击，在弹出的菜单中选择命令，如图 2-42 所示。

2.4.5　命令的重复、撤销与重做

在使用 AutoCAD 绘图的过程中，难免会重复使用某一命令或对某命令进行了误操作，因此有必要了解命令的重复、撤销与重做方面的知识。

1. 命令的重复

在绘图过程中，有时需要重复执行同一个命令，如果每次都重复输入，会使绘图效率大大降低。重复执行命令的方法有以下几种。

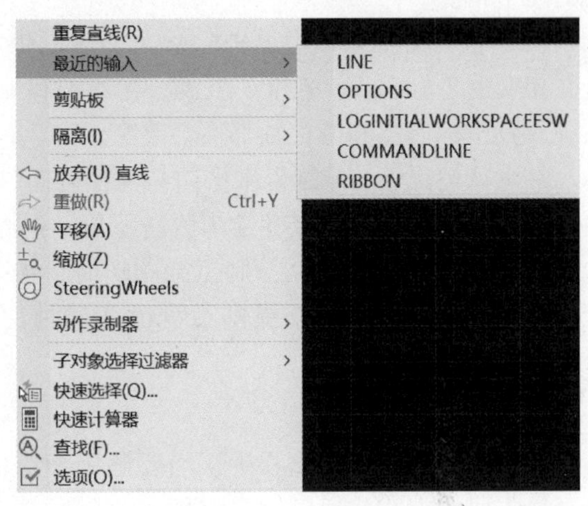

图 2-42　快捷菜单调用

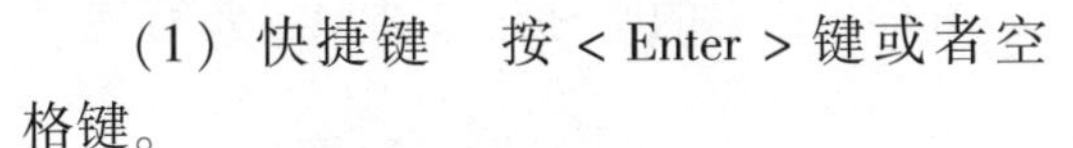

(1) 快捷键　按 < Enter > 键或者空格键。

(2) 快捷菜单　在绘图区右击，在系统弹出的快捷菜单的“最近的输入”子菜单中选择需要重复的命令。

(3) 命令行　输入“MULTIPLE”或“MUL”。

2. 命令的撤销

在绘图过程中，如果执行了错误的操作，就需要撤销之前的操作，改正错误。撤销命令的方法有以下几种。

(1) 工具栏　单击快速访问工具栏中的“放弃”按钮。

(2) 命令栏　输入“Undo”或“U”。

(3) 快捷键　按 <Ctrl> + <Z> 键。

3. 命令的重做

通过“重做”命令，可以恢复前一次或者前几次已经放弃执行的操作，“重做”命令与“撤销”命令是一对相对的命令。重做命令的方法有以下几种。

(1) 工具栏　单击快速访问工具栏中的“重做”按钮。

(2) 命令行　输入“REDO”。

(3) 快捷键　按 <Ctrl> + <Y> 键。

2.4.6　AutoCAD 坐标系

AutoCAD 的图形定位主要由坐标系确定。在使用 AutoCAD 的坐标系之前，首先要了解 AutoCAD 坐标系的概念和坐标输入的方法。

1. AutoCAD 坐标系的认识

坐标系由 X 轴、Y 轴和原点 o 构成。坐标原点可以自由选择，尽可能选在零

件的设计基准或工艺基准上。在 AutoCAD 中，包括 3 种坐标系，分别是笛卡儿坐标系、世界坐标系和用户坐标系。

（1）笛卡儿坐标系　AutoCAD 采用笛卡儿坐标系来确定位置，该坐标系也称为绝对坐标系。在进入 AutoCAD 绘图区时，系统自动进入笛卡儿坐标系第一象限，其原点在绘图区内的左下角点。

（2）世界坐标系　世界坐标系（WCS）是 AutoCAD 的基础坐标系统，它由 3 个相互垂直并相交的坐标轴 X、Y 和 Z 组成。在绘制和编辑图形的过程中，世界坐标系是预设的坐标系统，其坐标原点和坐标轴都不会改变。

在默认情况下，X 轴以水平向右为正方向，Y 轴以竖直向上为正方向，Z 轴以垂直屏幕向外为正方向，坐标原点在绘图区左下角，世界坐标轴的交汇处显示方形标记“□”。

（3）用户坐标系　在绘制三维图形时，需要经常改变坐标系的原点和坐标轴方向，使绘图更加方便。AutoCAD 提供了可改变坐标原点和坐标轴方向的坐标系，即用户坐标系（UCS）。

2. 坐标的输入

用户在绘制图形的过程中，当要确定相应的位置点时，除采用捕捉关键特征点的方式外，最主要的方式是通过键盘来输入坐标位置点。AutoCAD 中的坐标输入类型主要有绝对坐标和相对坐标。

（1）绝对坐标　绝对坐标是以笛卡儿坐标系的原点（0，0）为基点定位，用户可以通过输入（x，y）坐标的方式来定义一个点的位置。

（2）相对坐标　相对坐标是以上一点为坐标原点确定下一点的位置。输入相对于一点坐标（x，y）增量为（x+，y+）的坐标时，格式（@x+，y+）。其中“@”字符是指定与上一个点的偏移量。

思考与练习

1. AutoCAD 2020 一共有（　　）个工作空间。

A. 1　　B. 2　　C. 3　　D. 4

2. 在 AutoCAD 2020 中，新建图形文件的快捷键是（　　）。

A. <Ctrl> + <A>　　B. <Ctrl> + <N>　　C. <Ctrl> + <V>　　D. <Ctrl> + <C>

3. 在 AutoCAD 2020 中，保存图形文件的工具按钮是（　　）。

A. 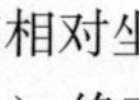　　B. 　　C.　　D.

4. 在（　　）中不能执行命令。

A. 菜单栏　　B. 工具栏　　C. 命令行　　D. 状态栏

5. 重复执行命令的方式有（　　）。

A. 按 <Enter> 键　　B. 按 <Esc> 键　　C. 按 <Ctrl> 键　　D. 按 <Delete> 键

项目3

产品平面图形的绘制

学习目标：▲

△ 掌握 AutoCAD 2020 软件的基本绘图命令
△ 掌握简单图形的绘制方法
△ 掌握简单产品的绘制，了解产品的基本功能

知识点：▲

1. 掌握点、线、多边形、弧线等图形的绘制方法
2. 掌握命令的多种操作方式
3. 掌握简单产品的绘制方法

技能点：▲

1. 能利用软件独立完成基础图形的绘制
2. 能结合多种绘图命令绘制图形
3. 能根据产品要求绘制图形

素养点：▲

1. 具备认真负责的学习态度
2. 具备严谨细致的学习作风
3. 具备学习主体意识
4. 具备职业道德意识
5. 具备团队合作意识

任务3.1 线的绘制

直线类图形是AutoCAD中最基本的图形对象，也是绘图过程中用得最多的图形。在AutoCAD中，根据用途的不同，可以将线分为直线、射线、构造线、多段线、样条曲线和多线等。

3.1.1 绘制直线

直线是各种绘图中最常用、最简单的一类图形对象，只要指定了起点和终点即可绘制一条直线。

1. 执行方式

执行“直线”命令主要有以下几种方式：

(1) 功能区 在“默认”选项卡中，单击“绘图”面板中的“直线”按钮，如图3-1所示。

(2) 菜单栏 选择“绘图”/“直线”命令，如图3-2所示。

(3) 命令行 输入“LINE”或“L”。

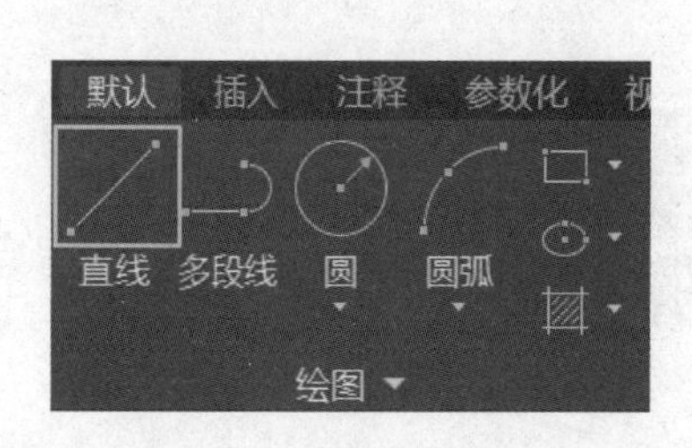

图3-1 “绘图”面板（选择“直线”）

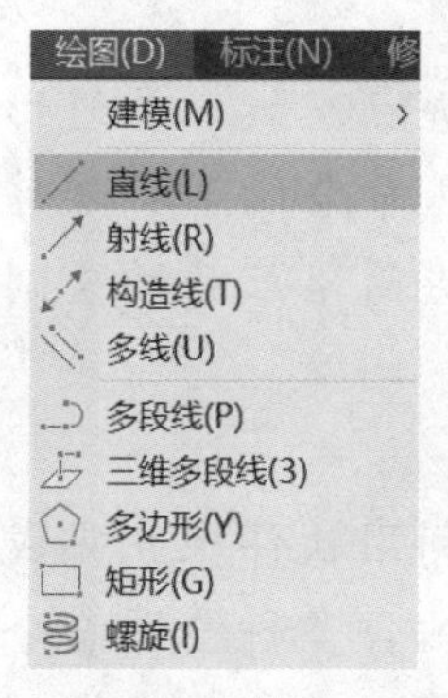

图3-2 “绘图”菜单（选择“直线”）

2. 动手操练

1）绘制一条直线，起点坐标为（6，18），终点坐标为（26，38）。

执行上述任意一种方法后，调用“直线”命令，然后按以下命令行提示进行操作：

```
命令:L                                   //执行“直线”命令
LINE
指定第一个点:6,18                        //输入坐标(6,18),确定直线的一个端点
指定下一点或[放弃(U)]:26,38              //输入坐标(26,38),确定直线的另一个端点
指定下一点或[退出(E)/放弃(U)]:↙          //按<Enter>键,完成直线命令操作
```

2）用直线命令，绘制由端点坐标为（20，15）（50，15）（70，50）（30，50）组成的四边形。

调用“直线”命令，然后按以下命令行提示进行操作。

```
命令:L
LINE
指定第一点:20,15
指定下一点或[放弃]:50,15
指定下一点或[放弃]:70,50
指定下一点或[闭合/放弃]:30,50
指定下一点或[闭合/放弃]:C                //输入"C",按<Enter>键后自动闭合并结束命令
```

3.1.2　绘制射线

射线是指一端固定，另外一端无线延伸的直线，所以只有起点和方向，没有终点。一般作为辅助线。

1. 执行方式

执行“射线”命令主要有以下几种方式：

（1）功能区　在“默认”选项卡中，单击“绘图”面板中的“射线”按钮，如图3-3所示。

（2）菜单栏　选择菜单“绘图”/“射线”命令，如图3-4所示。

（3）命令行　输入“RAY”。

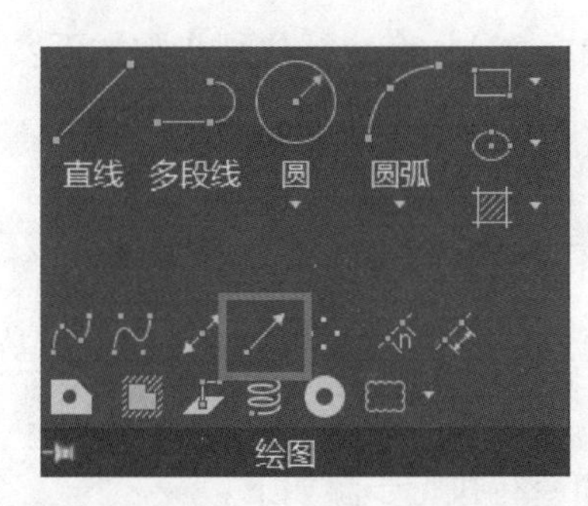

图3-3　“绘图”面板（选择“射线”）

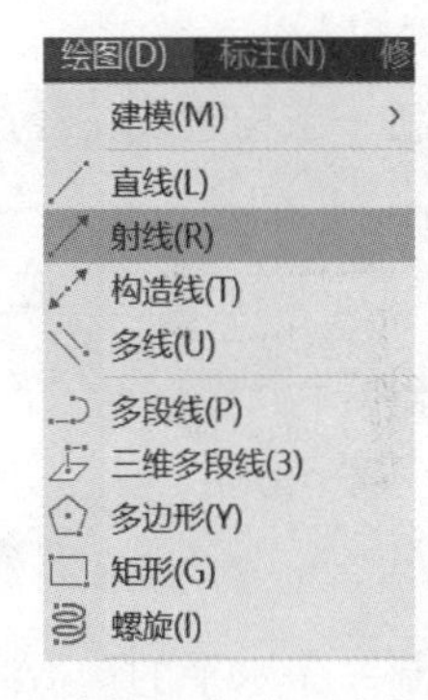

图3-4　“绘图”菜单（选择“射线”）

2. 动手操练

绘制一条射线，起点（20，50），经过点（100，80）。

执行上述任意一种方法后，调用“射线”命令，然后按以下命令行提示进行操作：

```
命令:RAY              //执行"射线"命令
指定起点:             //输入坐标(20,50),确定射线的一个端点
指定通过点:           //输入坐标(100,80),确定射线的经过点
指定通过点:↙          //按<Enter>键,完成射线命令操作
```

3.1.3　绘制构造线

构造线是两端无限延伸的直线，没有起点和终点，主要作为辅助线和修剪边界。构造线

只需指定两个点即可确定位置和方向。

1. 执行方式

执行“构造线”命令主要有以下几种方式：

(1) 功能区　在“默认”选项卡中，单击“绘图”面板中的“构造线”按钮，如图3-5所示。

(2) 菜单栏　选择菜单“绘图”/“构造线”命令，如图3-6所示。

(3) 命令行　输入“XLINE”或“XL”。

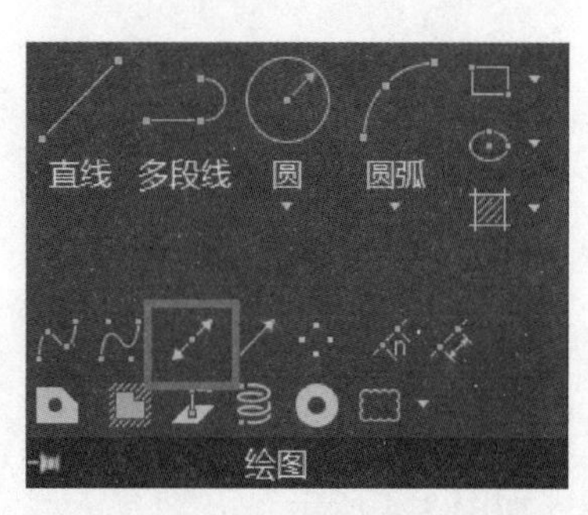

图3-5　“绘图”面板（选择“构造线”）

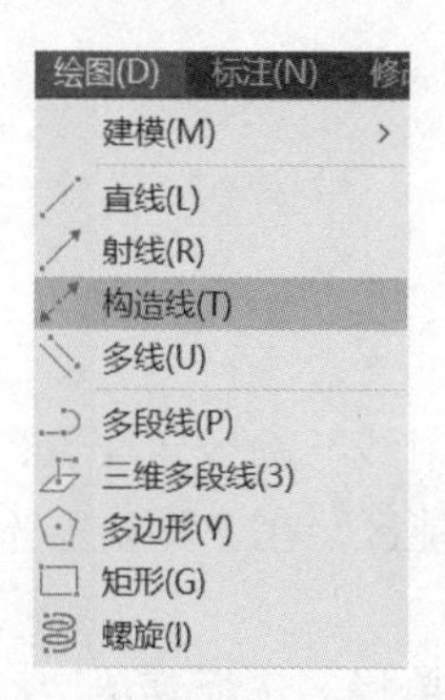

图3-6　“绘图”菜单（选择“构造线”）

2. 动手操练

1）绘制一条构造线，经过点（30，60）和点（120，90）。命令行执行步骤如下：

```
命令:XL
XLINE
指定点或[水平(H)/垂直(V)/角度(A)/二等分(B)/偏移(O)]:30,60
指定通过点:120,90
指定通过点:↙                    //按<Enter>键,完成构造线命令操作
```

2）绘制一条水平的构造线，经过点（30，60）。命令行执行步骤如下：

```
命令:XL
XLINE
指定点或[水平(H)/垂直(V)/角度(A)/二等分(B)/偏移(O)]:H      //输入H
指定通过点:30,60
指定通过点:↙
```

3）绘制一条垂直的构造线，经过点（30，60）。命令行执行步骤如下：

```
命令:XL
XLINE
指定点或[水平(H)/垂直(V)/角度(A)/二等分(B)/偏移(O)]:V
指定通过点:30,60
指定通过点:↙
```

4）绘制一条与水平正向夹角为60°的构造线，经过点（30，60）。命令行执行步骤如下：

```
命令:XL
XLINE
指定点或[水平(H)/垂直(V)/角度(A)/二等分(B)/偏移(O)]:A
输入构造线的角度(0)或[参照(R)]:60
指定通过点:30,60
指定通过点:↙
```

5）绘制图3-7所示直角的角平分线。先用直线命令绘制出直角，各个点的坐标如图3-7所示，再用构造线命令绘制角平分线，命令行执行步骤如下：

```
命令:XL
XLINE
指定点或[水平(H)/垂直(V)/角度(A)/二等分(B)/偏移(O)]:B
指定角的顶点:          //选中D点
指定角的起点:          //选中A点
指定角的端点:          //选中C点
指定角的端点:↙
```

A (100,180)

(100,80)　(180,80)

D　C

图3-7　直角图形

6）绘制一条构造线，与2）中的构造线的距离为50mm，而且处于2）中构造线的上方。命令行执行步骤如下：

```
命令:XL
XLINE
指定点或[水平(H)/垂直(V)/角度(A)/二等分(B)/偏移(O)]:O
指定偏移距离或[通过(T)]<通过>:50        //输入50
选择直线对象:                          //选中2)构造线
指定向哪侧偏移:                        //单击2)构造线上方的任何位置
选择直线对象:↙                         //按<Enter>键,完成构造线命令操作
```

3.1.4　绘制多段线

多段线是AutoCAD中常用的一类复合图形对象，是由直线段和弧线段连续组成的一个图形实体。它可由不同的线型、不同的宽度组成，并且可对其进行编辑。

1. 执行方式

执行“多段线”命令主要有以下几种方式：

（1）功能区　在“默认”选项卡中，单击“绘图”面板中的“多段线”按钮，如图3-8所示。

（2）菜单栏　选择菜单“绘图”/“多段线”命令，如图3-9所示。

（3）命令行　输入“PLINE”或“PL”。

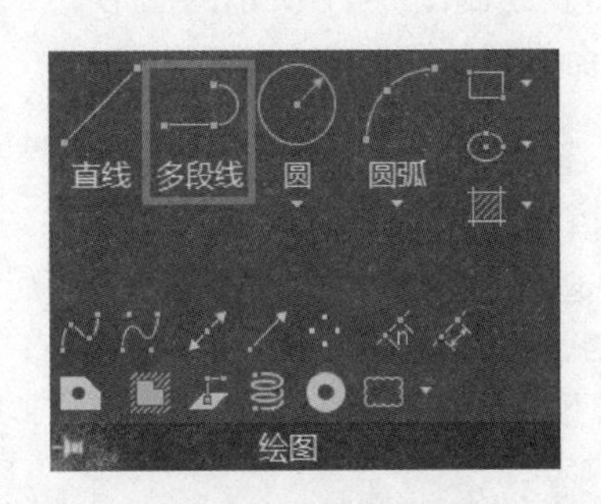

图3-8　“绘图”面板（选择“多段线”）

2. 动手操练

1）用多段线命令绘制一条水平线，长度为50mm，宽度为0.25mm。命令行执行步骤如下：

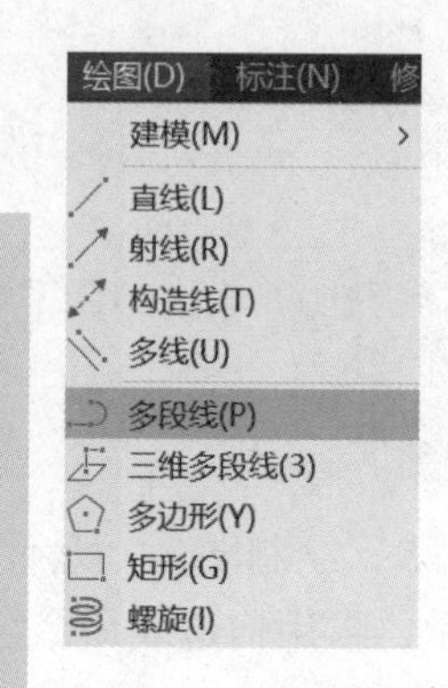

图3-9 “绘图”菜单（选择“多段线”）

```
命令:PL
PLINE
指定起点:
当前线宽为0.00
指定下一个点或[圆弧(A)/半宽(H)/长度(L)/放弃(U)/宽度(W)]:W
指定起点宽度<0.2500>:0.25
指定端点宽度<0.2500>:0.25
指定下一个点或[圆弧(A)/半宽(H)/长度(L)/放弃(U)/宽度(W)]:50
指定下一个点或[圆弧(A)/闭合(C)/半宽(H)/长度(L)/放弃(U)/宽度(W)]:↙
```

2）绘制图3-10所示的图形，总长度为50mm。前面一段的长度为40mm，起点坐标为（40，20），第二点坐标为（80，20），宽度都为0.25mm。后面一段的长度为10mm，第二点坐标即为此段的起点坐标，终点坐标为（90，20），起点宽度为2mm，终点宽度为0。

图3-10 多段线的图形

命令行执行步骤如下：

```
命令:PL
PLINE
指定起点:40,20
当前线宽为0.0000
指定下一个点或[圆弧(A)/半宽(H)/长度(L)/放弃(U)/宽度(W)]:W
指定起点宽度<0.0000>:0.25
指定端点宽度<0.2500>:0.25
指定下一个点或[圆弧(A)/半宽(H)/长度(L)/放弃(U)/宽度(W)]:80,20
指定下一个点或[圆弧(A)/闭合(C)/半宽(H)/长度(L)/放弃(U)/宽度(W)]:W
指定起点宽度<0.2500>:2
指定端点宽度<2.0000>:0
指定下一个点或[圆弧(A)/闭合(C)/半宽(H)/长度(L)/放弃(U)/宽度(W)]:90,20
指定下一个点或[圆弧(A)/闭合(C)/半宽(H)/长度(L)/放弃(U)/宽度(W)]:↙
```

3）绘制图3-11所示的图形。

命令行执行步骤如下：

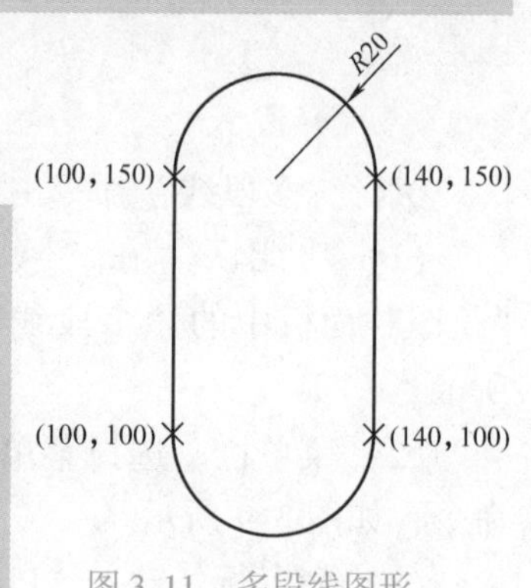

图3-11 多段线图形

```
命令:PL
PLINE
指定起点:100,100
当前线宽为0.0000
指定下一个点或[圆弧(A)/半宽(H)/长度(L)/放弃(U)/宽度(W)]:
100,150
指定下一个点或[圆弧(A)/闭合(C)/半宽(H)/长度(L)/放弃(U)/宽度
```

(W)]:A
指定圆弧的端点(按住 Ctrl 键以切换方向)或
[角度(A)/圆心(CE)/闭合(CL)/方向(D)/半宽(H)/直线(L)/半径(R)/第二个点(S)/放弃(U)/宽度(W)]:R
指定圆弧的半径:20
指定圆弧的端点(按住 Ctrl 键以切换方向)或[角度(A)]:A
指定夹角:-180
指定圆弧的弦方向(按住 Ctrl 键以切换方向)<90>:0
指定圆弧的端点(按住 Ctrl 键以切换方向)或
[角度(A)/圆心(CE)/闭合(CL)/方向(D)/半宽(H)/直线(L)/半径(R)/第二个点(S)/放弃(U)/宽度(W)]:L
指定下一点或[圆弧(A)/闭合(C)/半宽(H)/长度(L)/放弃(U)/宽度(W)]:
指定下一点或[圆弧(A)/闭合(C)/半宽(H)/长度(L)/放弃(U)/宽度(W)]:A
指定圆弧的端点(按住 Ctrl 键以切换方向)或
[角度(A)/圆心(CE)/闭合(CL)/方向(D)/半宽(H)/直线(L)/半径(R)/第二个点(S)/放弃(U)/宽度(W)]:R
指定圆弧的半径:20
指定圆弧的端点(按住 Ctrl 键以切换方向)或[角度(A)]:A
指定夹角:-180
指定圆弧的弦方向(按住 Ctrl 键以切换方向)<270>:180
指定圆弧的端点(按住 Ctrl 键以切换方向)或
[角度(A)/圆心(CE)/闭合(CL)/方向(D)/半宽(H)/直线(L)/半径(R)/第二个点(S)/放弃(U)/宽度(W)]:↙

3.1.5 绘制样条曲线

样条曲线是经过或接近一系列指定点的平滑曲线，它可以自由编辑，可以控制曲线与点的拟合程度。

样条曲线可分为拟合点样条曲线和控制点样条曲线两种。拟合点样条曲线的拟合点与曲线重合，控制点样条曲线是通过曲线外的控制点控制曲线的形状。

1. 执行方式

执行“样条曲线”命令主要有以下几种方式：

(1) 功能区　在“默认”选项卡中，单击“绘图”面板中的“样条曲线拟合”按钮或【样条曲线控制点】按钮，如图 3-12 所示。

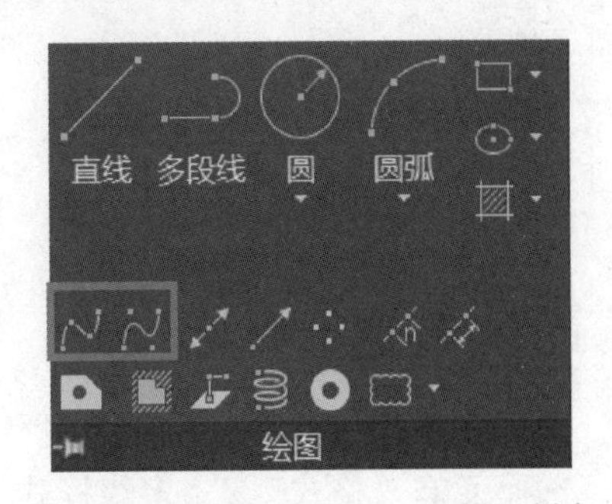

图 3-12　“绘图”面板（选择“样条曲线拟合”或“样条曲线控制点”）

(2) 菜单栏　选择菜单“绘图”/“样条曲线”命令，然后在子菜单中选择“拟合点”或“控制点”命令，如图 3-13 所示。

(3) 命令行　输入“SPLINE”或“SPL”。

2. 动手操练

绘制图 3-14 所示的图形，用控制点样条曲线形式绘制，各个点的坐标如图 3-14 所示。

命令行执行步骤如下：

```
命令:SPL
SPLINE
当前设置:方式 = 控制点   阶数 = 3
指定第一个点或[方式(M)/阶数(D)/对象(O)]:50,50
输入下一个点:90,70
输入下一个点或[放弃(U)]:120,45
输入下一个点或[闭合(C)/放弃(U)]:165,85
输入下一个点或[闭合(C)/放弃(U)]:↙
```

3.1.6 绘制多线

多线是由一系列相互平行的直线组成的组合图形，其组合范围为1~16条平行线，这些平行线称为元素。构成多线的元素既可以是直线，也可以是圆弧。

通过多线的样式，用户可以自定义元素的类型及元素的间距，以满足不同情形下的多线使用要求。

1. 创建多线样式

（1）执行方式　执行“多线样式”命令的方法有以下两种：

1）菜单栏：选择菜单“格式”/“多线样式”命令，如图3-15所示。

2）命令行：输入“MLSTYLE”。

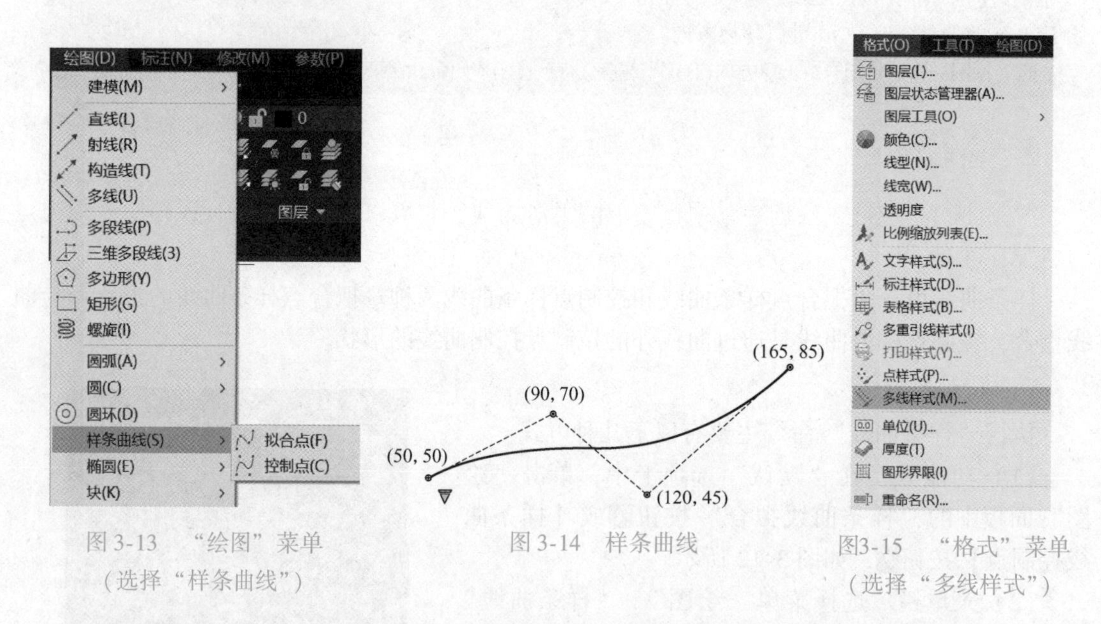

图3-13　“绘图”菜单（选择“样条曲线”）

图3-14　样条曲线

图3-15　“格式”菜单（选择“多线样式”）

（2）动手操练　新建由三条平行直线组成的多线样式，其他参数为系统默认。

选择菜单“格式”/“多线样式”命令，系统弹出图3-16所示的“多线样式”对话框，其中可以新建、修改或者加载多线样式。单击“新建”按钮，系统弹出“创建新的多线样式”对话框，然后定义新样式名为“样式A”，如图3-17所示，单击“继续”按钮，系统弹出“新建多线样式：样式A”对话框，如图3-18所示，单击“添加”按钮，操作一次，即可使平行直线的数量为3，单击“确定”按钮，完成设置。

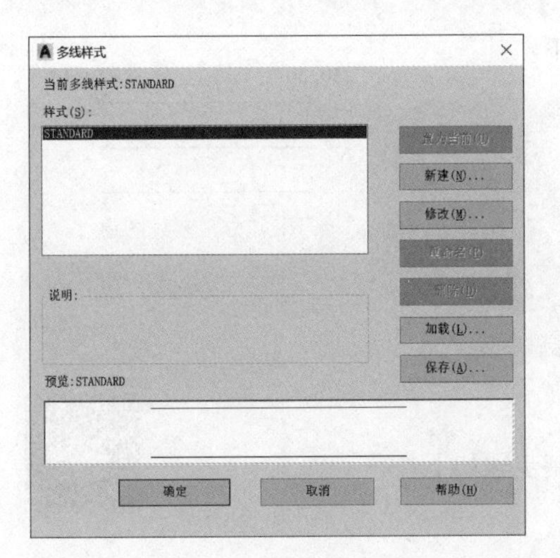

图 3-16　“多线样式”对话框

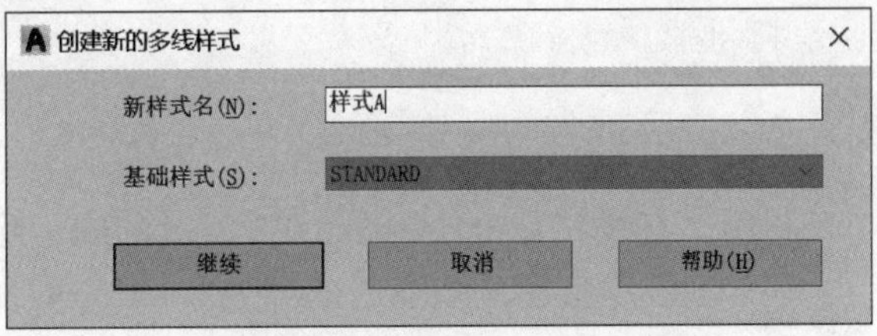

图 3-17　“创建新的多线样式”对话框

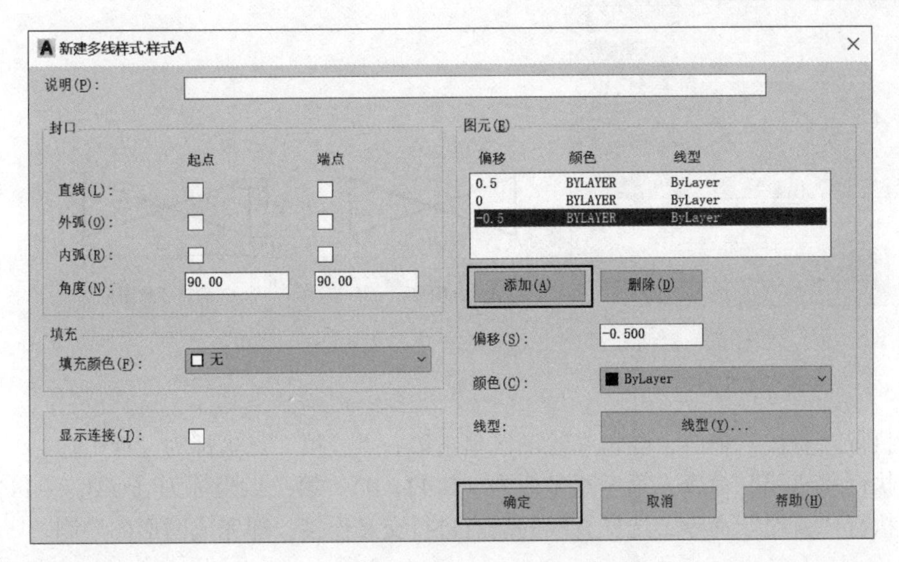

图 3-18　“新建多线样式：样式 A”对话框

2. 绘制多线的执行方式

执行“多线”命令主要有以下两种方式：

（1）菜单栏　选择菜单“绘图”/“多线”命令，如图 3-19 所示。

（2）命令行　输入“MLINE”或“ML”。

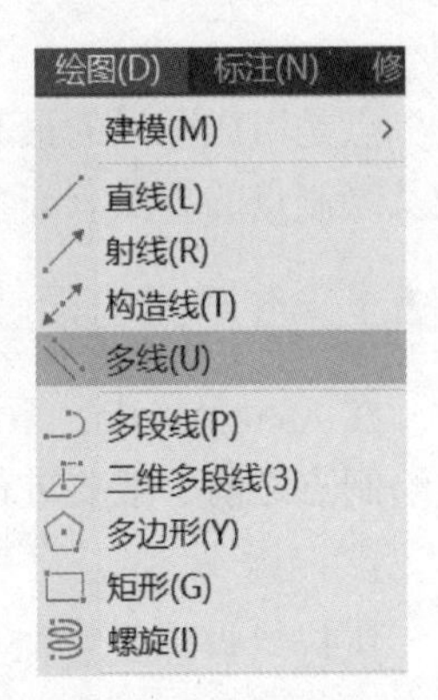

图 3-19　“绘图”菜单（选择“多线”）

3. 绘制多线的动手操练

绘制图 3-18 所示的已设置好的多线，如图 3-20 所示，起点坐标为（50，50），终点坐标为（100，50）。

1）选择菜单“格式”/“多线样式”命令，系统弹出图 3-21 所示“多线样式”对话框，将“样式 A”置为当前，单击图中的“置为当前”按钮，然后单击“确定”按钮。

2）完成多线样式变化后，命令行执行步骤如下：

```
命令:ML
MLINE
当前设置:对正 = 上,比例 = 20.00,样式 = 样式 A
指定起点或[对正(J)/比例(S)/样式(ST)]:50,50
指定下一点:100,50
指定下一点或[放弃(U)]:↙
```

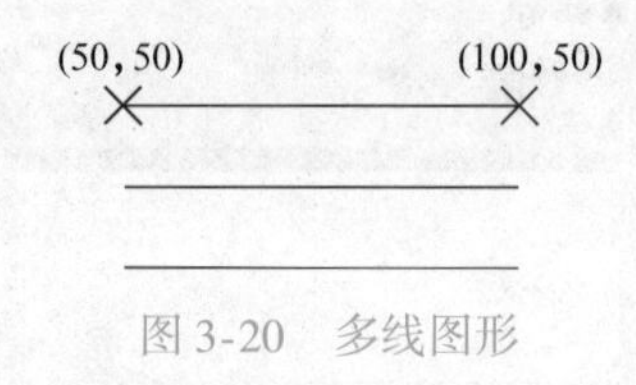

图 3-20　多线图形

3.1.7　产品的绘制——阀

利用“直线”命令绘制图 3-22 所示的阀，绘制步骤如下：

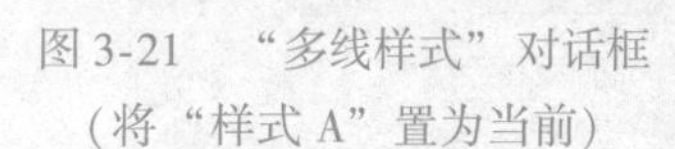

图 3-21　“多线样式”对话框
（将“样式 A”置为当前）

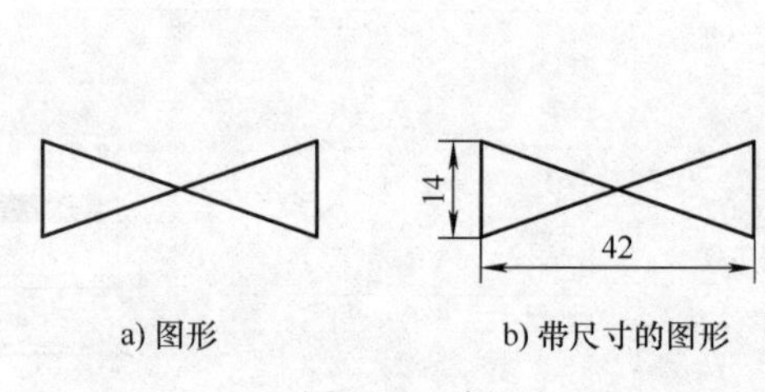

图 3-22　阀

1）执行“直线”命令，随机在绘图区单击第一点，第二点坐标为（@0，14）。

2）执行“直线”命令，第一点坐标为（@42，0），第二点坐标为（@0，－14）。

3）执行“直线”命令，选择直线的端点进行交叉连接，即完成图形的绘制。

任务 3.2　点的绘制

点是组成图形的最基本元素，可以作为捕捉和偏移对象的参考点。下面介绍点样式的设置及绘制点的方法。

3.2.1　点样式的设置

在 AutoCAD 中，系统默认情况下绘制的点显示为一个小黑点，不便于用户观察。因此，在绘制点之前一般要进行点样式的设置，使其清晰可见。

1. 执行方式

执行“点样式”命令主要有以下几种方式：

(1) 功能区　在“默认”选项卡中，单击“实用工具”面板中的“点样式”按钮。

(2) 菜单栏　选择菜单“格式”/“点样式”命令。

（3）命令行　输入“DDPTYPE”。

2. 设置点样式

执行上述任意一种方法后，将弹出图3-23所示的“点样式”对话框，可以选择点样式的类型和大小。

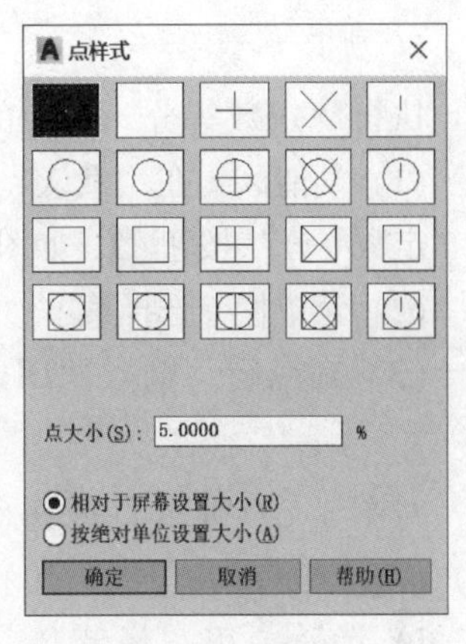

图3-23　“点样式”对话框

（1）点样式类型　在“点样式”对话框可以选择所需要的点样式类型，有20种类型可供选择。

（2）点大小　用于设置点的显示大小，与“相对于屏幕设置大小”和“按绝对单位设置大小”选项有关。

（3）相对于屏幕设置大小　用于按AutoCAD绘图屏幕尺寸的百分比设置点的显示大小，在进行视图缩放操作时，点的显示大小并不改变，在命令行输入“RE”命令即可重新生成，始终保持与屏幕的相对比例。

（4）按绝对单位设置大小　使用实际单位设置点的大小，同其他的图形元素（如直线、圆），当进行视图缩放操作时，点的显示大小也会随之改变。

3.2.2　绘制单点和多点

在AutoCAD中，绘制点对象的操作包括绘制单点和绘制多点的操作。

1. 绘制单点

绘制单点就是执行一次命令只能绘制一个点，执行“单点”命令有以下两种方式：

（1）菜单栏　选择菜单“绘图”/“点”/“单点”命令。

（2）命令行　输入“PONIT”或“PO”。

2. 绘制多点

绘制多点就是执行一次命令可以根据需要连续绘制多个点，执行“多点”命令有以下两种方式：

（1）功能区　在“默认”选项卡中，单击“绘图”面板中的“多点”按钮，如图3-24所示。

（2）菜单栏　选择菜单“绘图”/“点”/“多点”命令。

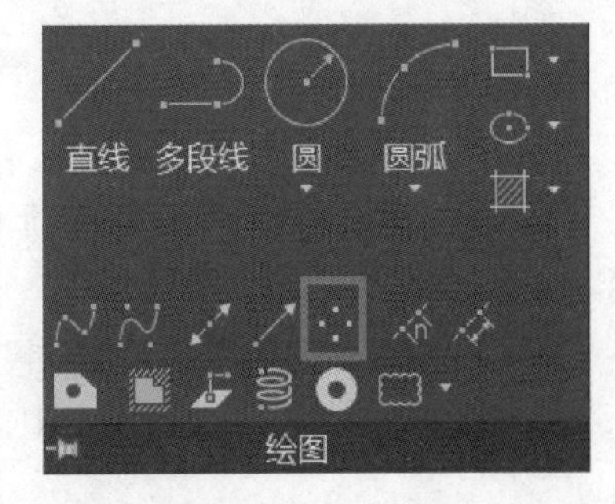

图3-24　“绘图”面板（选择“多点”）

3. 动手操练

在绘图区放置两个点，如图3-25所示。

1）选择菜单“格式”/“点样式”命令，选择样式，单击“确定”按钮，完成样式的设置，如图3-23所示。

2）在“默认”选项卡中，单击“绘图”面板中的“多点”按钮。

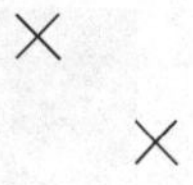

3）在绘图区相应的位置单击两次，即完成操作。

图3-25　点的图形

3.2.3　绘制定数等分点

定数等分是将对象按指定的数量分为等长的多段，并在各等分位置生成点。

1. 执行方式

执行“定数等分”命令的方式有以下几种：

(1) 功能区　在“默认”选项卡中，单击“绘图”面板中的“定数等分”按钮，如图3-26所示。

(2) 菜单栏　选择菜单“绘图”/“点”/“定数等分”命令。

(3) 命令行　输入“DIVIDE”或“DIV”。

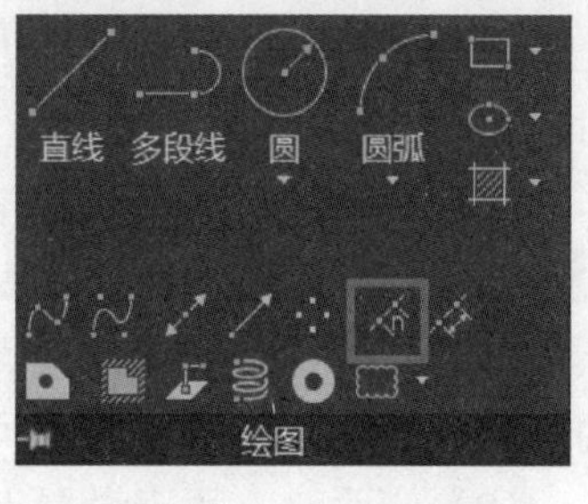

图3-26 “绘图”面板（选择“定数等分”）

2. 动手操练

对图3-27所示直线进行5等分，起点坐标为（130，10），终点坐标为（180，10）。

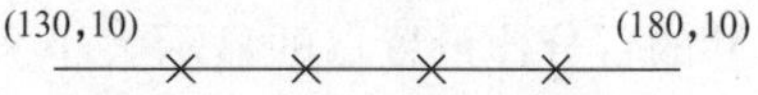

(130,10)　(180,10)

图3-27　5等分的图形

1）选择菜单“格式”/“点样式”命令，选择样式☒，单击“确定”按钮，完成样式的设置，如图3-23所示。

系统默认的点样式是小黑点，如果不改变点样式，点和线就重叠在一起。

2）点样式设置完成后，命令行执行步骤如下：

```
命令:DIV
DIVIDE
选择要定数等分的对象:              //选择直线
输入线段数目或[块(B)]:5            //输入5,按<Enter>键即完成操作
```

3.2.4　绘制定距等分点

定距等分是将对象分为长度为指定值的多段，并在各等分位置生成点。

1. 执行方式

执行“定距等分”命令的方式有以下几种：

(1) 功能区　在“默认”选项卡中，单击“绘图”面板中的“定距等分”按钮，如图3-28所示。

(2) 菜单栏　选择菜单“绘图”/“点”/“定距等分”命令。

(3) 命令行　输入“MEASURE”或“ME”。

2. 动手操练

对图3-29所示直线进行定距等分，距离为15mm，直线起点坐标为（130，0），终点坐标为（180，0）。

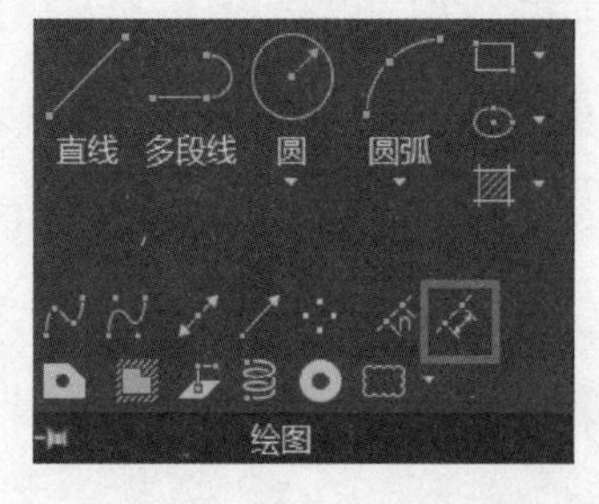

图3-28 “绘图”面板（选择“定距等分”）

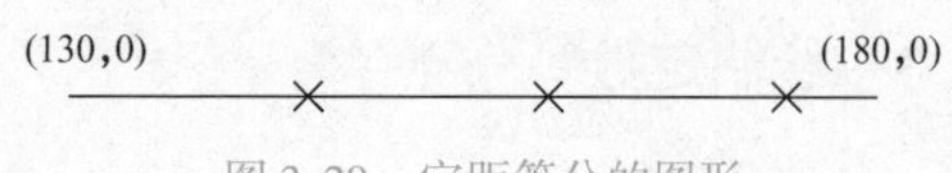

图3-29　定距等分的图形

1）选择菜单“格式”/“点样式”命令，选择样式☒，单击“确定”按钮，完成样式的设置，如图 3-23 所示。

2）点样式设置完成后，命令行执行步骤如下：

```
命令:ME
MEASURE
选择要定距等分的对象:            //选择直线
指定线段长度或[块(B)]:15         //输入 15,按 <Enter> 键即完成操作
```

3.2.5　产品的绘制——电热元件

利用“直线”和“定数等分”命令绘制图 3-30 所示的电热元件图形，绘制步骤如下：

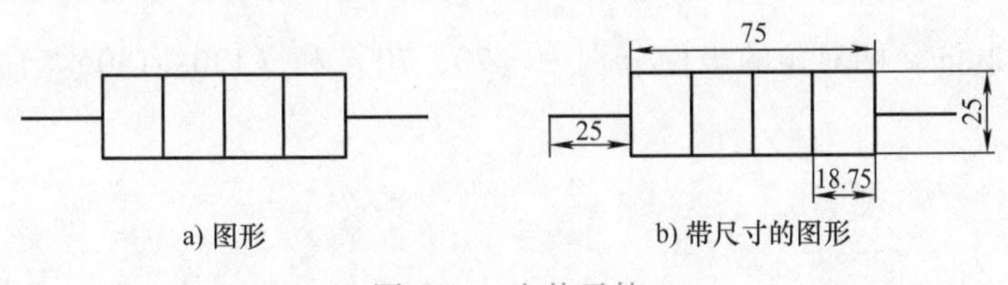

图 3-30　电热元件

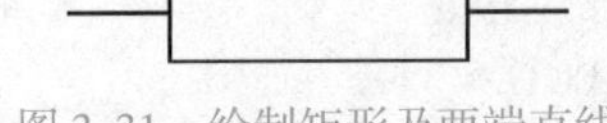

图 3-31　绘制矩形及两端直线

1）执行“直线”命令，绘制完成中间的矩形，高为 25mm，宽为 75mm，再从矩形左、右两边的中点出发绘制长度为 25mm 的直线，如图 3-31 所示。

2）执行“定数等分”命令，对矩形上、下两边进行 4 等分，再执行“直线”命令，将等分点进行连接，得到图 3-30 所示的图形。

任务 3.3　矩形的绘制

在 AutoCAD 中绘制矩形，可以为其设置倒角、圆角，以及宽度和厚度等参数。

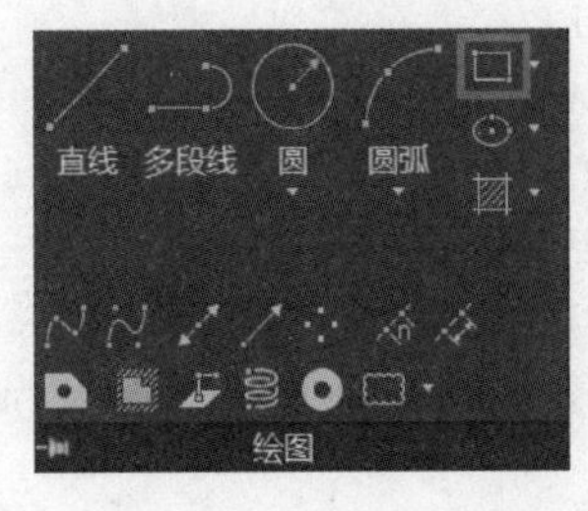

图 3-32　“绘图”面板（选择“矩形”）

3.3.1　执行方式

执行“矩形”命令主要有以下几种方式：

(1) 功能区　在“默认”选项卡中，单击“绘图”面板中的“矩形”按钮▭，如图 3-32 所示。

(2) 菜单栏　选择菜单“绘图”/“矩形”命令。

(3) 命令行　输入“RECTANG”或“REC”。

3.3.2　动手操练

1）绘制图 3-33 所示的矩形。

命令行执行步骤如下：

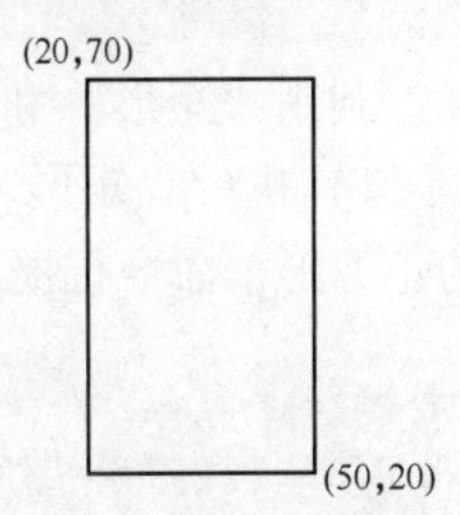

图 3-33　矩形的图形

```
命令:REC
RECTANG
指定第一个角点或[倒角(C)/标高(E)/圆角(F)/厚度(T)/宽度(W)]:20,70        //输入角点坐标
指定另一个角点或[面积(A)/尺寸(D)/旋转(R)]:50,20
```

2）绘制矩形，圆角半径为6mm，两对角的坐标分别为（50，60）（260，150）。命令行执行步骤如下：

```
命令:REC
RECTANG
指定第一个角点或[倒角(C)/标高(E)/圆角(F)/厚度(T)/宽度(W)]:F        //选择圆角
指定矩形的圆角半径<0.0000>:6                                          //输入圆角半径
指定第一个角点或[倒角(C)/标高(E)/圆角(F)/厚度(T)/宽度(W)]:50,60
指定另一个角点或[面积(A)/尺寸(D)/旋转(R)]:260,150
```

3）绘制矩形，倒角距离为2mm，两对角的坐标分别为（70，70）和（130，130）。命令行执行步骤如下：

```
命令:REC
RECTANG
指定第一个角点或[倒角(C)/标高(E)/圆角(F)/厚度(T)/宽度(W)]:C        //选择倒角
指定矩形的第一个倒角距离<0.0000>:2                                    //输入倒角距离
指定矩形的第二个倒角距离<2.0000>:2                                    //输入倒角距离
指定第一个角点或[倒角(C)/标高(E)/圆角(F)/厚度(T)/宽度(W)]:70,70
指定另一个角点或[面积(A)/尺寸(D)/旋转(R)]:130,130
```

4）绘制矩形，倒角的距离和圆角的半径都为0，宽度为1mm，两对角的坐标分别（300，200）和（400，300）。命令行执行步骤如下：

```
命令:REC
RECTANG
指定第一个角点或[倒角(C)/标高(E)/圆角(F)/厚度(T)/宽度(W)]:W
指定矩形的线宽<0.0000>:1
指定第一个角点或[倒角(C)/标高(E)/圆角(F)/厚度(T)/宽度(W)]:300,200
指定另一个角点或[面积(A)/尺寸(D)/旋转(R)]:400,300
```

3.3.3 产品的绘制——平顶灯

利用“矩形”和“直线”命令绘制图3-34所示的平顶灯，操作步骤如下：

1）执行“矩形”命令，以坐标原点为角点，绘制一个尺寸为60mm×60mm的正方形，命令行提示与操作如下：

```
命令:_rectang
指定第一个角点或[倒角(C)/标高(E)/圆角(F)/厚度(T)/宽度(W)]:0,0
指定另一个角点或[面积(A)/尺寸(D)/旋转(R)]:60,60
```

2）执行“矩形”命令，绘制一个尺寸为52mm×52mm的正方形，命令行提示与操作如下：

```
命令:_rectang
指定第一个角点或[倒角(C)/标高(E)/圆角(F)/厚度(T)/宽度(W)]:4,4
指定另一个角点或[面积(A)/尺寸(D)/旋转(R)]:@52,52
```

3）执行“直线”命令，连接对角线，如图3-34所示。

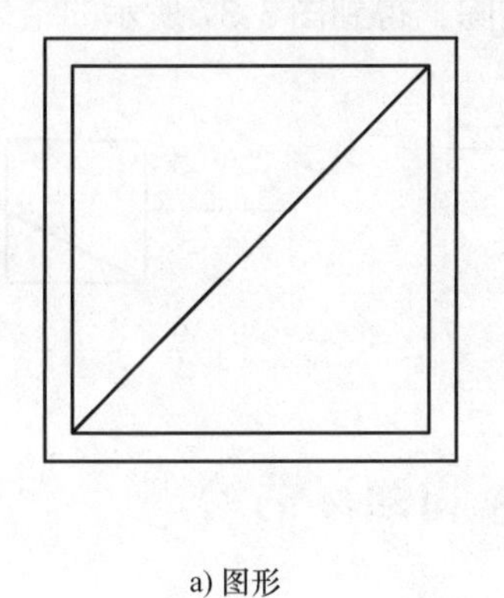

a) 图形

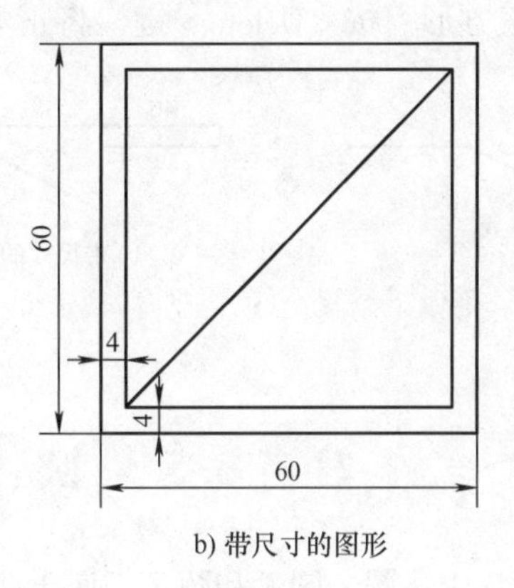

b) 带尺寸的图形

图3-34 平顶灯

任务3.4 正多边形的绘制

正多边形是由三条或以上长度相等的线段首尾相接形成的闭合图形，其边数范围为3～1024。

3.4.1 执行方式

执行“正多边形”命令主要有以下几种方式：

（1）功能区 在“默认”选项卡中，单击“绘图”面板中“矩形”按钮右边的下拉按钮“多边形”按钮，如图3-35所示。

（2）菜单栏 选择菜单“绘图”/“正多边形”命令。

（3）命令行 输入“POLYGON”或“POL”。

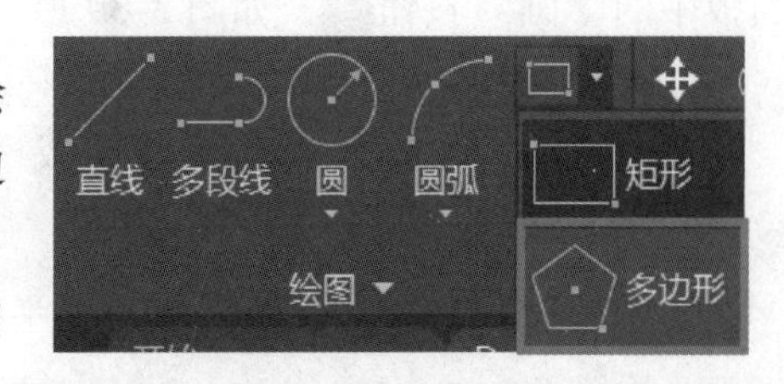

图3-35 “绘图”面板（选择“多边形”）

3.4.2 动手操练

按边方式绘制正多边形，绘制某一边的两个端点坐标为（20，30）、（50，30）的正五边形，如图3-36所示。命令行执行步骤如下：

```
命令:POL
POLYGON 输入侧面数<4>:5                    //输入多边形边数
指定正多边形的中心点或[边(E)]:E            //选择“边”的形式
指定边的第一个端点:20,30                    //输入一条边的一个端点
指定边的第二个端点:50,30                    //输入边的另一个端点
```

(20,30)　(50,30)

图3-36 正多边形的图形

3.4.3 产品的绘制——常开触点

利用“多边形”和“直线”命令绘制图3-37所示的常开触点，操作步骤如下：

1）执行“正多边形”命令，绘制一个边长为40mm的正方形。

2）执行“直线”命令，从正方形的左、右边的中点出发，绘制直线，长度为40mm，连接右边的中点和正方形左下角端点，如图3-38所示。

3）选中正方形，按 < Delete > 键，将正方形删除，得到图3-37所示的结果。

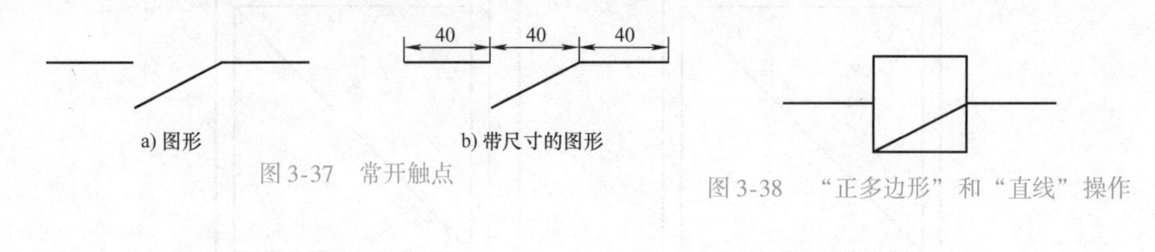

a) 图形　　b) 带尺寸的图形

图3-37　常开触点

图3-38　“正多边形”和“直线”操作

任务3.5　圆、圆弧和圆环的绘制

在AutoCAD中，圆、圆弧和圆环都属于曲线类图形，其绘制方法相对于直线对象较复杂。

3.5.1 圆的绘制

圆是绘图中常用的图形对象。

1. 执行方式

执行“圆”命令主要有以下几种方式：

（1）功能区　在“默认”选项卡中，单击“绘图”面板中的“圆”按钮，如图3-39所示。

（2）菜单栏　选择菜单“绘图”/“圆”命令。

（3）命令行　输入“CIRCLE”或“C”。

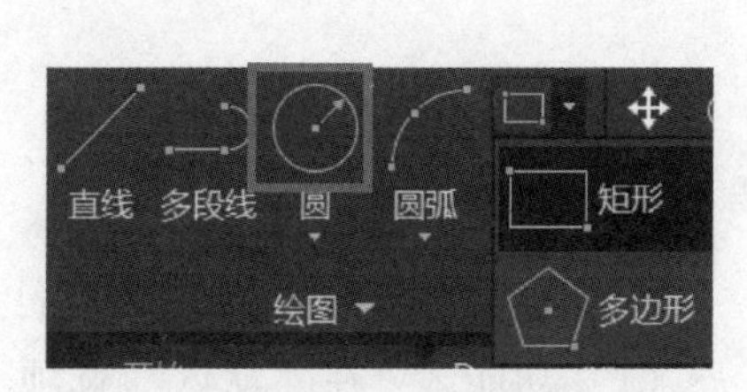

图3-39　“绘图”面板（选择“圆”）

2. 动手操练

1）绘制圆心坐标为（50，40），半径为20mm的圆。命令行执行步骤如下：

```
命令:C
CIRCLE
指定圆的圆心或[三点(3P)/两点(2P)/切点、切点、半径(T)]:50,40          //输入圆心坐标
指定圆的半径或[直径(D)]:20                                            //输入半径大小
```

2）绘制圆心坐标为（50，40），直径为60mm的圆。命令行执行步骤如下：

```
命令:C
CIRCLE
指定圆的圆心或[三点(3P)/两点(2P)/切点、切点、半径(T)]:50,40
指定圆的半径或[直径(D)]<20.0000>:D          //选择“直径”方式
指定圆的直径<40.0000>:60                    //输入直径大小
```

3）绘制通过坐标为（50，25）、（80，20）、（70，50）三点的圆。命令行执行步骤如下：

```
命令:C
CIRCLE
指定圆的圆心或[三点(3P)/两点(2P)/切点、切点、半径(T)]:3P        //选择“三点”形式
指定圆上的第一个点:50,25
指定圆上的第二个点:80,20
指定圆上的第三个点:70,50
```

4）绘制通过坐标为（20，30）、（40，60）两点的圆。命令行执行步骤如下：

```
命令:C
CIRCLE
指定圆的圆心或[三点(3P)/两点(2P)/切点、切点、半径(T)]:2P        //选择“两点”形式
指定圆直径的第一个端点:20,30
指定圆直径的第二个端点:40,60
```

5）绘制半径为10mm，并与上述3）、4）的圆相切的圆。结果如图3-40所示，命令行执行步骤如下：

```
命令:C
CIRCLE
指定圆的圆心或[三点(3P)/两点(2P)/切点、切点、半径(T)]:T        //选择“切点、切点、半径”形式
指定对象与圆的第一个切点:                                     //选择3)中圆上的任何一点
指定对象与圆的第二个切点:                                     //选择4)中圆上的任何一点
指定圆的半径<18.0278>:10                                      //输入半径大小
```

3.5.2　圆弧的绘制

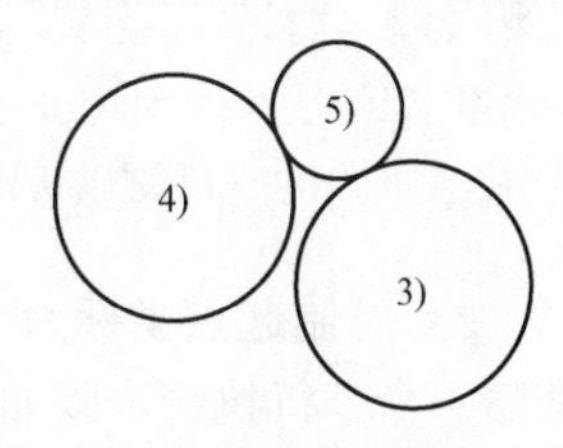

图3-40　圆的图形

圆弧是圆的一部分曲线，是与其半径相等的圆周的一部分。

1. 执行方式

执行“圆弧”命令主要有以下几种方式：

（1）功能区　在“默认”选项卡中，单击“绘图”面板中的“圆弧”按钮，如图3-41所示。

（2）菜单栏　选择菜单“绘图”/“圆弧”命令。

（3）命令行　输入“ARC”或“A”。

图3-41　“绘图”面板（选择“圆弧”）

2. 绘制圆弧的方法

系统提供了11种绘制圆弧的命令，各命令的含义如下：

（1）三点（P）　通过指定圆弧上的三点绘制圆弧，需要指定圆弧的起点、通过的第二个点和端点。

（2）起点、圆心、端点（S） 通过指定圆弧的起点、圆心、端点绘制圆弧。

（3）起点、圆心、角度（T） 通过指定圆弧的起点、圆心、包含角度绘制圆弧，执行此命令时会出现“指定包含角”的提示，在输入角度值是正值时，系统默认逆时针方向为角度正方向，绘制的圆弧是从起点绕圆心沿逆时针方向绘制，反之，则沿顺时针方向绘制。

（4）起点、圆心、长度（A） 通过指定圆弧的起点、圆心、弧长绘制圆弧。

（5）起点、端点、角度（N） 通过指定圆弧的起点、端点、包含角绘制圆弧。

（6）起点、端点、方向（D） 通过指定圆弧的起点、端点、圆弧的起点切向绘制圆弧。

（7）起点、端点、半径（R） 通过指定圆弧的起点、端点、圆弧半径绘制圆弧。

（8）圆心、起点、端点（C） 通过指定圆弧的圆心、起点、端点绘制圆弧。

（9）圆心、起点、角度（E） 通过指定圆弧的圆心、起点、圆心角绘制圆弧。

（10）圆心、起点、长度（L） 通过指定圆弧的圆心、起点、弧长绘制圆弧。

（11）连续（O） 绘制其他直线与非封闭曲线后选择“圆弧”/“圆弧”命令，系统将自动以刚才绘制的对象的终点作为即将绘制的圆弧的起点。

3. 动手操练

1）绘制起点坐标为（80，30），圆心坐标为（55，30），圆心角为180°的圆弧。命令行执行步骤如下：

```
命令:A
ARC
指定圆弧的起点或[圆心(C)]:80,30                                    //输入起点坐标
指定圆弧的第二个点或[圆心(C)/端点(E)]:C                            //选择“圆心”方式
指定圆弧的圆心:55,30                                               //输入圆心坐标
指定圆弧的端点(按住 Ctrl 键以切换方向)或[角度(A)/弦长(L)]:A        //选择“角度”方式
指定夹角(按住 Ctrl 键以切换方向):180                               //输入角度大小
```

2）绘制起点坐标为（40，30），终点（即端点）坐标为（70，50），圆心角为 -130°的圆弧。命令行执行步骤如下：

```
命令:A
ARC
指定圆弧的起点或[圆心(C)]:40,30
指定圆弧的第二个点或[圆心(C)/端点(E)]:E
指定圆弧的端点:70,50
指定圆弧的中心点(按住 Ctrl 键以切换方向)或[角度(A)/方向(D)/半径(R)]:A
指定夹角(按住 Ctrl 键以切换方向):-130
```

3.5.3 圆环的绘制

圆环是由同一圆心、不同直径的两个同心圆组成的，控制圆环的参数是圆心、内径和

外径。

1. 执行方式

执行“圆环”命令主要有以下几种方式：

（1）功能区　在“默认”选项卡中，单击“绘图”面板中的“圆环”按钮，如图3-42所示。

（2）菜单栏　选择菜单“绘图”/“圆环”命令。

（3）命令行　输入“DONUT”或“DO”。

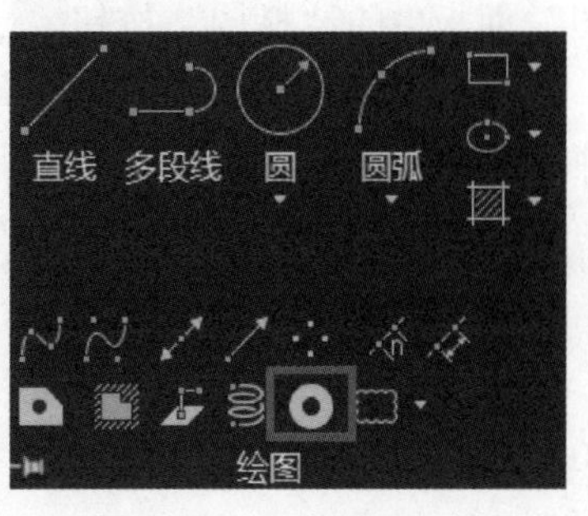

图3-42　“绘图”面板（选择“圆环”）

2. 动手操练

绘制内径为25mm，外径为30mm，圆心坐标为（40，40）的圆环。命令行执行步骤如下：

```
命令:DO
DONUT
指定圆环的内径<0.5000>:25                //指直径大小
指定圆环的外径<1.0000>:30
指定圆环的中心点或<退出>:40,40
指定圆环的中心点或<退出>:↙
```

3.5.4　产品的绘制——射灯

利用“圆”和“直线”命令绘制图3-43所示的射灯，操作步骤如下：

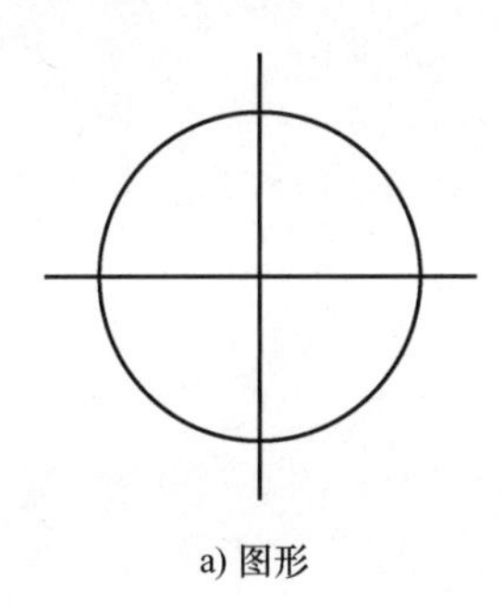

a) 图形

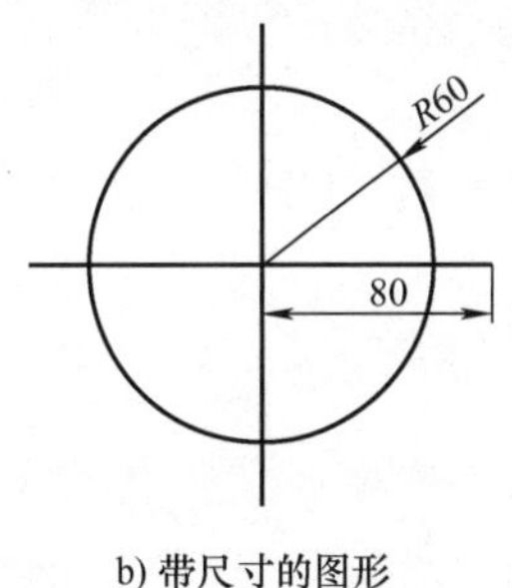

b) 带尺寸的图形

图3-43　射灯

1）执行“圆”命令，绘制一个半径为60mm的圆。

2）执行“直线”命令，以圆心为起点，分别绘制长度为80mm的4条直线。

任务3.6　椭圆和椭圆弧的绘制

3.6.1　椭圆的绘制

1. 执行方式

执行“椭圆”命令主要有以下几种方式：

（1）功能区　在“默认”选项卡中，单击“绘图”面板中的“椭圆”按钮，如图3-44所示。

（2）菜单栏　选择菜单“绘图”/“椭圆”命令。

（3）命令行　输入“ELLIPSE”或“EL”。

2. 动手操练

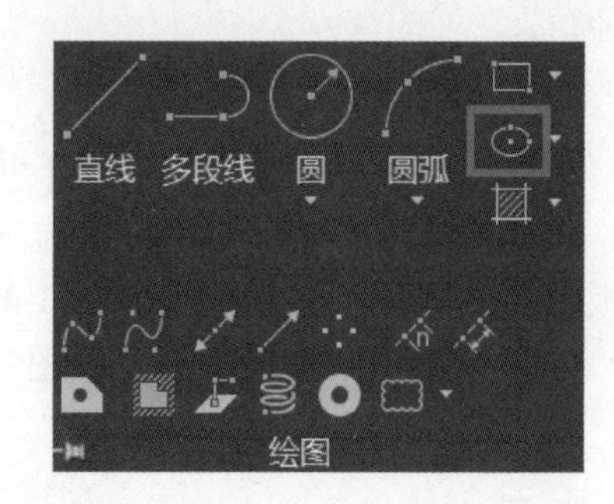

图3-44　“绘图”面板（选择“椭圆”）

1）绘制一个轴的端点坐标为（35，30）和（60，60），另一轴长度为40mm的椭圆。命令行执行步骤如下：

```
命令:EL
ELLIPSE
指定椭圆的轴端点或[圆弧(A)/中心点(C)]:35,30
指定轴的另一个端点:60,60
指定另一条半轴长度或[旋转(R)]:40
```

2）绘制经过中心坐标为（45，45），一个轴的端点坐标为（60，60），另一轴长度为25mm的椭圆。命令行执行步骤如下：

```
命令:EL
ELLIPSE
指定椭圆的轴端点或[圆弧(A)/中心点(C)]:C
指定椭圆的中心点:45,45
指定轴的端点:60,60
指定另一条半轴长度或[旋转(R)]:25
```

3.6.2　椭圆弧的绘制

椭圆弧是椭圆的一部分，它类似于椭圆，不同的是它的起点和端点没有闭合。绘制椭圆弧需要确定的参数是椭圆弧所在椭圆的两个轴及椭圆弧的起点和端点角度。

1. 执行方式

执行“椭圆弧”命令主要有以下两种方式：

（1）功能区　在“默认”选项卡中，单击“绘图”面板中的“椭圆弧”按钮，如图3-45所示。

（2）菜单栏　选择菜单“绘图”/“椭圆”/“圆弧”命令。

2. 动手操练

绘制一个椭圆弧，椭圆弧一个轴的端点坐标为（80，80）和（120，120），另一轴长度为50mm，起点角度为30°，端点角度为80°。命令行执行步骤如下：

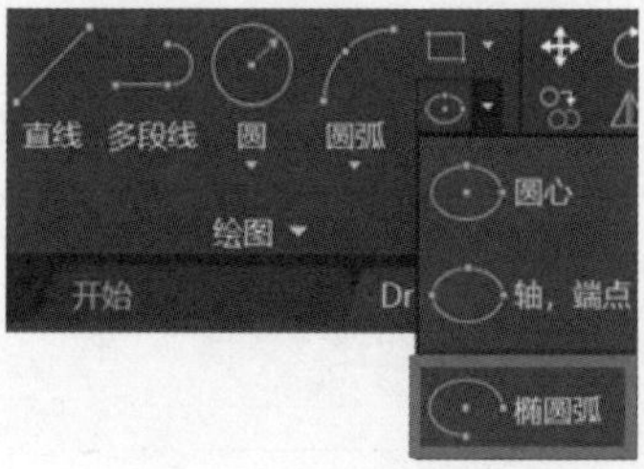

图3-45　“绘图”面板（选择“椭圆弧”）

```
命令:_ellipse
指定椭圆的轴端点或[圆弧(A)/中心点(C)]:_A
指定椭圆弧的轴端点或 [中心点 (C)]: 80, 80
指定轴的另一个端点: 120, 120
指定另一条半轴长度或 [旋转 (R)]: 50
指定起点角度或 [参数 (P)]: 30
指定端点角度或 [参数 (P) /夹角 (I)]: 80
```

3.6.3 产品的绘制——电话机

利用“椭圆弧”和“直线”命令绘制图3-46所示的电话机，操作步骤如下：

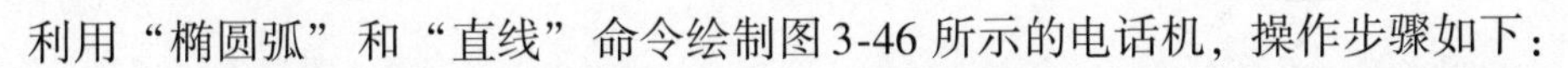

1）执行“直线”命令，坐标分别为{(100, 100)、(@100, 0)、(@0, 60)、(@ -100, 0)}、{(152, 110)、(152, 150)}、{(148, 120)、(148, 140)}、{(148, 130)、(110, 130)}、{(152, 130)、(190, 130)}、{(100, 150)、(70, 150)}、{(200, 150)、(230, 150)}，结果如图3-47所示。

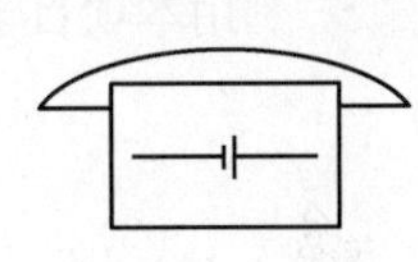

图3-46 电话机

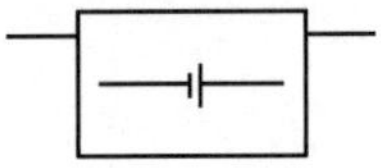

图3-47 绘制直线

2）执行“椭圆弧”命令，绘制椭圆弧。命令行提示与操作如下：

```
命令:_ellipse
指定椭圆的轴端点或[圆弧(A)/中心点(C)]:_A
指定椭圆弧的轴端点或 [中心点 (C)]: C
指定椭圆弧的中心点: 150, 130
指定轴的端点: 60, 130
指定另一条半轴长度或 [旋转 (R)]: 44.5
指定起点角度或 [参数 (P)]: 194
指定端点角度或 [参数 (P) /夹角 (I)]: (指定左侧直线的左端点)
```

思考与练习

1. 利用本项目学过的命令，绘制图3-48所示的图形。
2. 利用本项目学过的命令，绘制图3-49所示的图形。

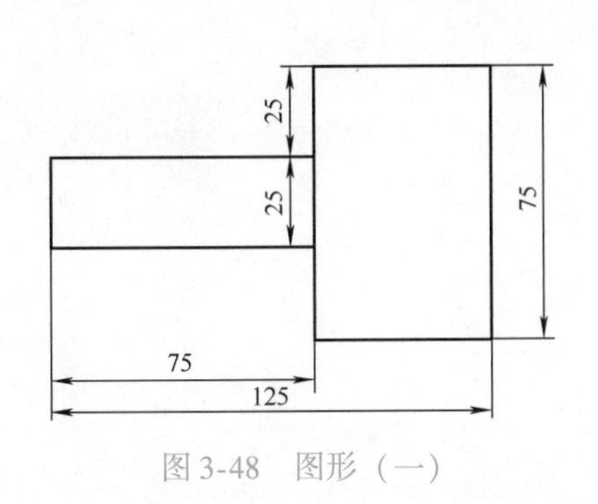

图3-48 图形（一）

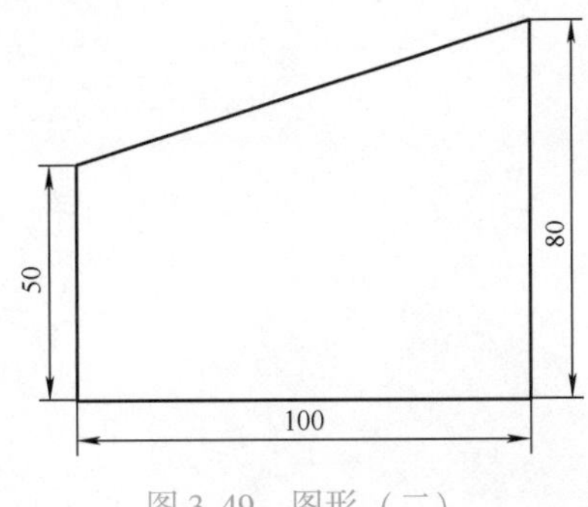

图3-49 图形（二）

3. 利用本项目学过的命令，绘制图 3-50 所示的图形。

4. 利用本项目学过的命令，绘制图 3-51 所示的图形。

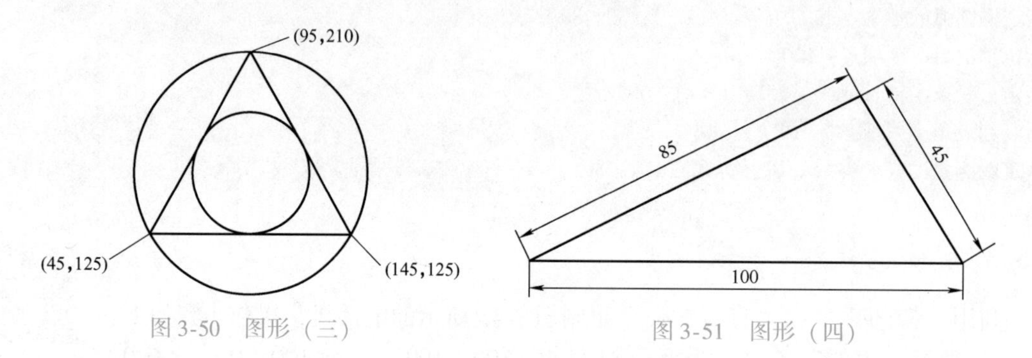

图 3-50　图形（三）　　图 3-51　图形（四）

5. 利用本项目学过的命令，绘制图 3-52 所示的图形。

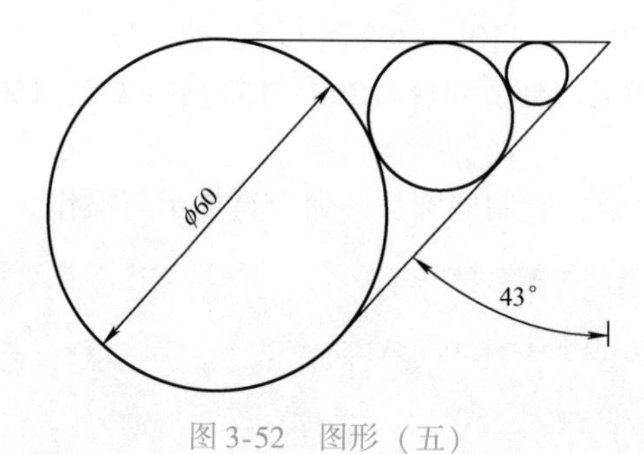

图 3-52　图形（五）

项目4

产品的二维图形编辑

学习目标：▲

- △ 掌握 AutoCAD 2020 软件的基本编辑命令
- △ 掌握简单图形的绘制和编辑方法
- △ 掌握简单产品的绘制和编辑过程

知识点：▲

1. 掌握移动、拉伸、缩放、阵列等编辑命令的操作方法
2. 掌握命令的多种操作方式
3. 掌握简单产品的绘制和编辑方法

技能点：▲

1. 能利用软件独立完成基础图形的绘制和编辑
2. 能结合多种绘图和编辑命令绘制图形
3. 能根据产品要求绘制和编辑图形

素养点：▲

1. 具备认真负责的学习态度
2. 具备严谨细致的学习作风
3. 具备学习主体意识
4. 具备职业道德意识
5. 具备团队合作意识

任务4.1 目标选择

在 AutoCAD 中对图形进行编辑和修改时，经常需要选择一个或多个对象进行编辑。系统提供了多种选择方式，其中常用的有点选、窗口、窗交、圈围、圈交、栏选等。

4.1.1 点选

AutoCAD 2020 中，最简单、最快捷的选择对象的方法是使用鼠标单击对象。在未对任何对象进行编辑时，使用鼠标单击对象，被选中的目标将显示相应的夹点，如图 4-1 所示。如果是在编辑命令的过程中选择对象，被选中的对象则亮显，如图 4-2 所示。

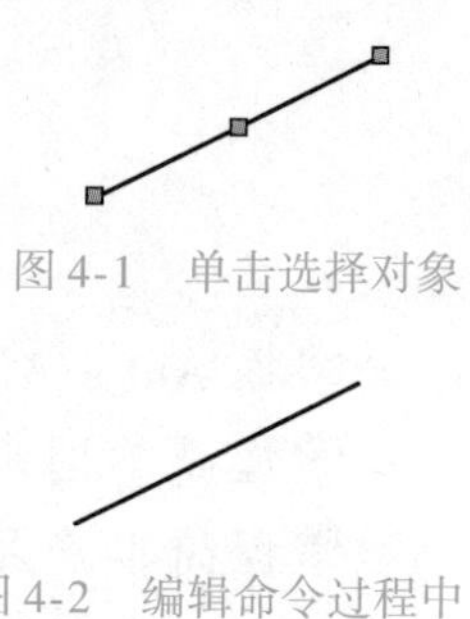

图 4-1 单击选择对象

图 4-2 编辑命令过程中选择对象

单击选择对象时一次只能选择某一个实体，如果需要选择多个实体，须依次单击各个对象，完成对多个对象的选中。如果要取消选择其中的某些对象，可以在按住 <Shift> 键的同时单击要取消选择的对象。如果要取消所有选中的对象，按一次 <Esc> 键即可。

4.1.2 窗口与窗交

窗选对象是通过拖动生成一个矩形区域（单击鼠标并拖动，则生成套索区域），将区域内的对象选中。根据拖动方向的不同，窗选又分为窗口选择和窗交选择。

1. 窗口选择对象

窗口选择对象是单击鼠标并拖动，向右上方或右下方拖动，此时绘图区将会出现一个实线的矩形框，如图 4-3 所示。再次单击后，完全处于矩形范围内的对象将被选中，图 4-4 所示的带夹点的点亮部分为被选择的部分。

2. 窗交选择对象

窗交选择是单击鼠标并拖动，向左上方或左下方拖动，此时绘图区将出现一个虚线的矩形框，如图 4-5 所示。再次单击后，部分或完全处于矩形范围内的对象将被选中，图 4-6 所示的带夹点的点亮部分为被选择的部分。

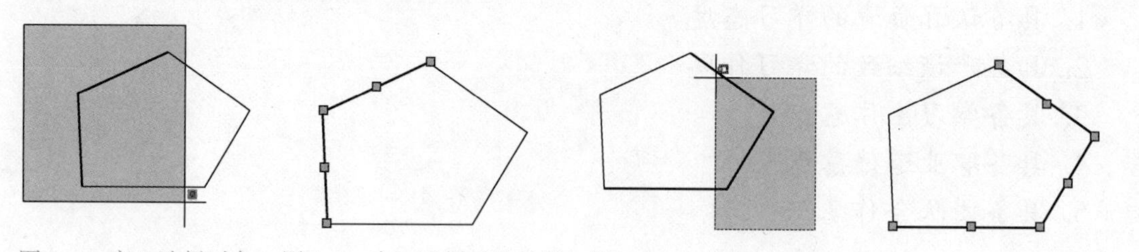

图 4-3 窗口选择对象　图 4-4 窗口选择后的效果　图 4-5 窗交选择对象　图 4-6 窗交选择后的效果

4.1.3 圈围与圈交

1. 圈围对象

圈围是一种多边形窗口选择方法，与窗口选择对象的方法类似，不同的是圈围方法可以构造任意形状的多边形，如图 4-7 所示。完全包含在多边形区域内的对象才能被选中，图 4-8 所示的带夹点的点亮部分为被选择的部分。

在绘图区单击鼠标，在命令行输入“WP”，再按 <Enter> 键，即可进入圈围选择模式。单击几次形成需要圈围的多边形，再按 <Enter> 键，完全包含在多边形区域内的对象才能被选中。

2. 圈交对象

圈交是一种多边形窗交选择方法，与窗交选择对象的方法类似，不同的是圈交使用多边形边界框选图形，如图 4-9 所示。部分或全部处于多边形范围内的图形都被选中，图 4-10 所示的带夹点的点亮部分为被选择的部分。

在绘图区单击鼠标，在命令行输入“CP”，再按 <Enter> 键，即可进入圈交选择模式。单击几次形成需要圈交的多边形，再按 <Enter> 键，部分或完全包含在多边形区域内的对象才能被选中。

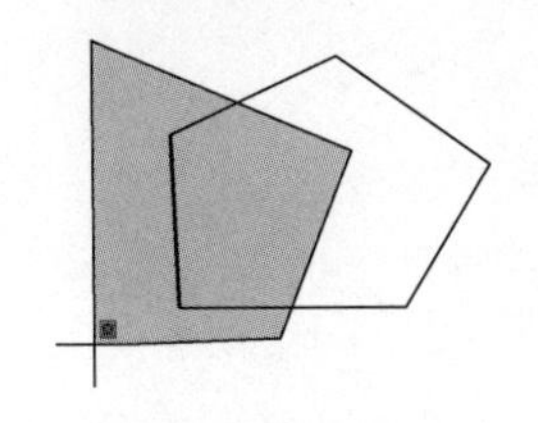

图 4-7 圈围选择对象

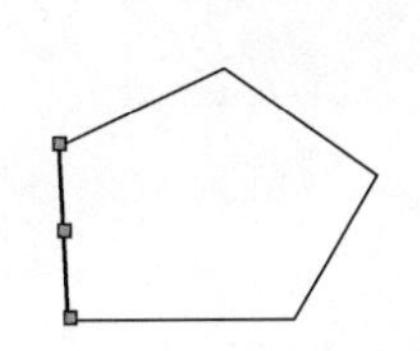

图 4-8 圈围选择后的效果

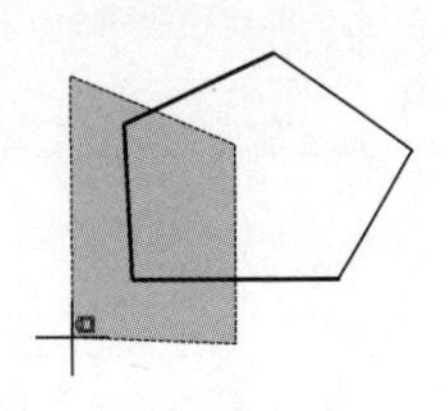

图 4-9 圈交选择对象

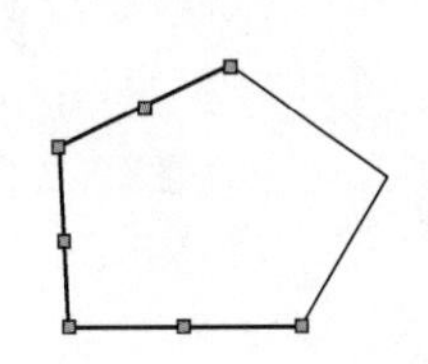

图 4-10 圈交选择后的效果

4.1.4 栏选

栏选对象即在选择对象时拖出任意折线，如图 4-11 所示。凡是与折线相交的对象均被选中，图 4-12 所示的带夹点的点亮部分为被选择的部分。使用该方式选择连续性对象非常方便，但栏选线不能封闭与相交。

在绘图区单击鼠标，在命令行输入“F”，再按 <Enter> 键，即可进入栏选模式。单击几次形成栏选的路径，再按 <Enter> 键，凡是与折线相交的对象均被选中。

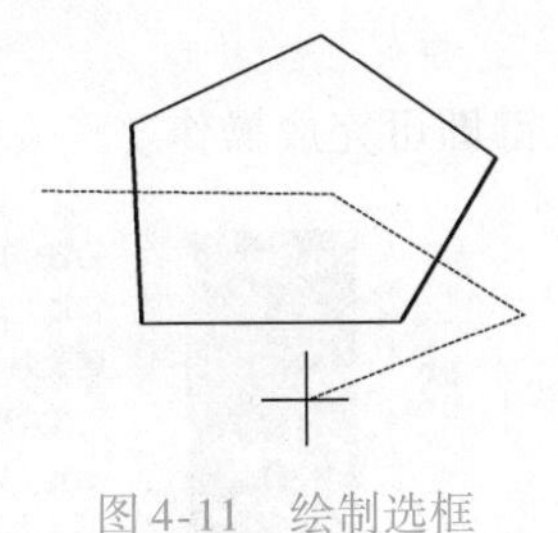

图 4-11 绘制选框

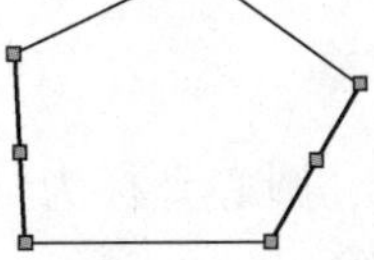

图 4-12 栏选对象

4.1.5 快速选择

快速选择可以根据选择的图层、线型、颜色、图案填充等特性选择对象，从而可以准确快速地从复杂的图形中选择满足某种特性的图形对象。

选择菜单“工具”/“快速选择”命令，弹出“快速选择”对话框，如图 4-13 所示。用户可以根据要求设置选择范围，单击“确定”按钮，完成选择操作。

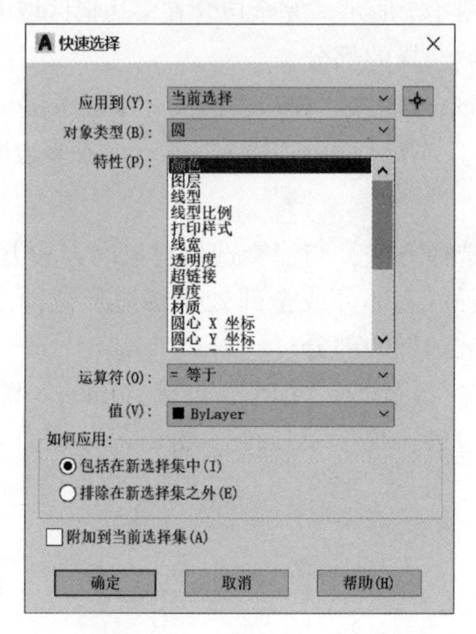

图 4-13 “快速选择”对话框

任务 4.2 删除图形

删除是 AutoCAD 中常用的一类修改操作。当绘制的图形有误时，需要将其删除。

4.2.1 执行方式

执行“删除”命令主要有以下几种方式：

（1）功能区 在“默认”选项卡中，单击“修改”面板中的“删除”按钮，如图 4-14 所示。

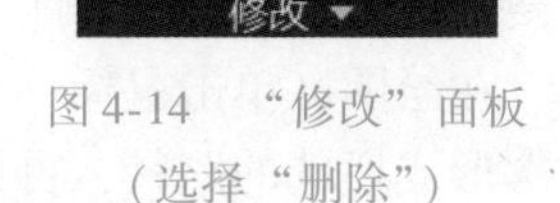

图 4-14 “修改”面板（选择“删除”）

（2）菜单栏 选择菜单“修改”/“删除”命令，如图 4-15 所示。

（3）命令行 输入“ERASE”或“DELETE”。

（4）快捷键 选中需要删除的对象，按 <Delete> 键即可完成操作。

4.2.2 动手操练

绘制一个圆，圆心坐标为（50，50），半径 50mm，然后再对其进行删除。

1）绘制圆，命令行执行步骤如下：

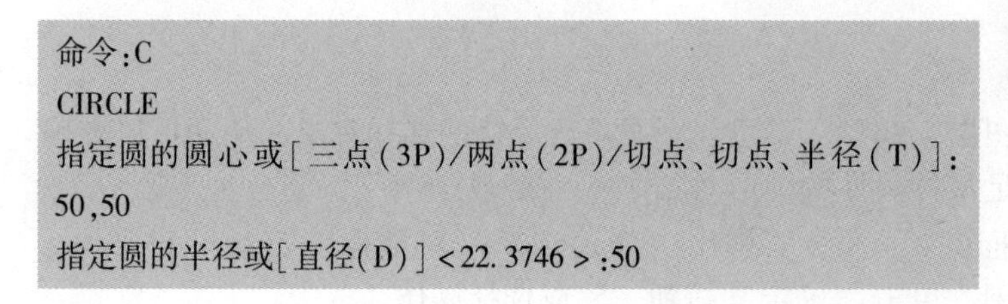

```
命令:C
CIRCLE
指定圆的圆心或[三点(3P)/两点(2P)/切点、切点、半径(T)]:
50,50
指定圆的半径或[直径(D)]<22.3746>:50
```

图 4-15 “修改”菜单（选择“删除”）

2）删除圆，命令行执行步骤如下：

```
命令：ERASE
选择对象：找到 1 个        //选中需要删除的圆
选择对象：↙              //按 <Enter> 键，完成删除命令操作
```

任务 4.3　移动图形

移动图形是指将图形从一个位置平移到另一个位置，移动过程中图形的大小、形状和角度都不会发生改变。

4.3.1　执行方式

执行“移动”命令主要有以下几种方式：

（1）功能区　在“默认”选项卡中，单击“修改”面板中的“移动”按钮，如图 4-16 所示。

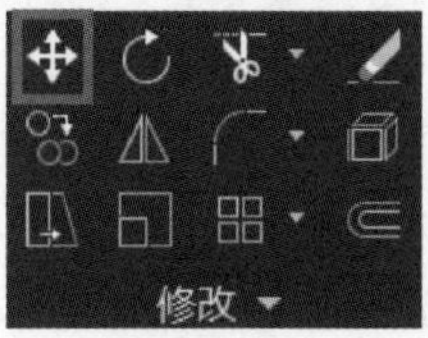

图 4-16　“修改”面板（选择“移动”）

（2）菜单栏　选择菜单“修改”/“移动”命令，如图 4-17 所示。

（3）命令行　输入“MOVE”或“M”。

4.3.2　动手操练

绘制一个圆，圆心坐标为（50，50），半径为 50mm，然后再对其进行移动，圆心移动至坐标（100，100）。

1）绘制圆，命令行执行步骤如下：

```
命令：C
CIRCLE
指定圆的圆心或[三点(3P)/两点(2P)/切点、切点、半径(T)]：50,50
指定圆的半径或[直径(D)]<22.3746>：50
```

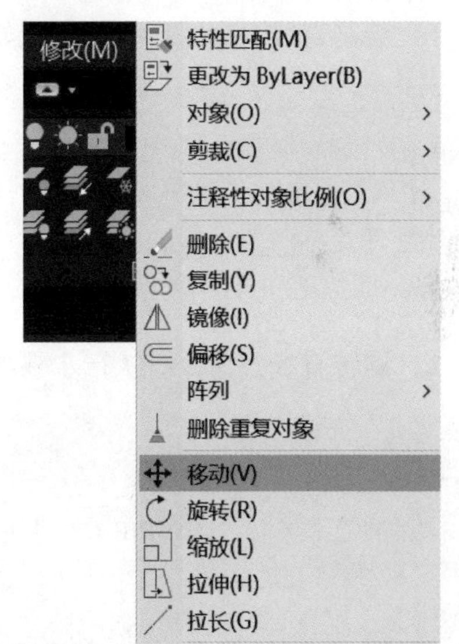

图 4-17　“修改”菜单（选择“移动”）

2）移动圆，命令行执行步骤如下：

```
命令：M
MOVE
选择对象：找到 1 个                                   //选择需要移动的圆
选择对象：↙                                         //完成移动对象的选择
指定基点或[位移(D)]〈位移〉：                          //选择圆心作为移动的基点
指定第二个点或〈使用第一个点作为位移〉：100,100          //输入移动基点到达的位置坐标
```

任务4.4 旋转图形

旋转图形是将图形绕某个基点旋转一定的角度。

4.4.1 执行方式

执行“旋转”命令主要有以下几种方式：

（1）功能区　在“默认”选项卡中，单击“修改”面板中的“旋转”按钮，如图4-18所示。

（2）菜单栏　选择菜单“修改”/“旋转”命令，如图4-19所示。

（3）命令行　输入“ROTATE”或“RO”。

图4-18　“修改”面板（选择“旋转”）

4.4.2 动手操练

绘制一条直线，起点坐标为（20，30），终点坐标为（50，60），然后以坐标为（20，30）的端点为基点逆时针旋转30°。

1）绘制直线，命令行执行步骤如下：

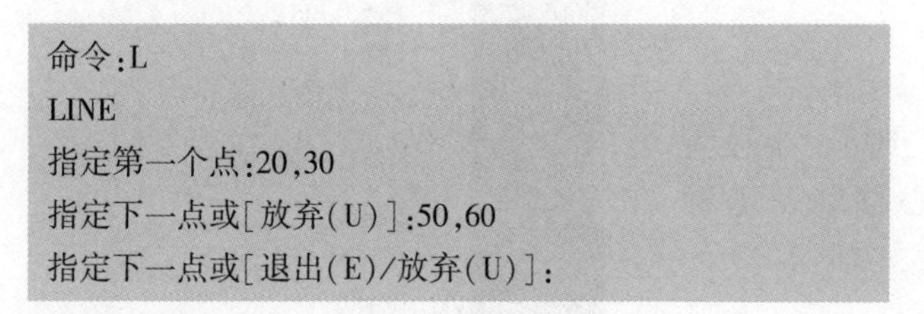

```
命令:L
LINE
指定第一个点:20,30
指定下一点或[放弃(U)]:50,60
指定下一点或[退出(E)/放弃(U)]:
```

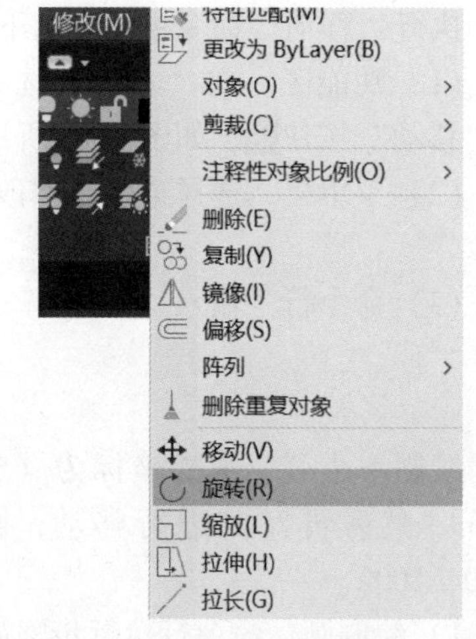

图4-19　“修改”菜单（选择“旋转”）

2）旋转直线，命令行执行步骤如下：

```
命令:RO
ROTATE
UCS 当前的正角方向:  ANGDIR = 逆时针   ANGBASE = 0
选择对象:找到 1 个                          //选择旋转对象
选择对象:↙                                 //完成对象的选择
指定基点:                                   //选中(20,30)端点为基点
指定旋转角度,或[复制(C)/参照(R)]<0>:30      //输入旋转角度,按<Enter>键完成旋转操作
```

4.4.3 产品的绘制与编辑——电极探头

利用“直线”“旋转”命令绘制图4-20所示的电极探头，绘制步骤如下。

1）执行“直线”命令，绘制直角三角形，经过的坐标点分别为（10，0）、（21，0）和（10，－4），如图4-21所示。

2）执行“直线”命令，将水平线从左端点出发向左绘制一条长度为11mm的直线，从右端点出发向右绘制一条长度为12mm的直线，如图4-22所示。

3）执行“直线”命令，以2）中最左端的端点为起点，向上绘制长度为12mm的竖直线，如图4-23所示。

4）执行“移动”命令，将3）中的竖直线向右平移3.5mm，且将线型改成虚线，如图4-24所示。

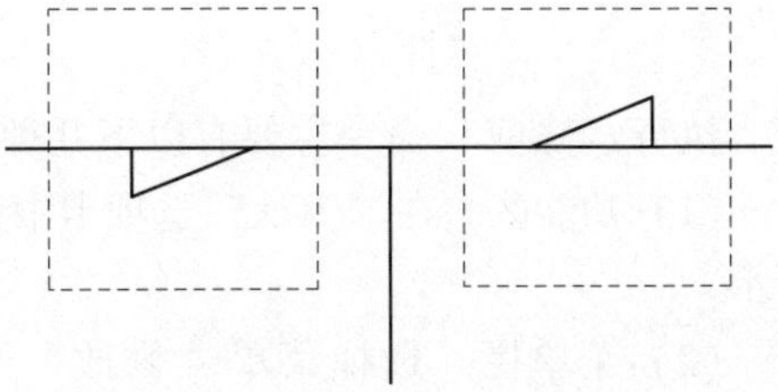

图4-20　电极探头

5）按照相同的方法绘制出其他的虚线，如图4-25所示。最右边的端点与右边竖直线的距离为6.5mm。

6）执行“直线”命令，分别水平连接两个虚线的端点，再以最右边的端点为起点，向下绘制一条长度为20mm的竖直线，如图4-26所示。

7）执行“旋转”命令，以水平线最右端的端点为基点，进行旋转操作，结果如图4-27所示，命令行的提示与操作如下：

```
命令:_rotate
UCS 当前的正角方向:ANGDIR = 逆时针    ANGBASE = 0
选择对象:指定对角点:找到 10 个
选择对象:找到 1 个,总计 11 个
指定基点:↙                              //选择右边端点
指定旋转角度,或[复制(C)/参照(R)] <0 >:C
旋转一组选定对象。
指定旋转角度,或[复制(C)/参照(R)] <0 >:180
```

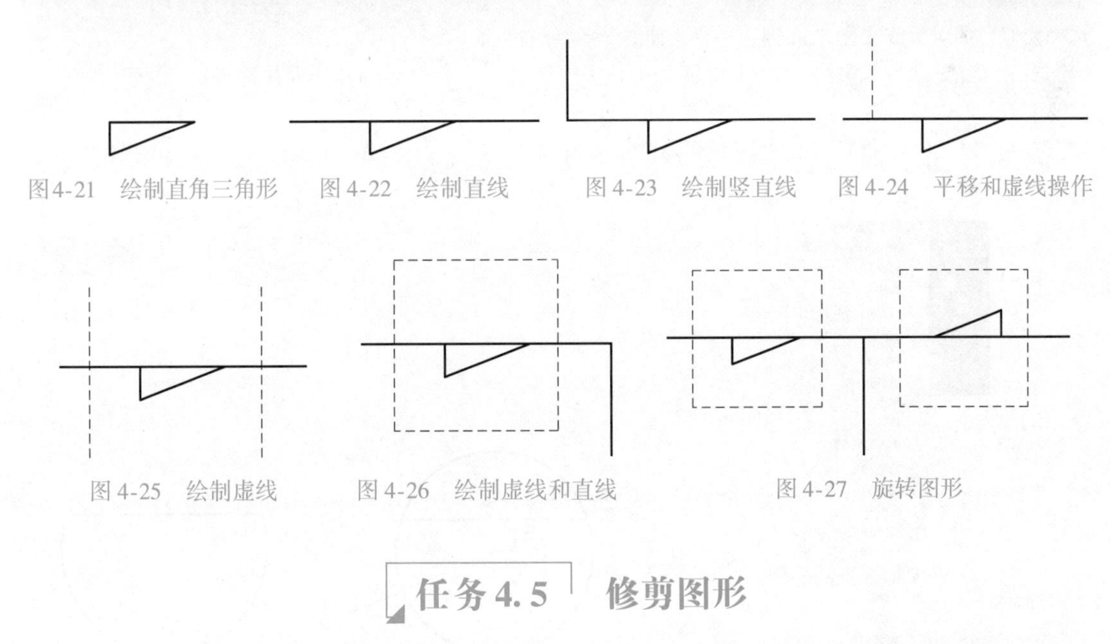

图4-21　绘制直角三角形　图4-22　绘制直线　图4-23　绘制竖直线　图4-24　平移和虚线操作

图4-25　绘制虚线　图4-26　绘制虚线和直线　图4-27　旋转图形

任务4.5　修剪图形

修剪图形是指将超出边界的多余部分删除。修剪操作可以修剪直线、圆、弧、多段线、样条曲线和射线等。在调用修剪命令的过程中，需要设置的参数有修剪边界和修剪对象两类。

4.5.1 执行方式

执行“修剪”命令主要有以下几种方式：

（1）功能区　在“默认”选项卡中，单击“修改”面板中的“修剪”按钮，如图4-28所示。

（2）菜单栏　选择菜单“修改”/“修剪”命令，如图4-29所示。

（3）命令行　输入“TRIM”或“TR”。

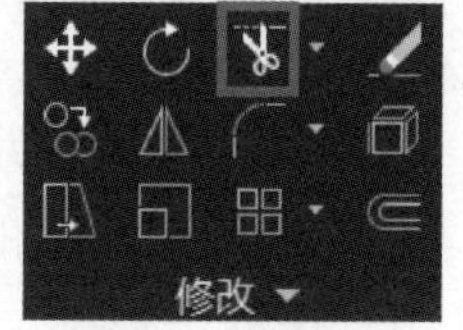

图4-28　“修改”面板（选择“修剪”）

4.5.2 动手操练

将图4-30所示图形中中直线上部分的圆弧修剪掉，形成图4-31所示的效果。命令行执行步骤如下：

```
命令:TR
TRIM
当前设置:投影 = UCS,边 = 无
选择剪切边...
选择对象或<全部选择>:  找到1个                                    //选择修剪对象(圆)
选择对象:
选择要修剪的对象或按住 Shift 键选择要延伸的对象,或者
[栏选(F)/窗交(C)/投影(P)/边(E)/删除(R)]:
不与剪切边相交。                                                  //选择修剪边界(直线)
选择要修剪的对象或按住 Shift 键选择要延伸的对象,或者
[栏选(F)/窗交(C)/投影(P)/边(E)/删除(R)]:                          //选中需要修剪部分上的任何一点
选择要修剪的对象,或按住 Shift 键选择要延伸的对象,或
[栏选(F)/窗交(C)/投影(P)/边(E)/删除(R)/放弃(U)]:↙                 //按<Enter>键完成修剪操作
```

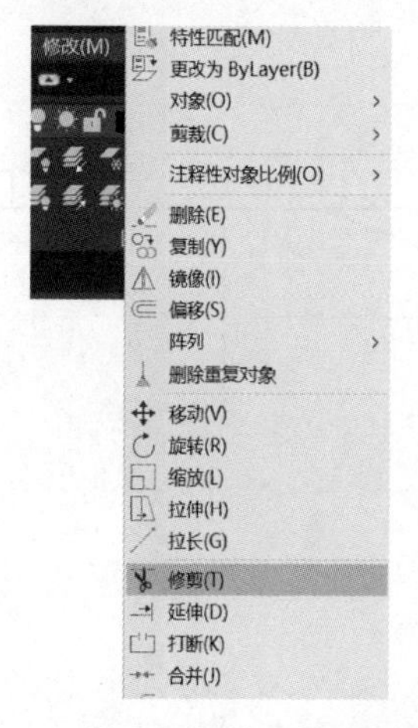

图4-29　“修改”菜单（选择“修剪”）

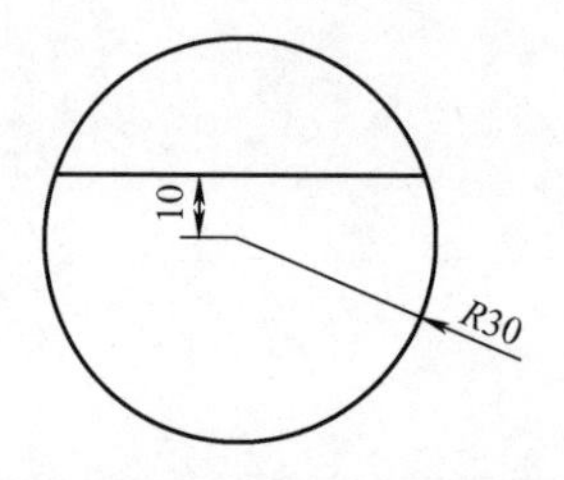

图4-30　操作的图形

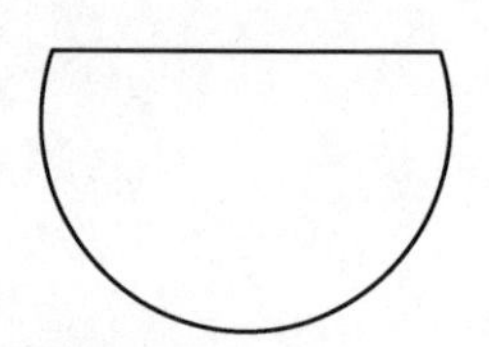

图4-31　修剪后的效果

4.5.3　产品的绘制与编辑——音响信号装置

利用“直线”“圆”和“修剪”命令绘制图4-32所示的音响信号装置，绘制步骤如下。

1）执行“直线”命令，绘制一条长度为8mm的水平线。再执行“圆”命令，通过直线的两个端点绘制圆，如图4-33所示。

2）执行“修剪”命令，将直线以下的圆弧修剪掉，如图4-34所示。

3）执行“定数等分”命令，将直线进行3等分，再执行“直线”命令，从等分点出发，向下绘制长度为4mm的直线，如图4-35所示。

图4-32　音响信号装置

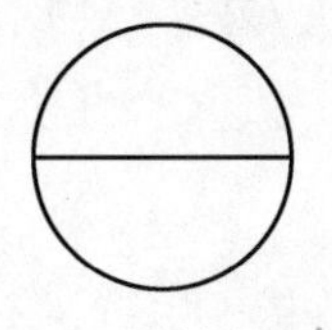

图4-33　绘制直线和圆

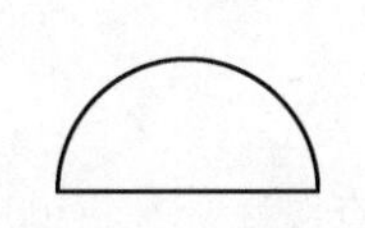

图4-34　修剪图形

图4-35　绘制直线

任务4.6　复制图形

复制图形是指在不改变图形大小、方向的前提下，重新生成一个或多个与原对象一模一样的图形。在命令执行过程中，需要确定的参数有复制对象、基点和第二点。

4.6.1　执行方式

执行“复制”命令主要有以下几种方式：

（1）功能区　在“默认”选项卡中，单击“修改”面板中的“复制”按钮，如图4-36所示。

（2）菜单栏　选择菜单“修改”/“复制”命令，如图4-37所示。

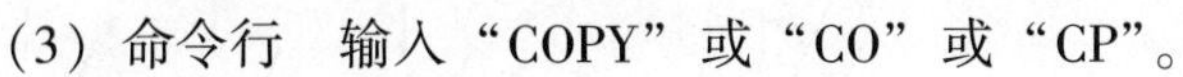

（3）命令行　输入“COPY”或“CO”或“CP”。

图4-36　“修改”面板（选择“复制”）

4.6.2　动手操练

绘制一个圆，圆心坐标为（50，50），半径为50mm，然后再复制此圆两次，以圆心为基点，复制到坐标（100，120）和（200，120）位置。形成的效果如图4-38所示。

图4-37　“修改”菜单（选择“复制”）

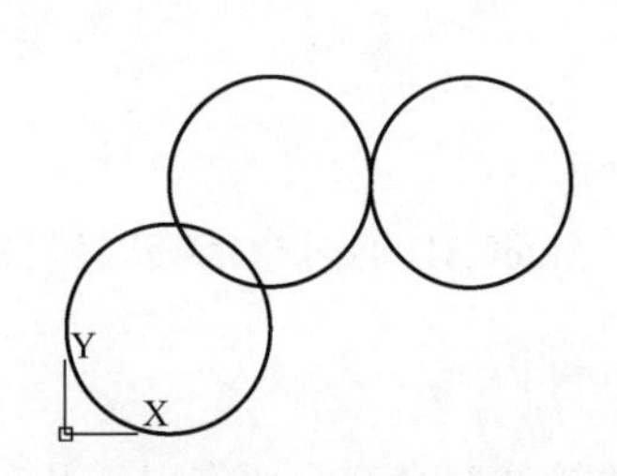

图4-38　复制后的效果

1）绘制圆。命令行执行步骤如下：

```
命令:C
CIRCLE
指定圆的圆心或[三点(3P)/两点(2P)/切点、切点、半径(T)]:50,50
指定圆的半径或[直径(D)]<22.3746>:50
```

2）复制圆。命令行执行步骤如下：

```
命令:CO
COPY
选择对象:找到1个                                          //选择复制对象(圆)
选择对象:↙                                                //按<Enter>键完成对象的选择
当前设置:复制模式=多个
指定基点或[位移(D)/模式(O)]<位移>:                        //选择基点
指定第二个点或[阵列(A)]<使用第一个点作为位移>:100,120     //输入复制到位置坐标
指定第二个点或[阵列(A)/退出(E)/放弃(U)]<退出>:200,120     //输入复制到位置坐标
指定第二个点或[阵列(A)/退出(E)/放弃(U)]<退出>:↙           //按<Enter>键完成复制操作
```

4.6.3 产品的绘制与编辑——多位开关

利用“直线”和“复制”命令绘制图4-39所示的多位开关，绘制步骤如下：

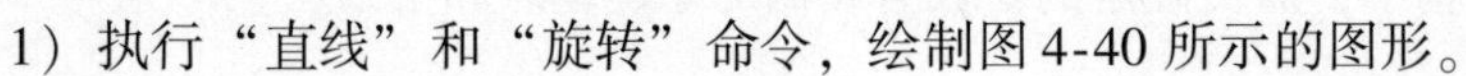

1）执行“直线”和“旋转”命令，绘制图4-40所示的图形。

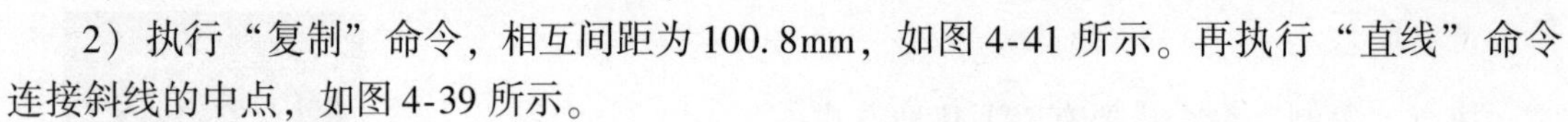

2）执行“复制”命令，相互间距为100.8mm，如图4-41所示。再执行“直线”命令连接斜线的中点，如图4-39所示。

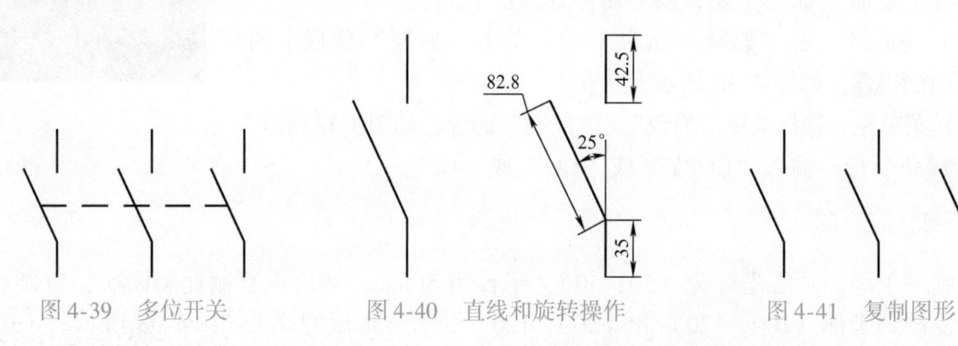

图4-39 多位开关　　图4-40 直线和旋转操作　　图4-41 复制图形

任务4.7 镜像图形

镜像图形是指将图形绕指定轴（镜像线）镜像复制，常用于绘制结构规则且有对称特点的图形。AutoCAD通过指定临时镜像线镜像对象，镜像时可选择删除或保留原对象。

4.7.1 执行方式

执行“镜像”命令主要有以下几种方式：

(1) 功能区　在“默认”选项卡中，单击“修改”面板中的“镜像”按钮，如图4-42所示。

(2) 菜单栏　选择菜单“修改”/“镜像”命令，如图4-43所示。

(3) 命令行　输入“MIRROR”或“MI”。

图4-42　“修改”面板（选择“镜像”）

4.7.2　动手操练

如图4-44所示，对图中的圆进行镜像，镜像轴是右边的直线，结构如图4-45所示。命令行执行步骤如下：

```
命令:MI
MIRROR
选择对象:找到 1 个                       //选择对象(圆)
选择对象:
指定镜像线的第一点:                      //选择镜像线上的一个点
指定镜像线的第二点:                      //选择镜像线上的另一个点
要删除源对象吗?[是(Y)/否(N)]<否>:↙      //不删除源对象,按<Enter>键完成镜像操作
```

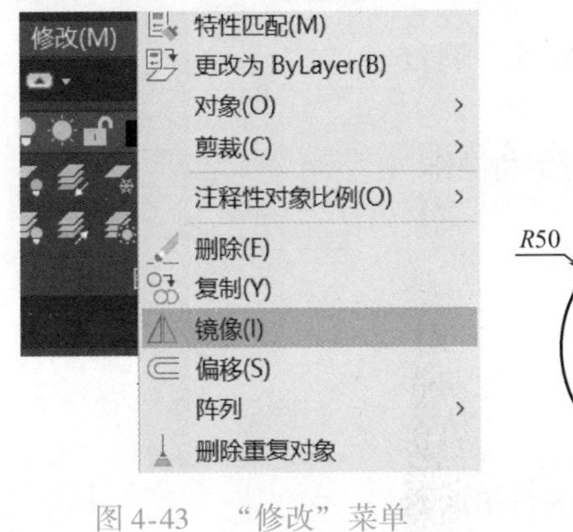

图4-43　“修改”菜单（选择“镜像”）

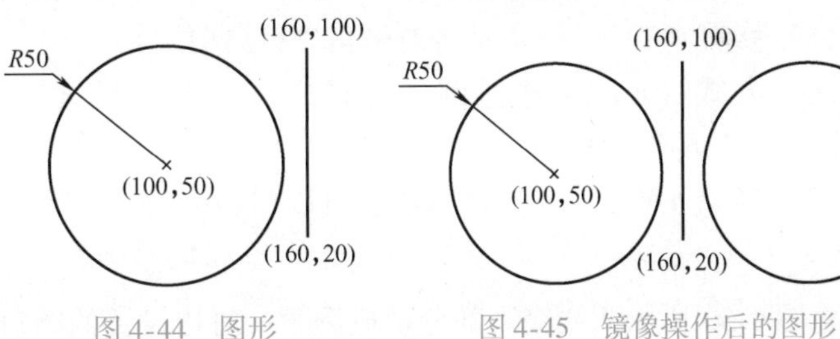

图4-44　图形

图4-45　镜像操作后的图形

4.7.3　产品的绘制与编辑——二极管

利用“直线”和“镜像”命令绘制图4-46所示的二极管，绘制步骤如下：

1）执行“直线”和“复制”命令，绘制如图4-47所示的图形。

2）执行“镜像”命令，得到图4-46所示的结果。

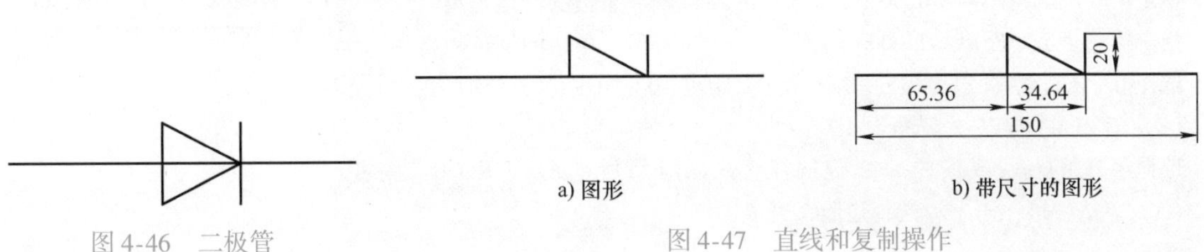

图4-46　二极管

a) 图形　　b) 带尺寸的图形

图4-47　直线和复制操作

任务4.8 图形的倒角与圆角

4.8.1 倒角

倒角命令用于在两条非平行直线上生成斜线相连，常用在机械制图中。

1. 执行方式

执行“倒角”命令主要有以下几种方式：

（1）功能区 在“默认”选项卡中，单击“修改”面板中的“倒角”按钮，如图4-48所示。

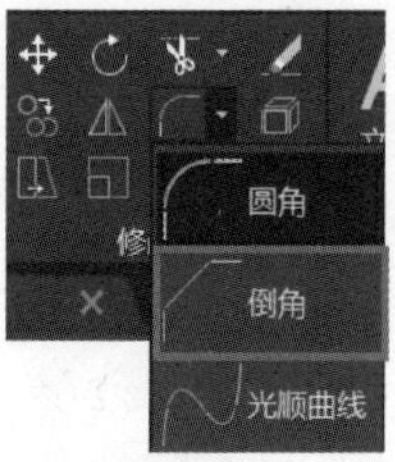

图4-48 “修改”面板（选择“倒角”）

（2）菜单栏 选择菜单“修改”/“倒角”命令，如图4-49所示。

（3）命令行 输入“CHAMFER”或“CHA”。

2. 选项说明

在执行“倒角”命令的过程中，命令行中各选项的含义如下；

（1）放弃（U） 放弃上一次的倒角操作。

（2）多段线（P） 对整个多段线每个顶点处的相交直线进行倒角，并且倒角后的线段将成为多段线的新线段。

（3）距离（D） 通过设置两个倒角边的倒角距离来进行倒角操作。

（4）角度（A） 通过设置一个角度和一个距离来进行倒角操作。

（5）修剪（T） 设定是否对倒角进行修剪。

（6）方式（E） 选择倒角方式，与选择“距离（D）”或“角度（A）”的作用相同。

（7）多个（M） 选择该选项，可以对多组对象进行倒角。

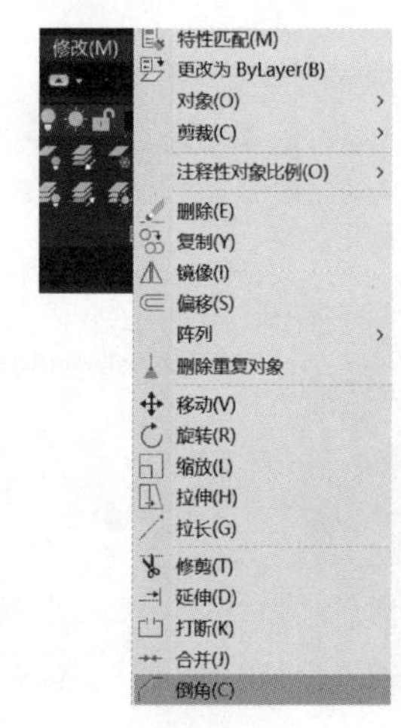

图4-49 “修改”菜单（选择“倒角”）

3. 动手操练

对图4-50所示两线交叉部分形成倒角，每边设置的倒角距离都为2mm。命令行执行步骤如下：

```
命令:CHA
CHAMFER
(“修剪”模式)当前倒角距离 1 =0.0000,距离 2 =0.0000
选择第一条直线或[放弃(U)/多段线(P)/距离(D)/角度(A)/修剪(T)/方式(E)/多个(M)]:D      //选择“距离”模式
指定第一个倒角距离<0.0000>:2          //设置一条边的倒角距离
指定第二个倒角距离<2.0000>:2          //设置另一条边的倒角距离
选择第一条直线或[放弃(U)/多段线(P)/距离(D)/角度(A)/修剪(T)/方式(E)/多个(M)]:    //选择边 AD
选择第二条直线,或按住 Shift 键选择直线以应用角点或[距离(D)/角度(A)/方法(M)]:    //选择边 DC,完成操作
```

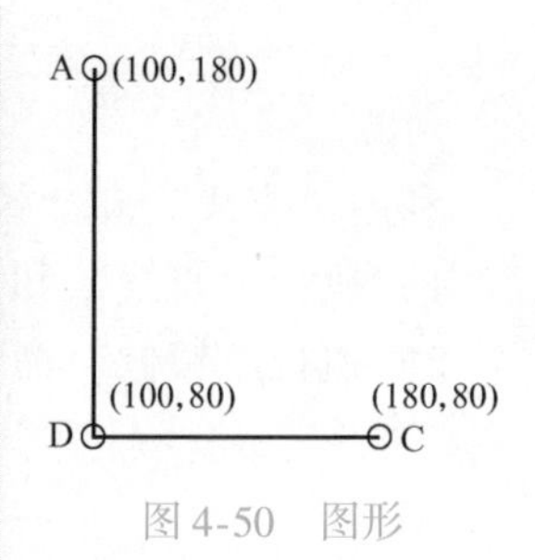

图4-50 图形

4.8.2 圆角

圆角命令是将两条相交的直线通过一个圆弧连接起来。

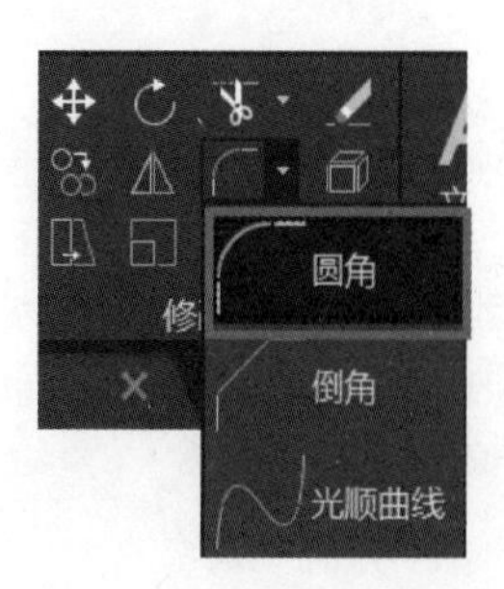

图 4-51 “修改”面板（选择“圆角”）

1. 执行方式

执行“圆角”命令主要有以下几种方式：

（1）功能区 在“默认”选项卡中，单击“修改”面板中的“圆角”按钮，如图 4-51 所示。

（2）菜单栏 选择菜单“修改”/“圆角”命令，如图 4-52 所示。

（3）命令行 输入“FILLET”或“F”。

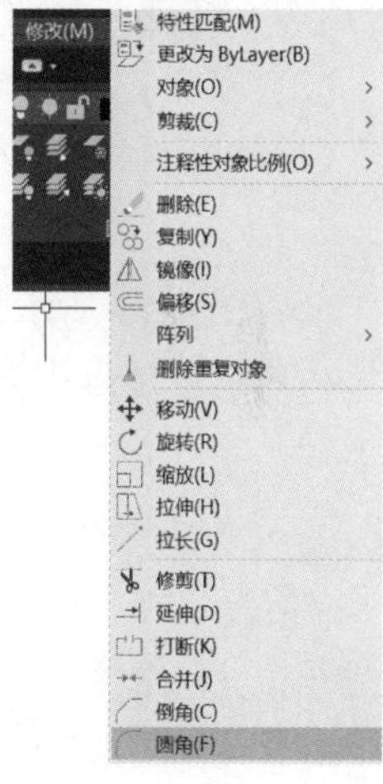

图 4-52 “修改”菜单（选择“圆角”）

2. 选项说明

在执行“圆角”命令的过程中，命令行中各选项的含义如下：

（1）放弃（U） 放弃上一次的圆角操作。

（2）多段线（P） 对整个多段线每个顶点处的相交直线进行圆角，并且圆角后的圆弧线段将成为多段线的新线段。

（3）半径（R） 设置圆角的半径。

（4）修剪（T） 设置是否修剪对象。

（5）多个（M） 可以在依次调用命令的情况下对多个对象进行圆角。

3. 动手操练

对图 4-53 所示图形右下角的顶点形成圆角，圆角半径为 5mm，形成的图形如图 4-54 所示。命令行执行步骤如下：

```
命令:F
FILLET
当前设置:模式 = 修剪,半径 = 0.0000
选择第一个对象或[放弃(U)/多段线(P)/半径(R)/修剪(T)/多个(M)]:R      //选择“半径”模式
指定圆角半径 <0.0000 >:5                                              //输入半径大小
选择第一个对象或[放弃(U)/多段线(P)/半径(R)/修剪(T)/多个(M)]:       //选择一边
选择第二个对象,或按住 Shift 键选择对象以应用角点或[半径(R)]:        //选择另一边,完成操作
```

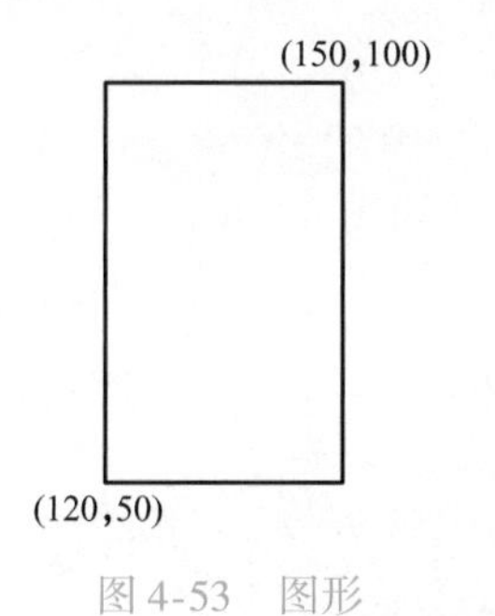

图 4-53 图形

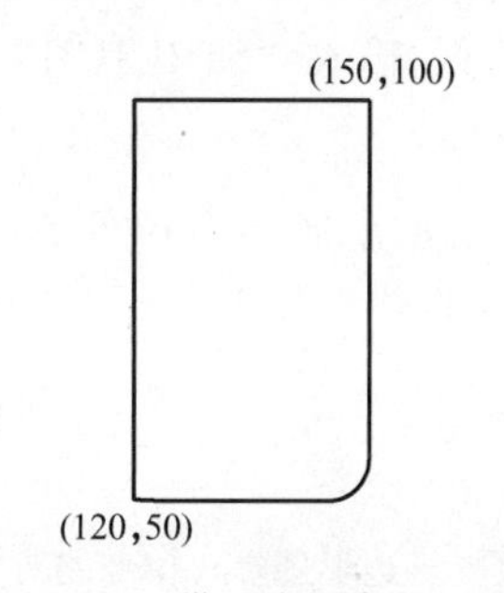

图 4-54 带一个圆角的矩形

任务4.9 分解图形

对于由多个对象组成的组合对象，如矩形、多边形、多段线、块和阵列等，如果需要对其中的单个对象进行编辑操作，就需要先利用“分解”命令将这些对象分解成单个的图形对象。

1. 执行方式

执行“分解”命令主要有以下几种方式：

（1）功能区 在“默认”选项卡中，单击“修改”面板中的“分解”按钮，如图4-55所示。

（2）菜单栏 选择菜单“修改”/“分解”命令。

（3）命令行 输入“EXPLODE”或“X”。

图4-55 “修改”面板（选择“分解”）

2. 动手操练

分解图4-54所示图形。分解前图4-54所示图形是一个整体，分解后图形分成5个单个图形，可以通过选中对象证明，分解前是1个对象，分解后有5个对象。命令行执行步骤如下：

```
命令:X
EXPLODE
选择对象:找到1个          //选中图形
选择对象:↙                //按<Enter>键完成分解操作
```

任务4.10 拉伸图形

拉伸图形是将图形的一部分线条沿指定矢量方向拉长。

1. 执行方式

执行“拉伸”命令主要有以下几种方式：

（1）功能区 在“默认”选项卡中，单击“修改”面板中的“拉伸”按钮，如图4-56所示。

（2）菜单栏 选择菜单“修改”/“拉伸”命令。

（3）命令行 输入“STRETCH”或“S”。

图4-56 “修改”面板（选择“拉伸”）

2. 动手操练

将图4-57所示矩形向右拉伸50mm。完成后的效果如图4-58所示。命令行执行步骤如下：

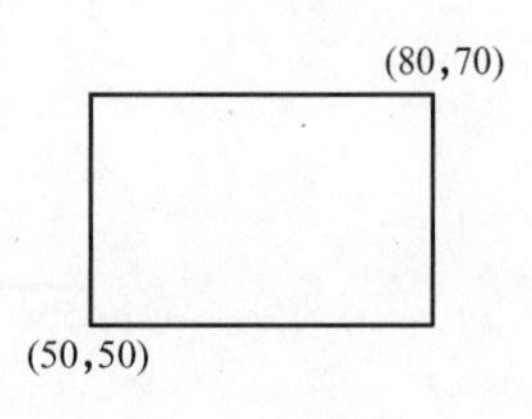

图4-57 矩形

```
命令:S
STRETCH
以交叉窗口或交叉多边形选择要拉伸的对象…
选择对象:指定对角点:找到1个          //窗交选择对象,如图4-59所示
```

```
选择对象:
指定基点或[位移(D)]<位移>:                    //选择矩形右下角顶点为基点
指定第二个点或<使用第一个点作为位移>:50        //向右水平追踪再输入拉伸距离,按<Enter>键即
                                              //完成操作
```

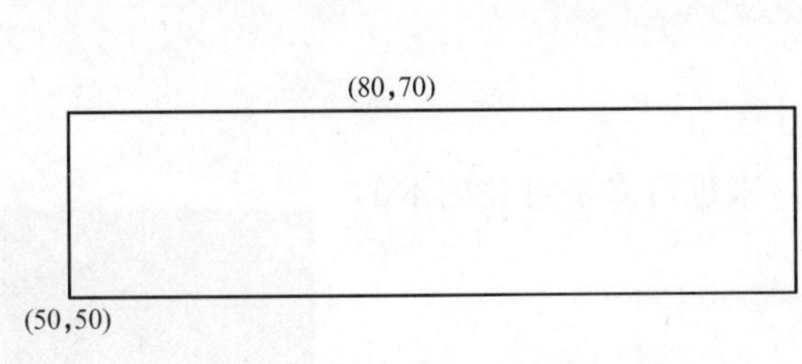

图4-58　拉伸后的效果

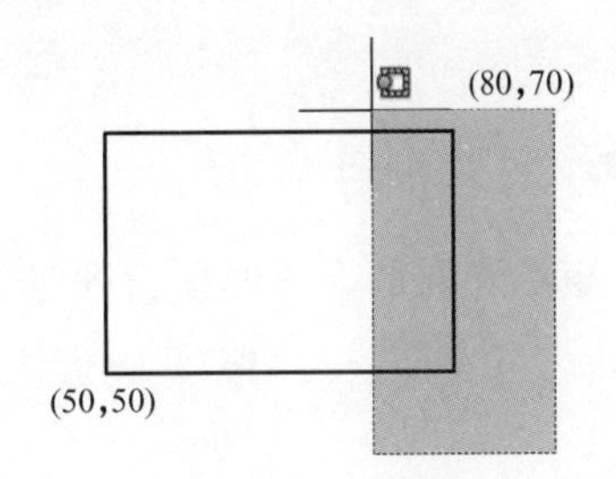

图4-59　窗交选择对象

任务4.11　缩放图形

缩放图形是将图形对象以指定的缩放基点，放大或缩小一定比例。

1. 执行方式

执行“缩放”命令主要有以下几种方式：

（1）功能区　在“默认”选项卡中，单击“修改”面板中的“缩放”按钮，如图4-60所示。

图4-60　“修改”面板（选择“缩放”）

（2）菜单栏　选择菜单“修改”/“缩放”命令。

（3）命令行　输入“SCALE”或“SC”。

2. 动手操练

已知一个圆，圆心坐标为（200，200），半径为50mm，将圆放大为原来的两倍。

1）绘制圆，命令行执行步骤如下：

```
命令:C
CIRCLE
指定圆的圆心或[三点(3P)/两点(2P)/切点、切点、半径(T)]:200,200
指定圆的半径或[直径(D)]<50.0000>:50
```

2）放大圆，命令行执行步骤如下：

```
命令:SC
SCALE
选择对象:找到1个                         //选中对象(圆)
选择对象:↙                               //按<Enter>键完成选择操作
指定基点:                                //选择基点(圆心)
指定比例因子或[复制(C)/参照(R)]:2        //输入比例因子为2,按<Enter>键完成操作
```

任务4.12 阵列图形

阵列图形是多重复制命令，可以一次将选择的对象复制为多个并按指定的规律进行排列。在AutoCAD中，提供了矩形阵列、路径阵列和环形阵列3种阵列方式，分别以定义的距离、角度和路径复制出源对象的多个对象副本。

4.12.1 矩形阵列

矩形阵列是将图形呈行列进行排列，来进行多个对象副本的创建。

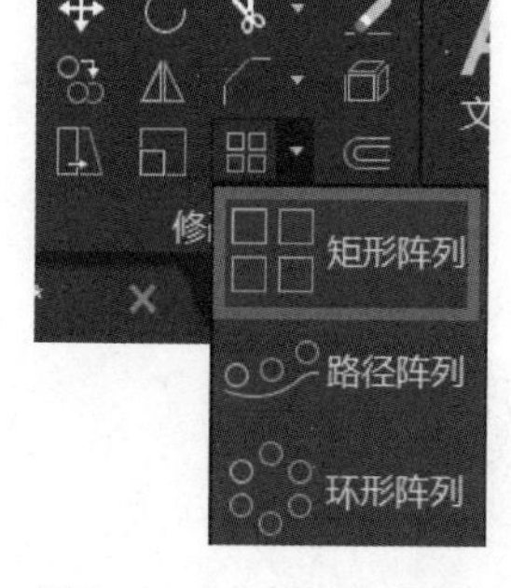

图4-61 “修改”面板（选择“矩形阵列”）

1. 执行方式

执行“矩形阵列”命令主要有以下几种方式：

（1）功能区 在“默认”选项卡中，单击“修改”面板中的“矩形阵列”按钮，如图4-61所示。

（2）菜单栏 选择菜单“修改”/“阵列”/“矩形阵列”命令。

（3）命令行 输入“ARRAYRECT”。

2. 选项说明

在执行“矩形阵列”命令过程中，命令行中各选项的含义如下：

（1）关联（AS） 指定阵列中的对象是关联的还是独立的。

（2）基点（B） 定义阵列基点。

（3）计数（COU） 指定行数和列数并使用户在移动光标时可以动态观察结果。

（4）间距（S） 指定行间距和列间距并使用户在移动光标时可以动态观察结果。

（5）列数（OL） 编辑列数和列间距。

（6）行数（R） 指定阵列中的行数、距离及行之间的增量标高。

（7）层数（L） 指定三维阵列的层数、层间距。

3. 动手操练

1）绘制图4-62所示的图形，矩形阵列行数为4，列数为3，行偏移为12mm，列偏移为20mm。

图4-62 矩形图形

① 绘制矩形，宽为10mm，高为8mm，命令行执行步骤如下：

```
命令:REC
RECTANG
指定第一个角点或[倒角(C)/标高(E)/圆角(F)/厚度(T)/宽度(W)]:      //矩形左上角顶点位置,在绘
                                                                  //图区任意单击
指定另一个角点或[面积(A)/尺寸(D)/旋转(R)]:@10,-8                  //使用相对坐标,把上一个点
                                                                  //想象成坐标原点
```

② 矩形阵列，命令行执行步骤如下：

命令：ARRAYRECT
选择对象：找到 1 个　　　　　　　　　　　　//选择对象（矩形）
选择对象：↙　　　　　　　　　　　　　　　//完成对象选择
类型 = 矩形　关联 = 是
选择夹点以编辑阵列或［关联（AS）/基点（B）/计数（COU）/间距（S）/列数（COL）/行数（R）/层数（L）/退出（X）］<退出>：COL
输入列数数或［表达式（E）］<4>：3
指定列数之间的距离或［总计（T）/表达式（E）］<15>：20
选择夹点以编辑阵列或［关联（AS）/基点（B）/计数（COU）/间距（S）/列数（COL）/行数（R）/层数（L）/退出（X）］<退出>：R
输入行数数或［表达式（E）］<3>：4
指定行数之间的距离或［总计（T）/表达式（E）］<12>：12
指定行数之间的标高增量或［表达式（E）］<0>：↙
选择夹点以编辑阵列或［关联（AS）/基点（B）/计数（COU）/间距（S）/列数（COL）/行数（R）/层数（L）/退出（X）］<退出>：↙

2）绘制图 4-63 所示的图形。

① 绘制圆，命令行执行步骤如下：

命令：_circle
指定圆的圆心或［三点（3P）/两点（2P）/切点、切点、半径（T）］：
指定圆的半径或［直径（D）］：6

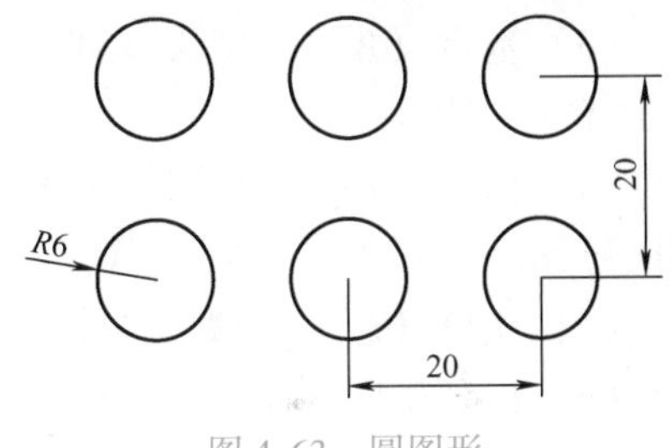

图 4-63　圆图形

② 矩形阵列，命令行执行步骤如下：

命令：_arrayrect
选择对象：找到 1 个
选择对象：↙
类型 = 矩形　关联 = 是
选择夹点以编辑阵列或［关联（AS）/基点（B）/计数（COU）/间距（S）/列数（COL）/行数（R）/层数（L）/退出（X）］<退出>：COL
输入列数数或［表达式（E）］<4>：3
指定列数之间的距离或［总计（T）/表达式（E）］<18>：20
选择夹点以编辑阵列或［关联（AS）/基点（B）/计数（COU）/间距（S）/列数（COL）/行数（R）/层数（L）/退出（X）］<退出>：R
输入行数数或［表达式（E）］<3>：2
指定行数之间的距离或［总计（T）/表达式（E）］<18>：20
指定行数之间的标高增量或［表达式（E）］<0>：↙
选择夹点以编辑阵列或［关联（AS）/基点（B）/计数（COU）/间距（S）/列数（COL）/行数（R）/层数（L）/退出（X）］<退出>：↙

4.12.2 路径阵列

路径阵列可沿曲线轨迹复制图形，通过设置不同的基点，能够得到不同的阵列结果。

1. 执行方式

执行“路径阵列”命令主要有以下几种方式：

(1) 功能区　在“默认”选项卡中，单击“修改”面板中的“路径阵列”按钮，如图4-64所示。

(2) 菜单栏　选择菜单“修改”/“阵列”/“路径阵列”命令。

(3) 命令行　输入“ARRAYPATH”。

2. 选项说明

在执行“路径阵列”命令过程中，命令行中各选项的含义如下：

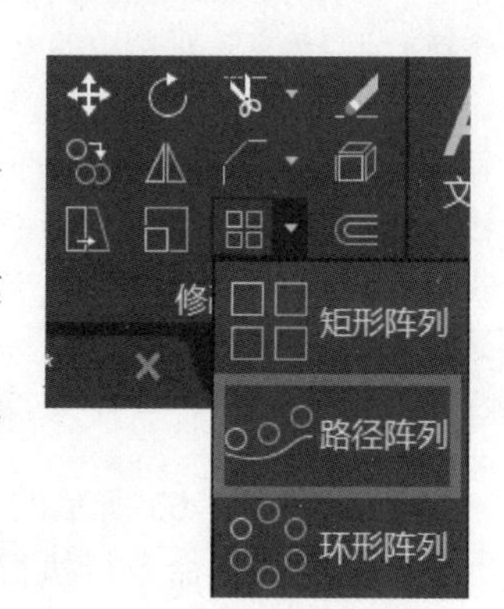

图4-64　“修改”面板（选择“路径阵列”）

(1) 关联（AS）　指定是否创建阵列对象，或者是否创建选定对象的非关联副本。

(2) 方法（M）　控制如何沿路径分布项目，包括定数等分（D）和定距等分（M）。

(3) 基点（B）　定义阵列的基点。路径阵列中的项目相对于基点放置。

(4) 切向（T）　指定阵列中的项目如何相对于路径的起始方向对齐。

(5) 项目（I）　根据“方法”设置，指定项目数或项目之间的距离。

(6) 行（R）　指定阵列中的行数、距离及行之间的增量标高。

(7) 层（L）　指定三维阵列的层数、层间距。

(8) 对齐项目（A）　指定是否对齐每个项目以与路径的方向相切。对齐是相对于第一个项目的方向。

(9) Z方向（Z）　控制是否保持项目的原始Z方向或沿三维路径自然倾斜项目。

3. 动手操练

绘制图4-65所示的图形，然后对圆按照椭圆弧的路径进行阵列，指定沿路径的项目之间的距离为30mm。命令行执行路径阵列的步骤如下：

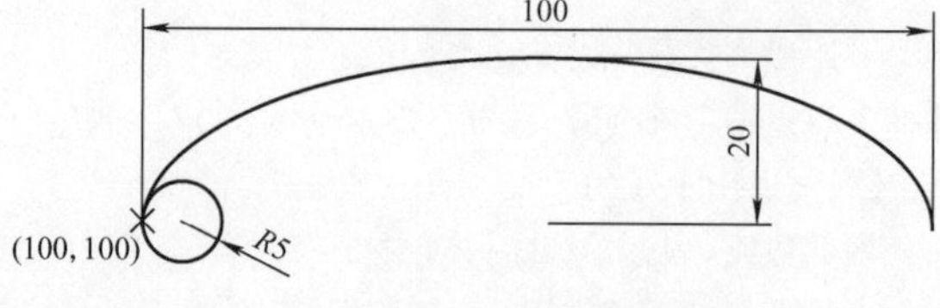

图4-65　图形

```
命令:_arraypath
选择对象:找到1个                        //选择圆
选择对象:↙
类型=路径　关联=是
选择路径曲线:                           //选择椭圆弧
选择夹点以编辑阵列或[关联(AS)/方法(M)/基点(B)/切向(T)/项目(I)/行(R)/层(L)/对齐项目(A)/Z方向(Z)/退出(X)]<退出>:I
```

```
指定沿路径的项目之间的距离或[表达式(E)]<15>:30
最大项目数=4
指定项目数或[填写完整路径(F)/表达式(E)]<4>:↙
选择夹点以编辑阵列或[关联(AS)/方法(M)/基点(B)/切向(T)/项目(I)/行(R)/层(L)/对齐项目(A)/Z方向(Z)/退出(X)]<退出>:↙
```

4.12.3　环形阵列

环形阵列又称为极轴阵列，是以某一点为中心点进行环形复制，阵列结果是阵列对象沿圆周均匀分布。

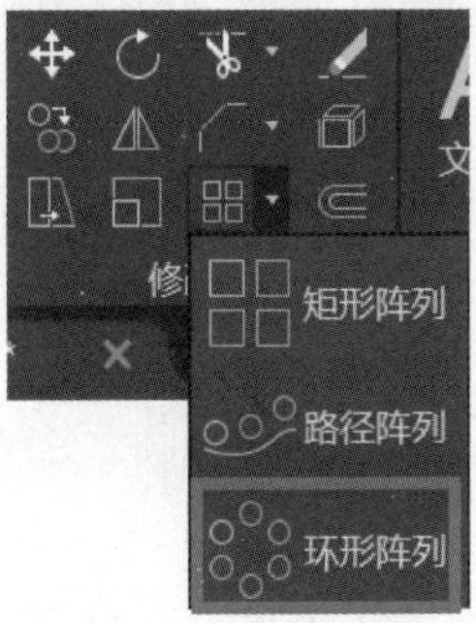

1. 执行方式

执行“环形阵列”命令主要有以下几种方式：

(1) 功能区　在“默认”选项卡中，单击“修改”面板中的“环形阵列”按钮，如图4-66所示。

(2) 菜单栏　选择菜单“修改”/“阵列”/“环形阵列”命令。

(3) 命令行　输入“ARRAYPOLAR”。

图4-66　“修改”面板（选择“环形阵列”）

2. 选项说明

在执行“环形阵列”命令过程中，命令行中各选项的含义如下：

(1) 关联（AS）　指定阵列中的对象是关联的还是独立的。

(2) 基点（B）　指定阵列的基点，默认为质心。

(3) 项目（I）　使用值或表达式指定阵列中的项目数，默认为360°填充下的项目数。

(4) 项目间角度（A）　使用值表示项目之间的角度。

(5) 填充角度（F）　使用值或表达式指定阵列中第一个和最后一个项目之间的角度，即环形阵列的总角度。

(6) 层（L）　指定三维阵列的层数和层间距。

(7) 旋转项目（ROT）　控制在阵列项时是否旋转项。

3. 动手操练

绘制图4-67所示的图形，然后对半径为9mm的圆以大圆的圆心为基点进行环形阵列，产生项目为4个，完成后的效果如图4-68所示。命令行执行环形阵列的步骤如下：

```
命令:_arraypolar
选择对象:找到1个                    //选择对象(小圆)
选择对象:↙                          //完成对象的选择
类型=极轴　关联=是
指定阵列的中心点或[基点(B)/旋转轴(A)]:
选择夹点以编辑阵列或[关联(AS)/基点(B)/项目(I)/项目间角度(A)/填充角度(F)/行(ROW)/层(L)/旋转项目(ROT)/退出(X)]<退出>:I
输入阵列中的项目数或[表达式(E)]<6>:4
选择夹点以编辑阵列或[关联(AS)/基点(B)/项目(I)/项目间角度(A)/填充角度(F)/行(ROW)/层(L)/旋转项目(ROT)/退出(X)]<退出>:↙
```

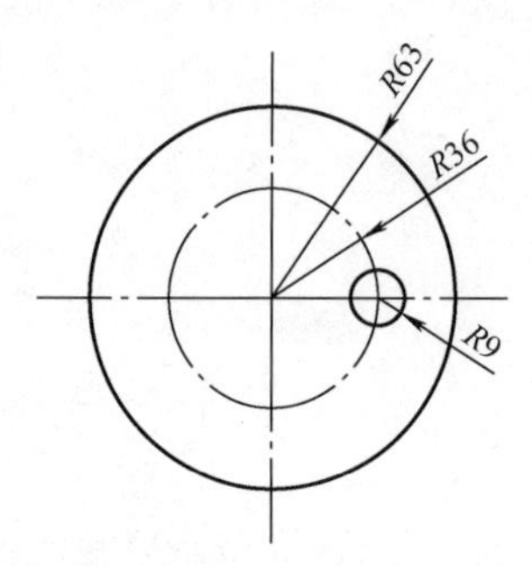

图 4-67　环形阵列前的图形

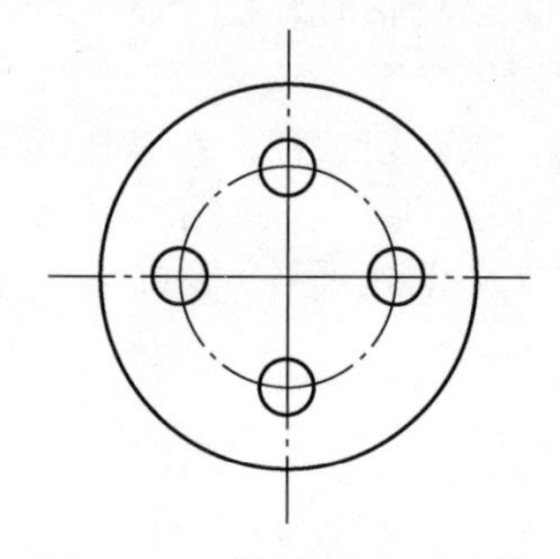

图 4-68　环形阵列后的图形

4.12.4　产品的绘制与编辑——点火分离器

利用“多段线”“圆”和“环形阵列”命令绘制图 4-69 所示的点火分离器，绘制步骤如下：

1）执行“圆”命令，以（50，50）为圆心，分别绘制半径为 1.5mm 和 20mm 的圆，如图 4-70 所示。

2）执行“多段线”命令，绘制箭头，从大圆的右象限点出发，向左水平绘制多段线，第一段长度为 2mm，线宽都为 0.3mm，第二段长度为 3mm，起点线宽为 1mm，终点线宽为 0mm，如图 4-71 所示。

3）执行“直线”命令，从大圆的右象限点出发，向右水平绘制直线，长度为 7mm，如图 4-72 所示。

4）执行“环形阵列”命令，以圆心为基点，得到图 4-69 所示的结果。

```
命令:_pline
指定起点:
当前线宽为 0.0000
指定下一个点或[圆弧(A)/半宽(H)/长度(L)/放弃(U)/宽度(W)]:2
指定下一点或[圆弧(A)/闭合(C)/半宽(H)/长度(L)/放弃(U)/宽度(W)]:W
指定起点宽度<0.0000>:1
指定端点宽度<1.0000>:0
指定下一点或[圆弧(A)/闭合(C)/半宽(H)/长度(L)/放弃(U)/宽度(W)]:3
指定下一点或[圆弧(A)/闭合(C)/半宽(H)/长度(L)/放弃(U)/宽度(W)]:↙
```

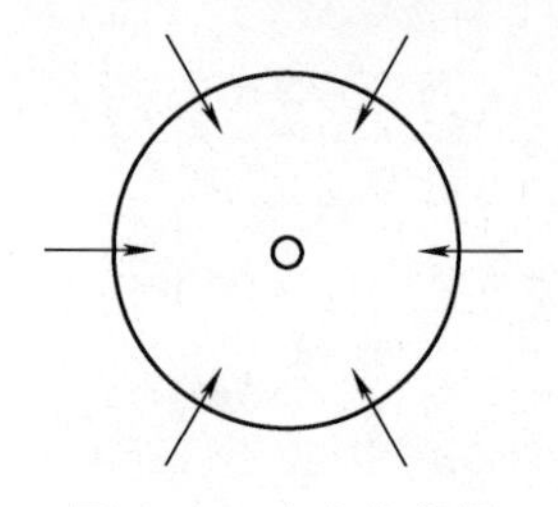

图 4-69　点火分离器

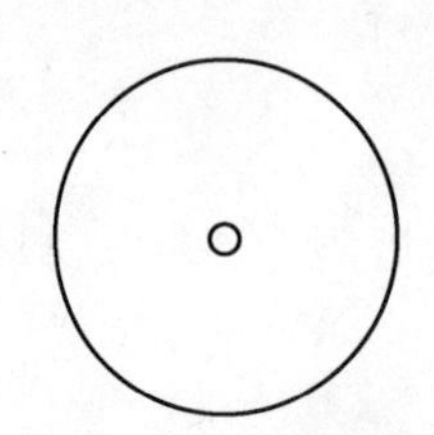

图 4-70　绘制圆

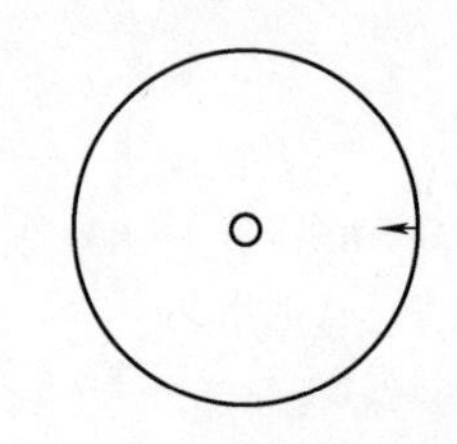

图 4-71　绘制多段线

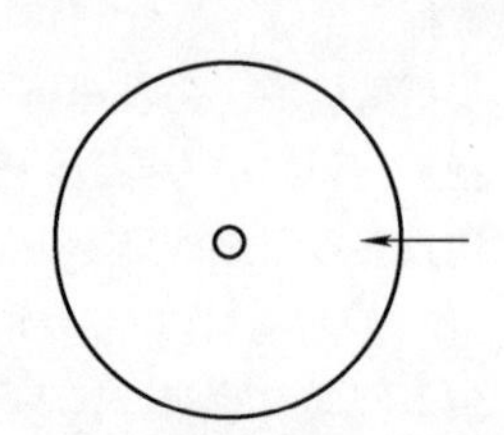

图 4-72　绘制直线

任务4.13　偏移图形

偏移图形可以创建与源对象有一定距离的形状相同或相似的新图形。可以进行偏移的图形对象包括直线、曲线、多边形、圆、圆弧等。

1. 执行方式

执行“偏移”命令主要有以下几种方式：

(1) 功能区　在“默认”选项卡中，单击“修改”面板中的“偏移”按钮，如图4-73所示。

(2) 菜单栏　选择菜单“修改”/“偏移”命令。

(3) 命令行　输入“OFFSET”或“O”。

图4-73　“修改”面板（选择“偏移”）

2. 选项说明

在执行“偏移”命令过程中，命令行中各选项的含义如下：

(1) 通过（T）　指定一个通过点定义偏移的距离和方向。

(2) 删除（E）　偏移源对象后将其删除。

(3) 图层（L）　确定将偏移对象创建在当前图层上还是源对象所在的图层上。

3. 动手操练

画一个半径为10mm的圆，然后选择偏移命令，偏移距离为5mm，分别向圆内和圆外偏移。命令行执行偏移的步骤如下：

```
命令:_offset
当前设置:删除源=否　图层=源　OFFSETGAPTYPE=0
指定偏移距离或[通过(T)/删除(E)/图层(L)]<通过>:5　　　　　　　　//输入偏移距离
选择要偏移的对象,或[退出(E)/放弃(U)]<退出>:　　　　　　　　　　//选择偏移对象
指定要偏移的那一侧上的点,或[退出(E)/多个(M)/放弃(U)]<退出>:　　//选中圆外的一点
选择要偏移的对象,或[退出(E)/放弃(U)]<退出>:　　　　　　　　　　//选择偏移对象
指定要偏移的那一侧上的点,或[退出(E)/多个(M)/放弃(U)]<退出>:　　//选中圆内的一点
选择要偏移的对象,或[退出(E)/放弃(U)]<退出>:↙　　　　　　　　　//按<Enter>键完成偏移
　　　　　　　　　　　　　　　　　　　　　　　　　　　　　　　　//操作
```

任务4.14　延伸图形

延伸图形是指对图形按照给定的新边界进行延伸。

1. 执行方式

执行“延伸”命令主要有以下几种方式：

(1) 功能区　在“默认”选项卡中，单击“修改”面板中的“延伸”按钮，如图4-74所示。

(2) 菜单栏　选择菜单“修改”/“延伸”命令。

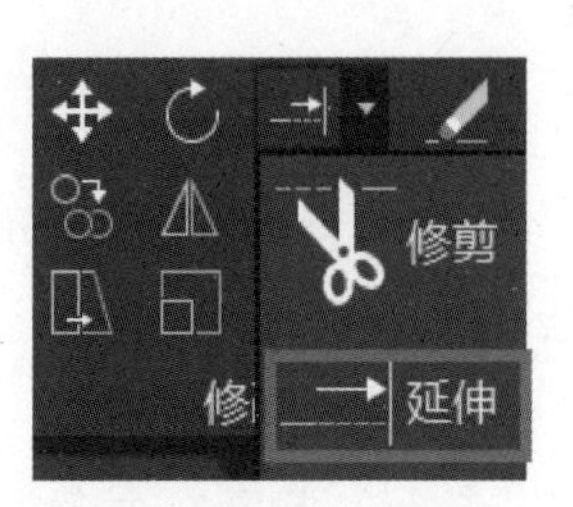

图4-74　“修改”面板（选择“延伸”）

(3) 命令行　输入“EXTEND”或“EX”。

2. 选项说明

在执行“延伸”命令过程中，命令行中各选项的含义如下：

(1) 栏选（F）　用栏选的方式选择要延伸的对象。

(2) 窗交（C）　用窗交方式选择要延伸的对象。

(3) 投影（P）　用以指定延伸对象时使用的投影方式，即选择进行延伸的空间。

(4) 边（E）　将对象延伸到另一个对象的隐含边或是延伸到三维空间中与其相交的对象。

(5) 放弃（U）　放弃上一次的延伸操作。

3. 动手操练

已知两条直线，分别为水平线和竖直线，端点的坐标如图4-75所示，将水平线延伸至刚好与竖直线相交。命令行执行延伸的步骤如下：

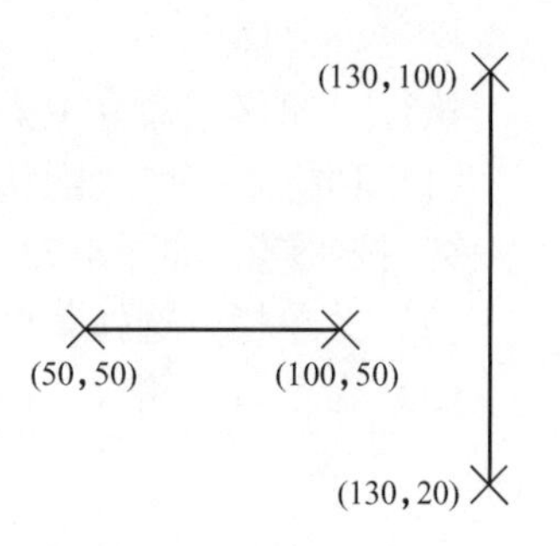

图4-75　水平线和竖直线

```
命令:_extend
当前设置:投影 = UCS,边 = 无
选择边界的边…
选择对象或 <全部选择>:找到 1 个                              //选择边界对象(竖线)
选择对象:↙                                                  //完成边界选择
选择要延伸的对象或按住 Shift 键选择要修剪的对象,或者
[栏选(F)/窗交(C)/投影(P)/边(E)]:
路径不与边界边相交。
选择要延伸的对象或按住 Shift 键选择要修剪的对象,或者
[栏选(F)/窗交(C)/投影(P)/边(E)]:                            //选中需要延伸的对象(水平线)
选择要延伸的对象,或按住 Shift 键选择要修剪的对象,或
[栏选(F)/窗交(C)/投影(P)/边(E)/放弃(U)]:↙                    //按 <Enter> 键完成操作
```

任务4.15　打断图形

打断图形是指将单一线条在指定点分割为两段，根据打断点数量的不同，可分为“打断”和“打断于点”两种命令。

4.15.1　打断

打断是指在线条上创建两个打断点，从而将线条断开。

1. 执行方式

执行“打断”命令主要有以下几种方式：

图4-76　“修改”面板（选择“打断”）

(1) 功能区　在“默认”选项卡中，单击“修改”面板中的“打断”按钮▭，如图4-76所示。

（2）菜单栏　选择菜单“修改”/“打断”命令。

（3）命令行　输入“BREAK”或“BR”。

2. 动手操练

将图4-77所示的矩形在点A、B大概的位置打断。命令行执行打断的步骤如下：

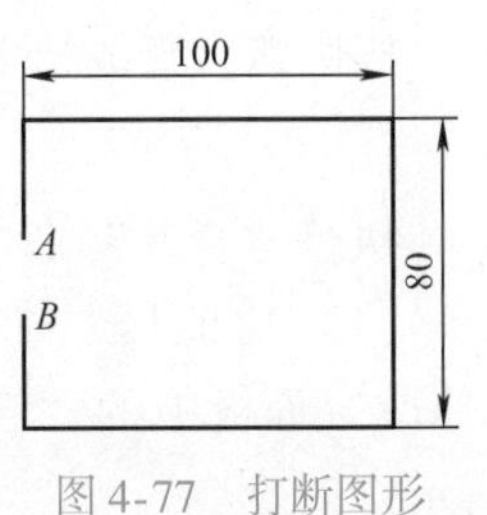

图4-77　打断图形

```
命令:_break
选择对象:                                    //选择对象(矩形)
指定第二个打断点或[第一点(F)]:F               //从第一个打断点开始选择
指定第一个打断点:                              //选中第一个打断点
指定第二个打断点:                              //选中第二个打断点
```

4.15.2　打断于点

打断于点是指在一个点上将对象断开，因此不产生间隙。

1. 执行方式

按以下方式执行“打断于点”命令：

在“默认”选项卡中，单击“修改”面板中的“打断于点”按钮▭，如图4-78所示。

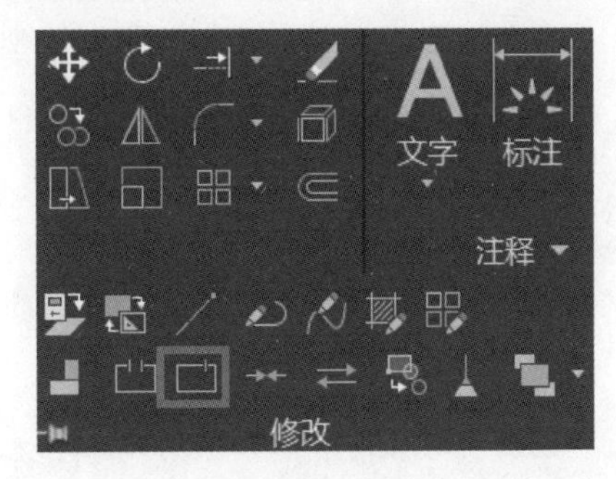

图4-78　“修改”面板（选择“打断于点”）

2. 动手操练

将图4-79所示矩形的顶点A位置打断，矩形是一个对象，打断于点A会变成两个对象，为了区分用两种颜色来表示，如图4-80所示。命令行执行打断于点的步骤如下：

```
命令:_break
选择对象:                                    //选择对象(矩形)
指定第二个打断点或[第一点(F)]:_f
指定第一个打断点:                              //选择点A
指定第二个打断点:@
```

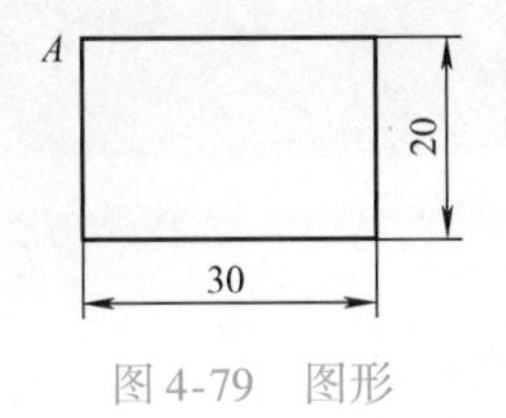

图4-79　图形

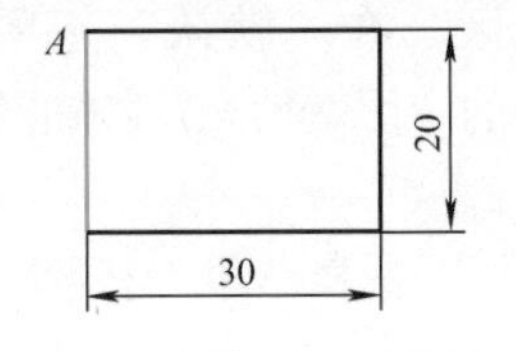

图4-80　打断于点后的效果

任务4.16　合并图形

合并图形可以将独立的图形对象合并为一个整体。它可以将多个对象进行合并，包括圆弧、椭圆弧、直线、多段线和样条曲线等。

1. 执行方式

执行“合并”命令主要有以下几种方式：

(1) 功能区　在“默认”选项卡中，单击“修改”面板中的“合并”按钮，如图 4-81 所示。

(2) 菜单栏　选择菜单“修改”/“合并”命令。

(3) 命令行　输入“JOIN”或“J”。

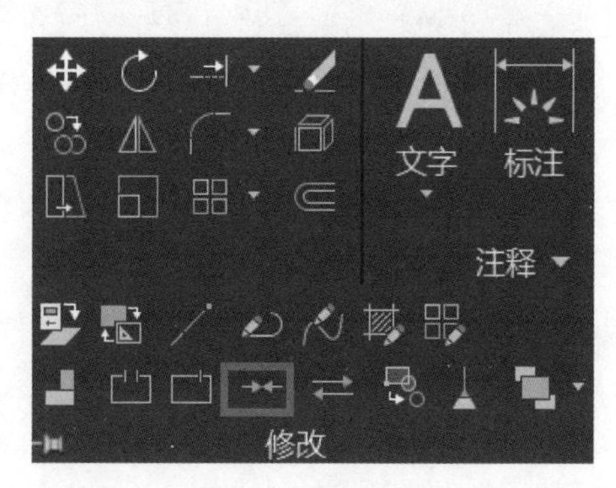

图 4-81　“修改”面板（选择“修改”）

2. 动手操练

如图 4-82 所示，已知用直线命令形成的两段直线段为两个对象，用不同颜色标注以便区分，用合并命令将两个对象变成一个整体。命令行执行合并的步骤如下：

```
命令:_join
选择源对象或要一次合并的多个对象:找到 1 个        //选择对象(竖直线)
选择要合并的对象:找到 1 个,总计 2 个              //选择对象(水平线)
选择要合并的对象:↙                                //按 <Enter> 键完成合并
```

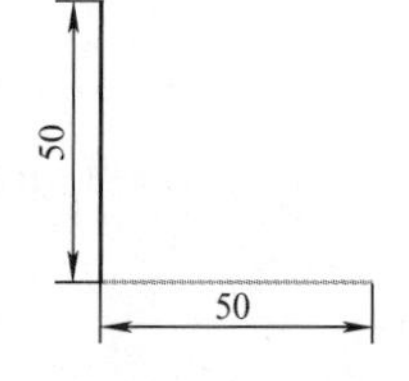

图 4-82　两段直线段

任务 4.17　图案填充

AutoCAD 的图案填充功能，可以方便地对图案进行填充，以区别不同形体的各个组成部分。在图案填充过程中，用户可以根据实际需求选择不同的填充样式，也可以对已填充的图案进行编辑。

4.17.1　创建图案填充

1. 执行方式

执行“图案填充”命令主要有以下几种方式：

(1) 功能区　在“默认”选项卡中，单击“绘图”面板中的“图案填充”按钮，如图 4-83 所示。

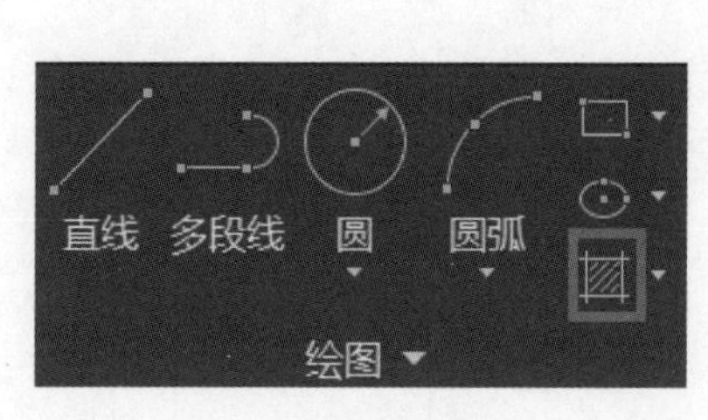

图 4-83　“绘图”面板（选择“图案填充”）

(2) 菜单栏　选择菜单“绘图”/“图案填充”命令。

(3) 命令行　输入“HATCH”或“CH”或“H”。

2. 选项说明

执行上述任意一种方法后，调用“图案填充”命令，进入“图案填充创建”选项卡，如图 4-84 所示。

图 4-84　“图案填充创建”选项卡

“图案填充创建”选项卡中各选项的含义如下：

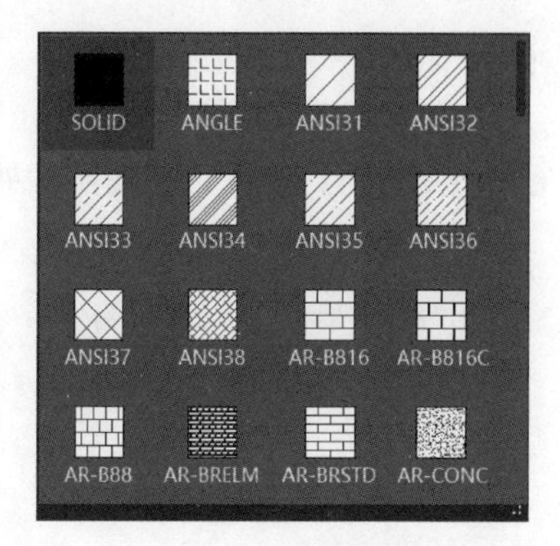

图 4-85　图案列表

(1)“边界”面板　主要包括“拾取点”按钮和“选择”按钮，用来选择填充对象的工具。

(2)“图案”面板　显示所有预定义和自定义图案的预览图案，如图 4-85 所示，以供用户快速选择。

(3)“图案填充类型”按钮　在下拉列表中包括“实体”“渐变色”“图案”和“用户定义”4 个选项，如图 4-86 所示。

(4)“图案填充颜色”按钮　单击该按钮，弹出颜色下拉列表，如图 4-87 所示。选择颜色，定义填充图案的颜色。或者单击“更多颜色”按钮，弹出“选择颜色”对话框，如图 4-88 所示，选择更多类型的颜色。

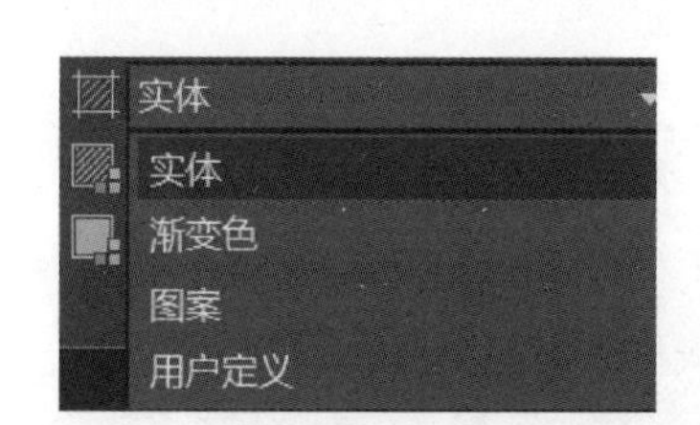

图 4-86　“图案填充类型”下拉列表

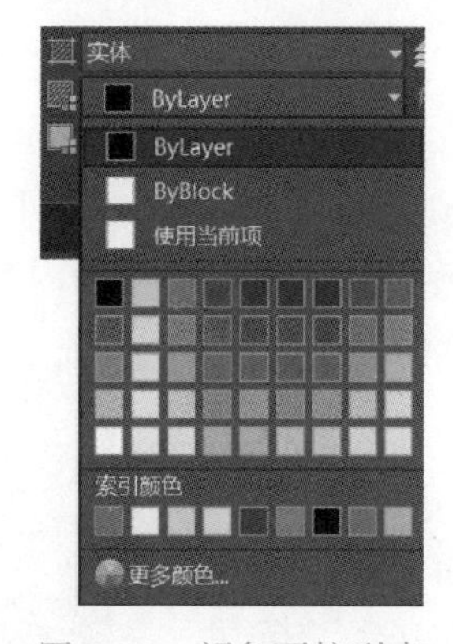

图 4-87　颜色下拉列表

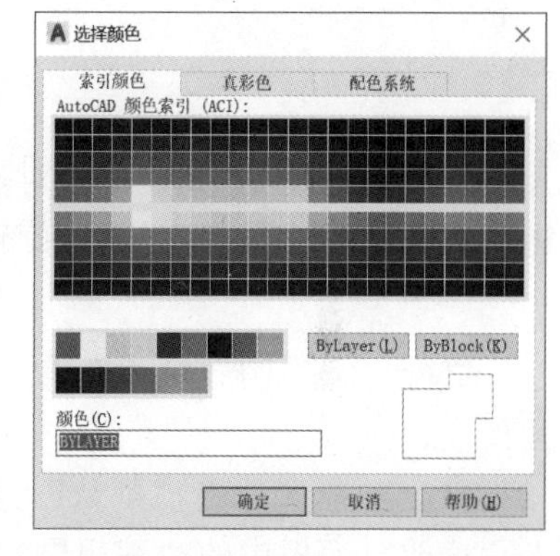

图 4-88　“选择颜色”对话框

(5)“背景色”按钮　单击该按钮，在弹出的下拉列表中选择背景颜色。

(6)“图案填充透明度”选项　通过拖动滑块，可以设置填充图案的透明度。但单击状态栏中的“显示/隐藏透明度”按钮，透明度才能显示出来。

(7)“角度”选项　设置填充图案的角度。

(8)“比例”选项　设置填充图案的比例。

(9)“原点”面板　该面板指定原点的位置有“左下”“右下”“左上”“右上”“中心”和“使用当前原点”6 种方式，如图 4-89所示。

图 4-89　“原点”面板

(10)“选项”面板　主要包括“关联”按钮（控制当用户修改当前图案时是否自动更新图案填充）、“注释性”按钮（指定图案填充为可注释性特性，单击信息图标了解有关注释性对象的更多信息）和“特性匹配”按钮。单击下拉按钮，在下拉列表中包括“使用当前原点”和“用源图案填充原点”，如图4-90所示。

图4-90 特性匹配包括元素

(11) “关闭”面板 单击面板上的“关闭图案填充创建”按钮，可退出图案填充，也可按 <Esc> 键执行退出。

3. 动手操练

如图4-91所示，绘制半径为20mm的圆，对其进行图案填充。命令行执行图案填充的步骤如下：

```
命令：_hatch
拾取内部点或[选择对象(S)/放弃(U)/设置(T)]:_K   //在选项卡中选择图案
                                              //类型
拾取内部点或[选择对象(S)/放弃(U)/设置(T)]:正在选择所有对象...
正在选择所有可见对象...
正在分析所选数据...
正在分析内部孤岛...                            //拾取圆内的任何一点
拾取内部点或[选择对象(S)/放弃(U)/设置(T)]:↙    //按<Enter>键完成
                                              //填充
```

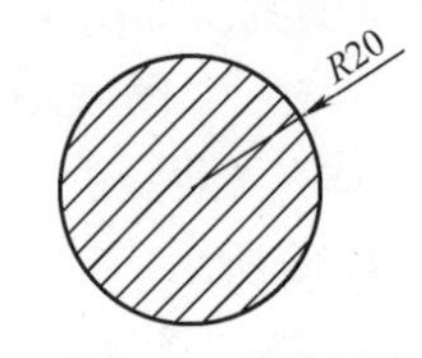

图4-91 执行图案填充后的图形

4.17.2 编辑图案填充

图形填充了图案后，如果对填充效果不满意，还可以通过“编辑图案填充”命令对其进行编辑。可编辑填充比例、旋转角度、填充图案等内容。

1. 执行方式

执行“编辑图案填充”命令主要有以下几种方式：

(1) 功能区 在“默认”选项卡中，单击“修改”面板中的“编辑图案填充”按钮，如图4-92所示。

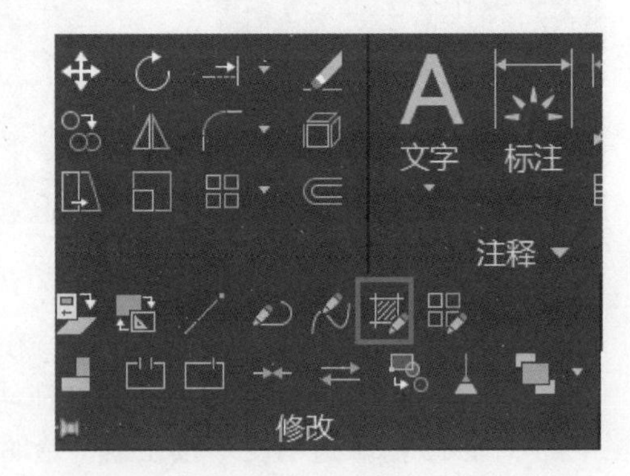

图4-92 “修改”面板（选择“编辑图案填充”）

(2) 菜单栏 选择菜单“修改”/“对象”/“图案填充”命令，如图4-93所示。

(3) 命令行 输入“HATCHEDIT”或“HE”。

(4) 右键快捷方式 选中要编辑的对象，再右击，在弹出的快捷菜单中选择“图案填充编辑”命令，如图4-94所示。

(5) 快捷操作 在绘图区双击要编辑的图案填充对象，弹出图4-95所示选项板。

(6) 快捷键 选择填充图案，按 <Ctrl> + <1> 快捷键，弹出“特性”选项板，如图4-96所示。

(7) 选项卡 选择填充图案，进入“图案填充编辑器”选项卡，如图4-97所示。

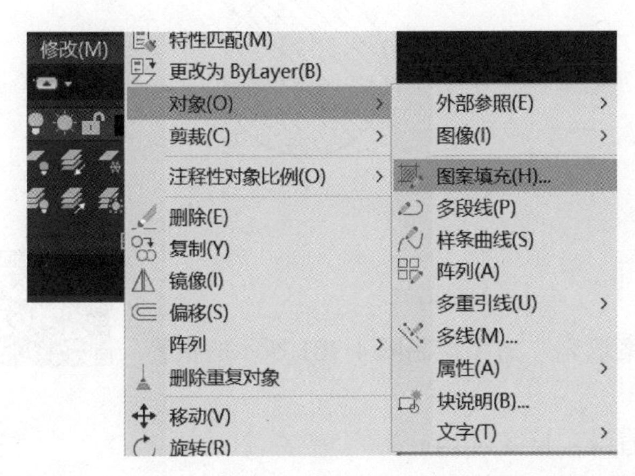

图 4-93 “修改”菜单（选择“对象”/“图案填充”） 图 4-94 右键菜单（选择“图案填充编辑”）

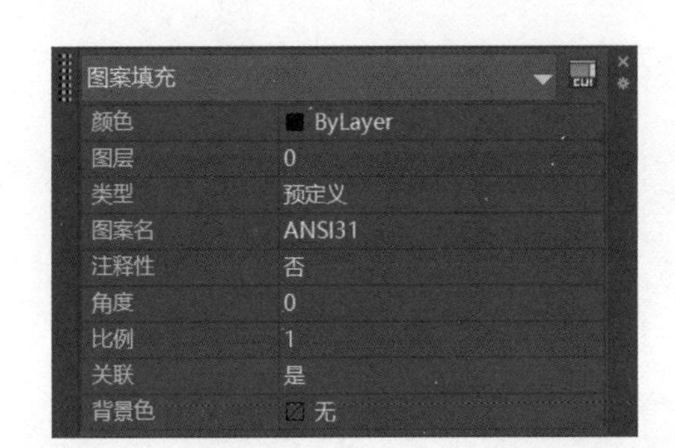

图 4-95 “图案填充”选项板

图 4-96 “特性”选项板

图 4-97 “图案填充编辑器”选项卡

2. 动手操练

如图 4-98 所示，绘制半径为 50mm 的圆，然后对其进行图案填充，再对图案进行编辑，将其比例改为 2，如图 4-99 所示。命令行执行编辑图案填充的步骤如下：

```
命令：_hatchedit
选择图案填充对象：        //选择填充对象
```

然后弹出图 4-100 所示的图形，在“比例”选项中选择 2，再单击“确定”按钮，完成图案填充编辑。

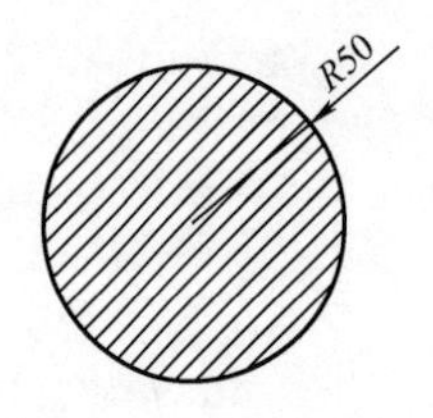

图4-98　图案填充图形

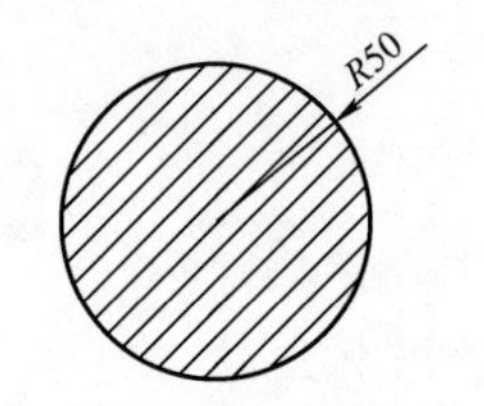

图4-99　图案填充编辑后的效果

4.17.3　产品的绘制与编辑——报警阀

利用“直线”“复制”“圆”和“图案填充”命令绘制图4-101所示的报警阀，绘制步骤如下。

1）执行“直线”命令，绘制一条竖直线，长度为14mm。

2）执行“复制”命令，向右复制一条直线，间距为42mm。

3）执行“直线”命令，选择直线的端点进行交叉连接，再连接交叉点和右边竖直线的中点。

4）执行“直线”命令，从交叉点出发向上绘制一条长度为10mm的直线。

5）执行“圆”命令，从4）中所绘直线的上端点出发，向上绘制一个直径为9mm的圆。

6）执行“图案填充”命令，将要求的图案进行填充。

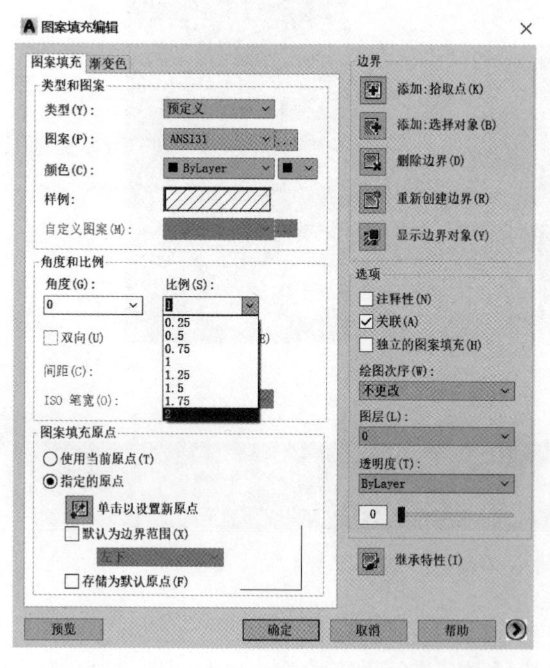

图4-100　“图案填充编辑”对话框

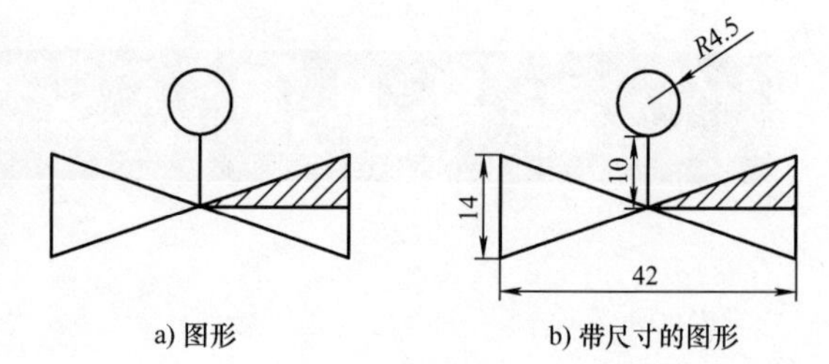

图4-101　报警阀

思考与练习

1. 绘制图4-102所示的图形。
2. 绘制图4-103所示的图形。

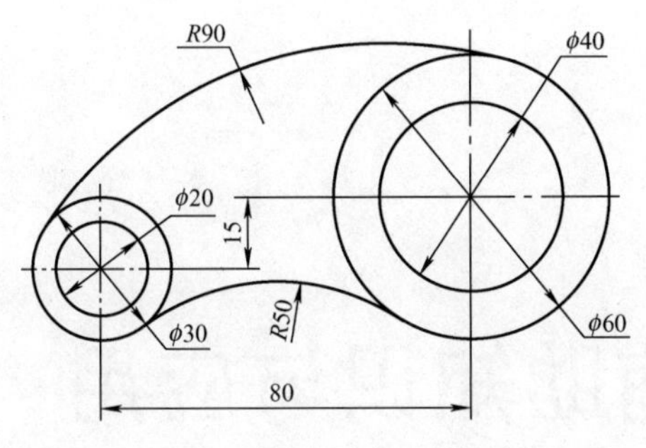

图 4-102　图形（一）

图 4-103　图形（二）

3. 绘制图 4-104 所示的图形。
4. 绘制图 4-105 所示的图形。

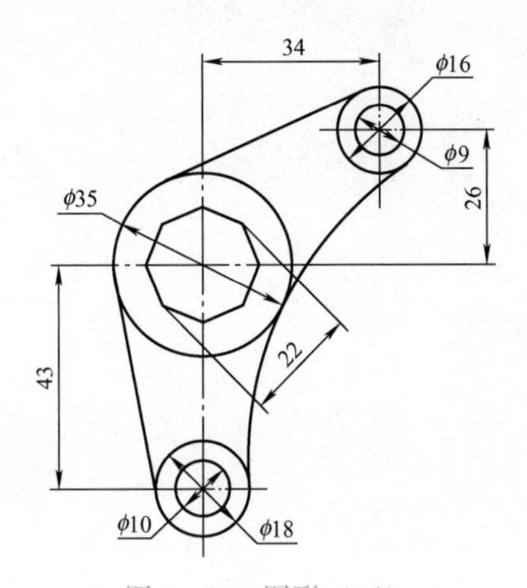

图 4-104　图形（三）

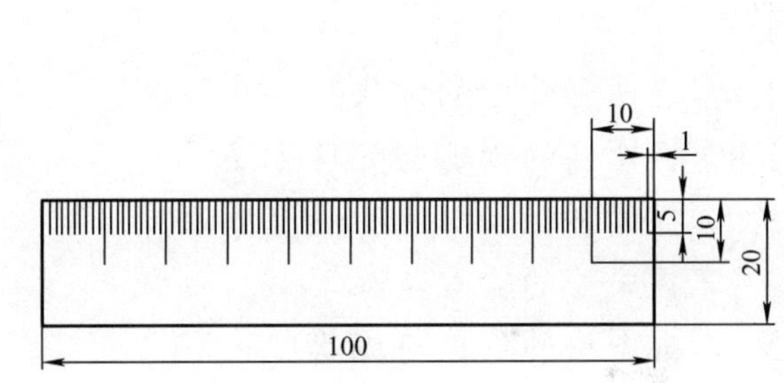

图 4-105　图形（四）

项目5

产品绘制的辅助知识与应用

学习目标：▲

- △ 掌握 AutoCAD 2020 软件的基本辅助操作
- △ 掌握辅助知识在图形绘制中的应用
- △ 掌握辅助命令的多种操作方式

知识点：▲

1. 掌握图形管理的方法
2. 掌握图层的创建与管理方法
3. 掌握绘图辅助功能的设置方法
4. 掌握文字的输入与应用
5. 掌握图块的创建与编辑

技能点：▲

1. 能独立完成图形管理和图层的创建与管理
2. 能结合辅助功能完善图形的绘制
3. 能充分利用图块，便于绘制图形

素养点：▲

1. 具备认真负责的学习态度
2. 具备严谨细致的学习作风
3. 具备学习主体意识
4. 具备职业道德意识
5. 具备团队合作意识

任务5.1 图形管理

5.1.1 设置图形单位

AutoCAD 使用的图形单位包括毫米、厘米、英尺、英寸等十几种，可满足不同行业的绘图需要。设置绘图单位，主要包括设置长度和角度的类型、精度和起始方向等内容。

1. 执行方式

执行“设置图形单位”命令主要有以下几种方式：

(1) 应用程序 单击“应用程序”按钮，在弹出的下拉列表中选择“图形实用工具”/“单位”选项，如图5-1所示。

(2) 菜单栏 选择菜单“格式”/“单位”命令，如图5-2所示。

(3) 命令行 输入“UNITS”或“UN”。

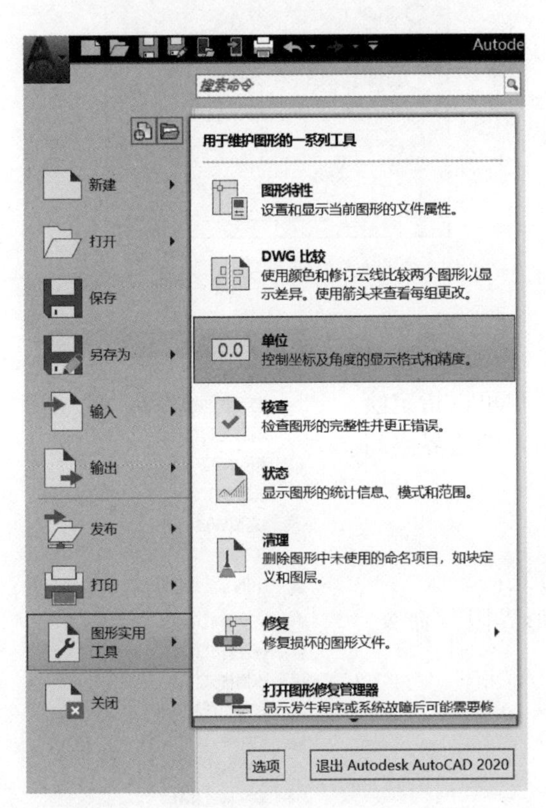

图5-1 在“图形实用工具”中选择“单位”选项

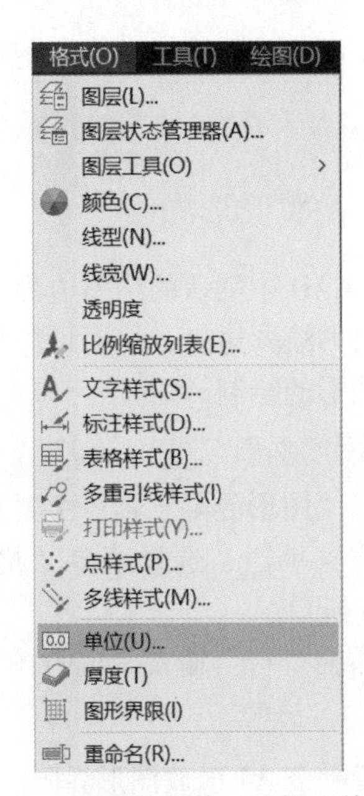

图5-2 “格式”菜单（选择“单位”）

2. 选项说明

执行以上任意一种方法后，系统弹出图5-3所示的“图形单位”对话框。可以设置“长度”“角度”单位的类型和精度，选择“用于缩放插入内容的单位”类型。

(1)“长度”选项组 用于设置长度单位的类型和精度。在“类型”下拉列表中选择当前测量单位的格式类型；在“精度”下拉列表中选择当前长度单位的精度。

（2）“角度”选项组　用于设置角度单位的类型和精度。在“类型”下拉列表中选择当前角度单位的格式类型；在“精度”下拉列表中选择当前角度单位的精度；“顺时针”复选框用于控制角度增量的正负方向。

（3）“插入时的缩放单位”选项组　用于选择插入图块时的单位，也是当前绘图环境的尺寸单位。

（4）“方向”按钮　用于设置角度方向。单击该按钮将弹出图 5-4 所示的“方向控制”对话框，在其中可以设置基准角度和角度方向，当选中“其他”单选按钮后，“角度”按钮才可用。

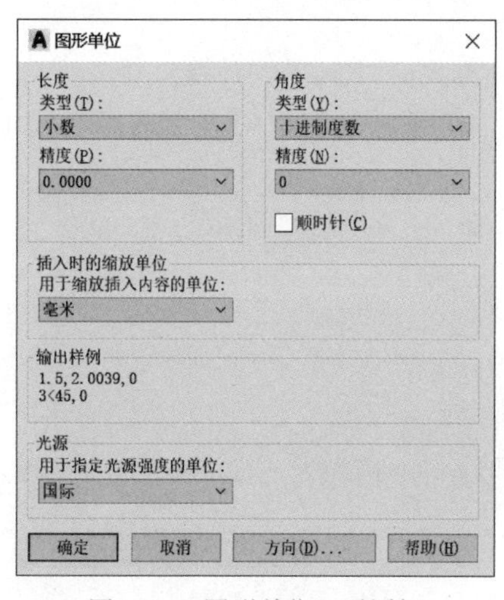

图 5-3 “图形单位”对话框

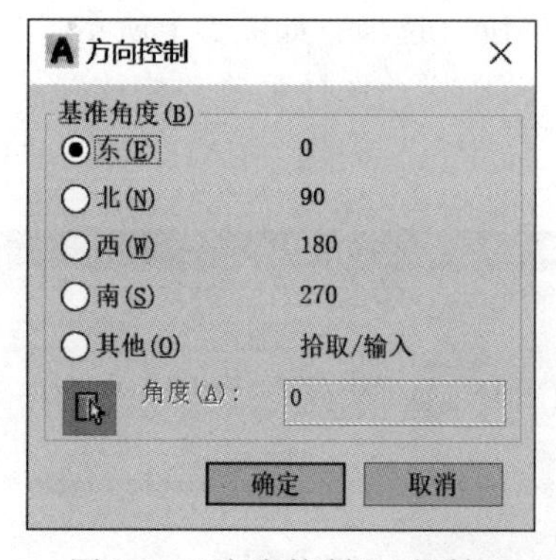

图 5-4 “方向控制”对话框

5.1.2　设置图形界限

AutoCAD 中默认的绘图边界为无限大，用户可以指定绘制图形时的绘图边界，从而可以设定只能在指定的边界空间内进行图形的绘制。

1. 执行方式

执行“图形界限”命令主要有以下两种方式：

（1）菜单栏　选择菜单“格式”/“图形界限”命令，如图 5-5 所示。

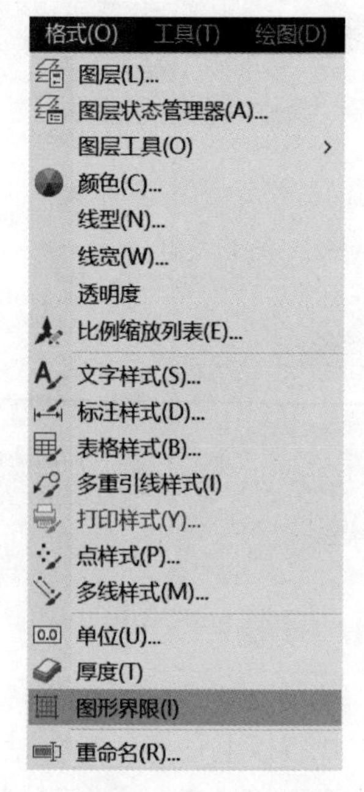

图 5-5 “格式”菜单（选择“图形界限”）

（2）命令行　输入“LIMITS”。

2. 动手操练

设置一个 A4 横放图形界限。

1）设置界限。命令行执行步骤如下：

```
命令:LIMITS
重新设置模型空间界限:
指定左下角点或[开(ON)/关(OFF)]<0.0000,0.0000>:↙//
此时按<空格>键或者<Enter>键默认坐标原点为图形界限的
```

左下角点。若输入 ON 并确认,则绘图时图形不能超出图形界限,若超出系统将不予绘出,输入 OFF 则准予超出图形界限

指定右上角点 <420.0000,297.0000>:297,210　　//按 <Enter> 键完成界限设置

2）显示界限。操作如下：

在命令行输入“DS”，系统弹出“草图设置”对话框，选择“捕捉和栅格”选项卡，在此选项卡中取消勾选“显示超出界限的栅格”，如图 5-6 所示。在绘图区呈现图 5-7 所示的界限状态。

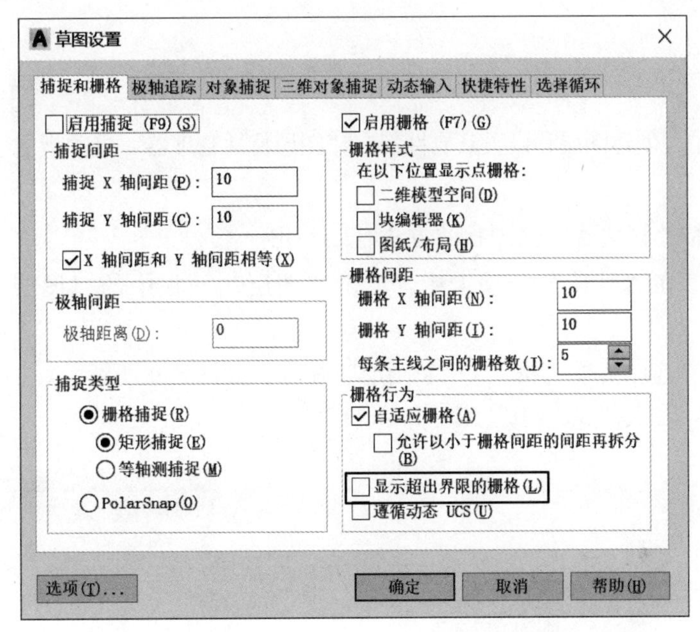

图 5-6 “草图设置”对话框

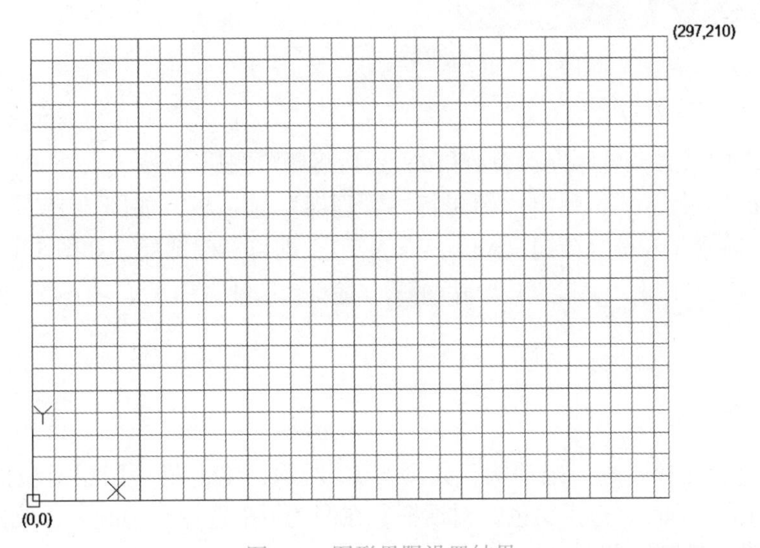

图 5-7 图形界限设置结果

任务5.2 图层管理

图层管理是把线型、线宽、颜色和状态等属性相同的图形对象放进同一个图层，以方便用户管理图形。利用图层的特性，如颜色、线型、线宽等，可以非常方便地区分不同的对象。AutoCAD 的图形对象必须绘制在某个图层上，它可以是默认的图层，也可以是用户自己创建的图层。

5.2.1 图层的创建和删除

新建图形文件时，AutoCAD 自动创建一个名为0 的特殊图层。用户可以根据设计需要新建一个或多个图层，并为新图层命名，同时设置线型、线宽和颜色等主要特性。在 AutoCAD 中，创建图层和设置其属性都在“图层特性管理器”选项板中进行。

1. 执行方式

打开“图层特性管理器”选项板的方法有以下几种：

(1) 功能区　在“默认”选项卡中，单击“图层”面板中的“图层特性”按钮，如图5-8 所示。

(2) 菜单栏　选择菜单“格式”/“图层”命令，如图5-9 所示。

(3) 命令行　输入“LAYER”或“LA”。

图5-8　“图层”面板（选择“图层特性”）

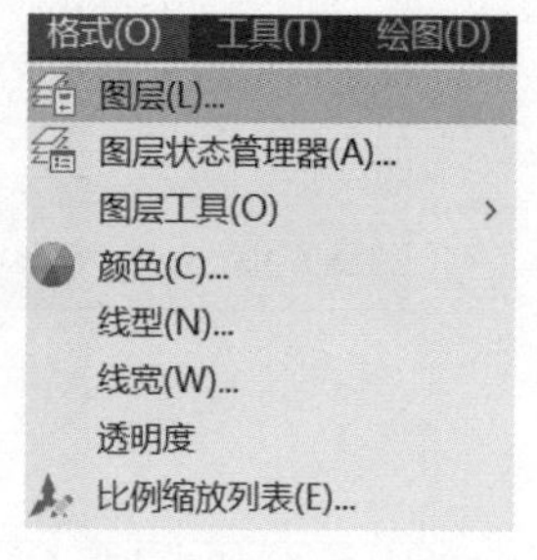

图5-9　“格式”菜单（选择“图层”）

2. 动手操练

创建两个新的图层，名称分别为1 和2，然后再删除图层2。

1) 选择任一执行方式，弹出“图层特性管理器”选项板，如图5-10 所示，单击上方的“新建”按钮（或按快捷键 <Alt> + <N>），即可新建图层，如图5-11 所示。

2) 选中图层2，单击“删除图层”按钮（或按快捷键 <Alt> + <D>），即删除图层。

5.2.2 设置图层的颜色、线型和线宽

1. 设置图层颜色

打开“图层特性管理器”选项板，如图5-12 所示，单击某一图层对应的“颜色”项目，弹出图5-13 所示的“选择颜色”对话框，在调色板中选择一种颜色，单击“确定”按钮，即可完成颜色设置。

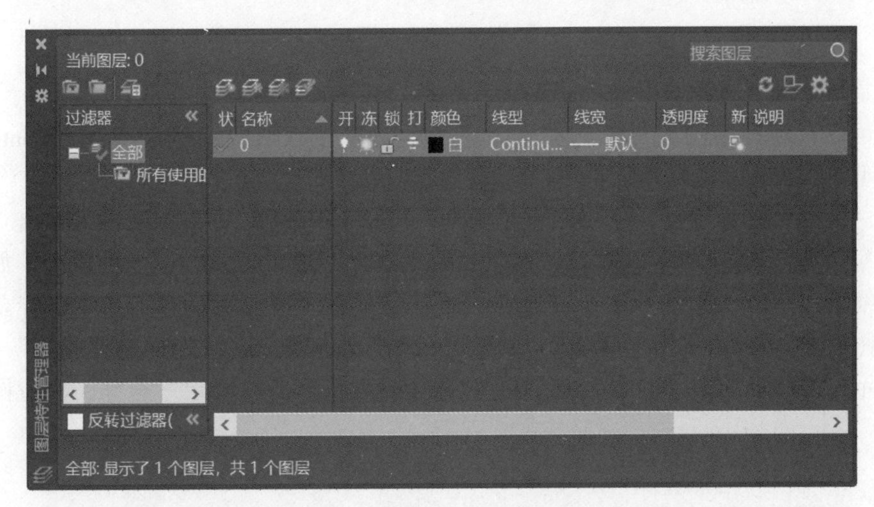

图 5-10　“图层特性管理器”选项板

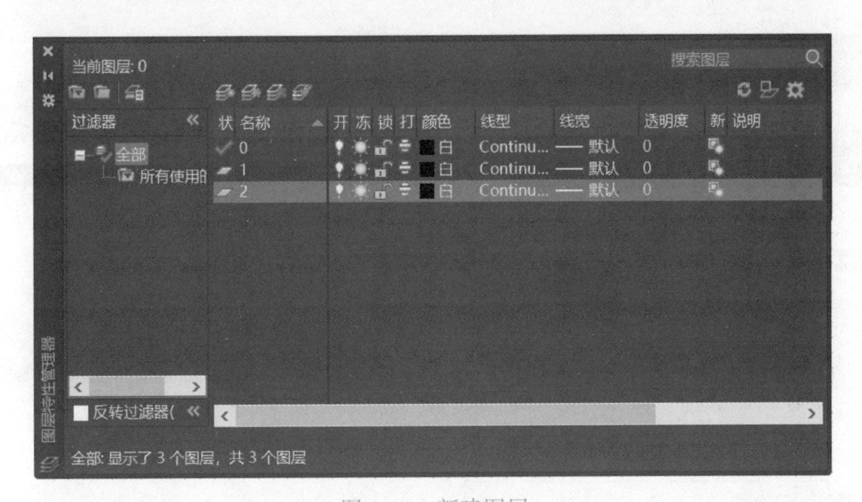

图 5-11　新建图层

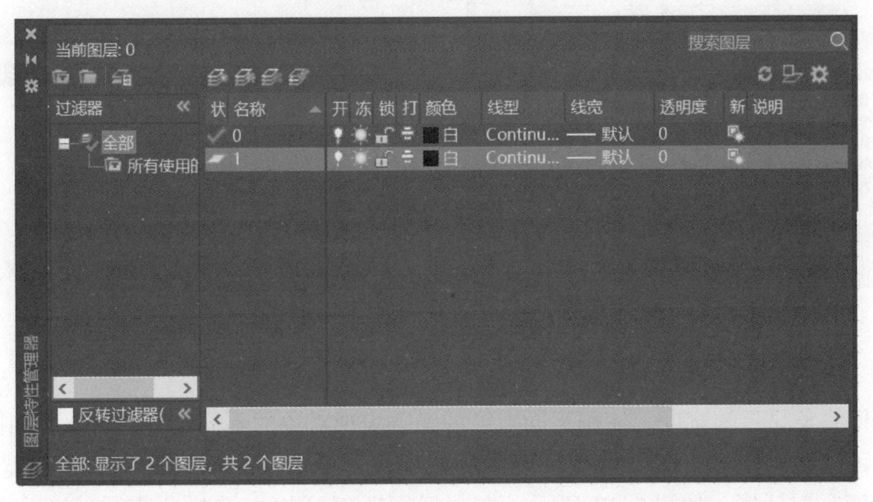

图 5-12　设置图层颜色

2. 设置图层线型

线型是指图形基本元素中线条的组成和显示方式，如实线、中心线、点画线、虚线等。通过线型可以直观判断图形对象的类别。在 AutoCAD 中默认的线型是实线（Continuous），其他的线型需要加载才能使用。

打开“图层特性管理器”选项板，单击某一图层对应的“线型”项目，弹出“选择线型”对话框，如图 5-14 所示。默认状态下，对话框中只有 Continuous 一种线型。如果需要使用其他线型，单击“加载”按钮，弹出“加载或重载线型”对话框，从中选择要使用的线型，如图 5-15 所示，单击“确定”按钮，完成线型加载。返回到“选择线型”对话框，在其中显示已加载的线型，如图 5-16 所示。选择线型，单击“确定”按钮，完成图层线型的设置。

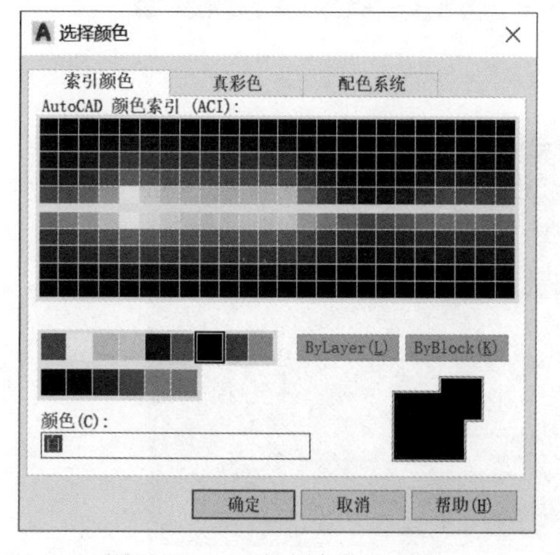

图 5-13 “选择颜色”对话框

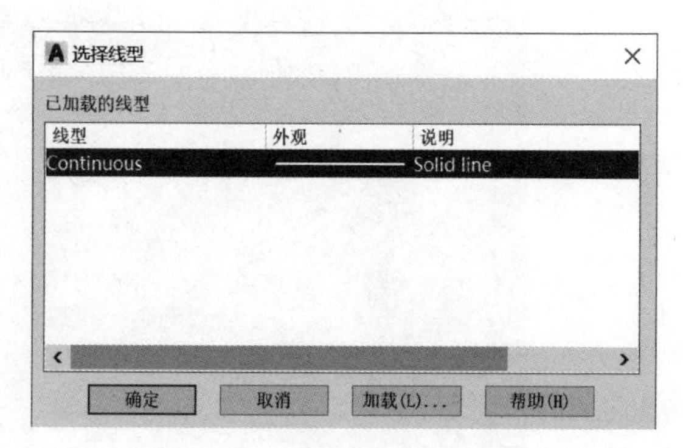

图 5-14 “选择线型”对话框

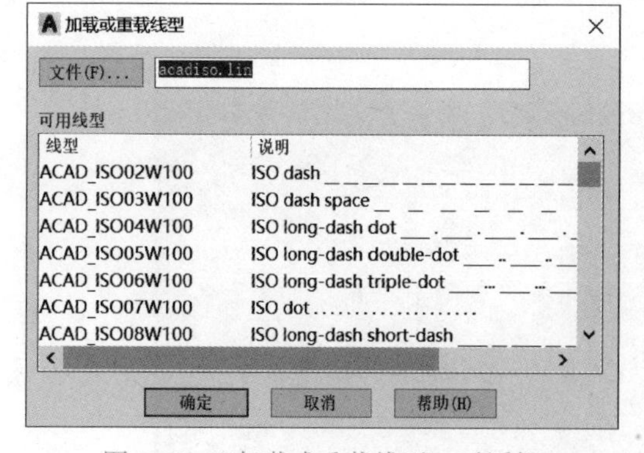

图 5-15 “加载或重载线型”对话框

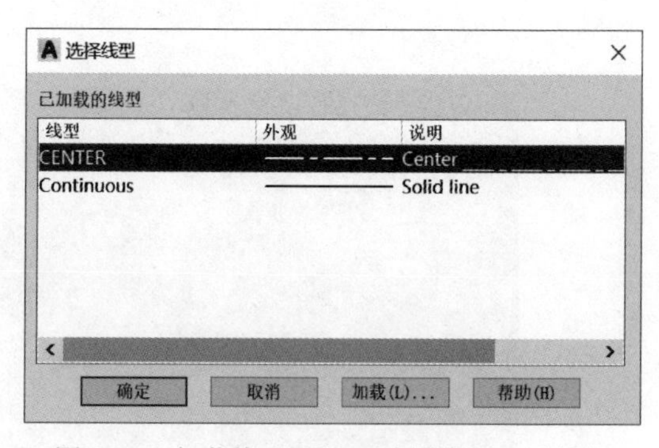

图 5-16 加载线型后的“选择线型”对话框

3. 设置图层线宽

线宽即线条显示的宽度。使用不同宽度的线条表现对象的不同部分，可以提高图形的表达能力和可读性。打开“图层特性管理器”选项板，单击某一图层对应的“线宽”项目，弹出“线宽”对话框，如图 5-17 所示。在“线宽”对话框中选择所需的线宽，单击“确定”按钮，关闭对话框，完成线宽设置。

5.2.3 控制图层的显示状态

图层状态是用户对图层整体特性的开/关设置，包括隐藏或显示、冻结或解冻、锁定或解锁、打印或不打印等，有效地控制图层的状态，可以更好地管理图层上的图形对象。

1. 执行方式

控制图层状态的方法有以下几种：

（1）功能区　单击“图层”面板上的各功能按钮，如图5-18所示。

（2）菜单栏　选择菜单“格式”/“图层工具”命令，在子菜单中选择命令，如图5-19所示。

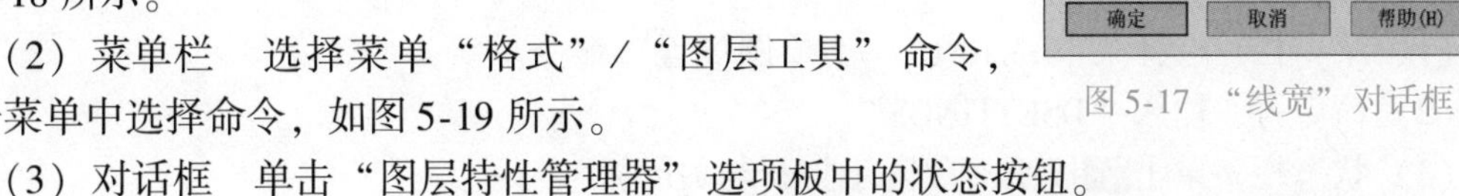

图5-17 “线宽”对话框

（3）对话框　单击“图层特性管理器”选项板中的状态按钮。

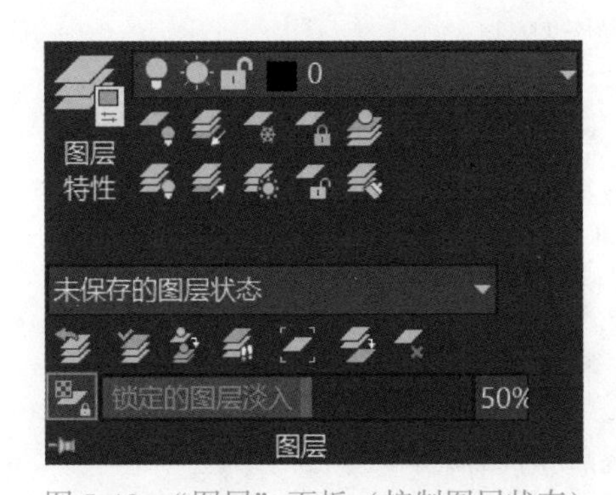

图5-18 “图层”面板（控制图层状态）

图5-19 “格式”菜单（选择“图层工具”）

2. 图层状态说明

（1）打开与关闭　单击“开/关图层”按钮，打开或关闭图层。打开的图层可见、可打印；关闭的图层则相反。

（2）冻结与解冻　单击“冻结/解冻”按钮/，冻结或解冻图层。AutoCAD中被冻结图层上的对象不会显示、不能打印或重生成，解冻的图层则相反。

（3）锁定与解锁　单击“锁定/解锁”按钮/，锁定或解锁图层。被锁定图层上的对象不能被编辑、选择和删除，但该图层上的对象仍然可见，也可以在该图层上添加新的图形对象。

（4）打印与不打印　单击“打印”按钮，设置图层是否被打印。指定图层不被打印，但该图层上的图形对象仍然可见。

任务5.3 设置绘图辅助功能

5.3.1 捕捉工具

为了准确地在屏幕上捕捉点，AutoCAD 提供了捕捉工具，可以在屏幕上生成栅格，该栅格能够捕捉光标，约束它只能落在栅格的某一个节点上，使用户能够高精度地捕捉和选择这个栅格上的点。

1. 执行方式

（1）菜单栏 选择菜单“工具”/“绘图设置”命令。

（2）命令行 输入“DSETTINGS”。

（3）状态栏 单击▦按钮（仅限于打开与关闭）。

（4）快捷键 按<F9>键（仅限于打开与关闭）。

2. 选项说明

执行上述任意一种方式操作，打开“草图设置”对话框，切换到“捕捉和栅格”选项卡，如图5-20所示。“捕捉工具”命令各选项的含义如下：

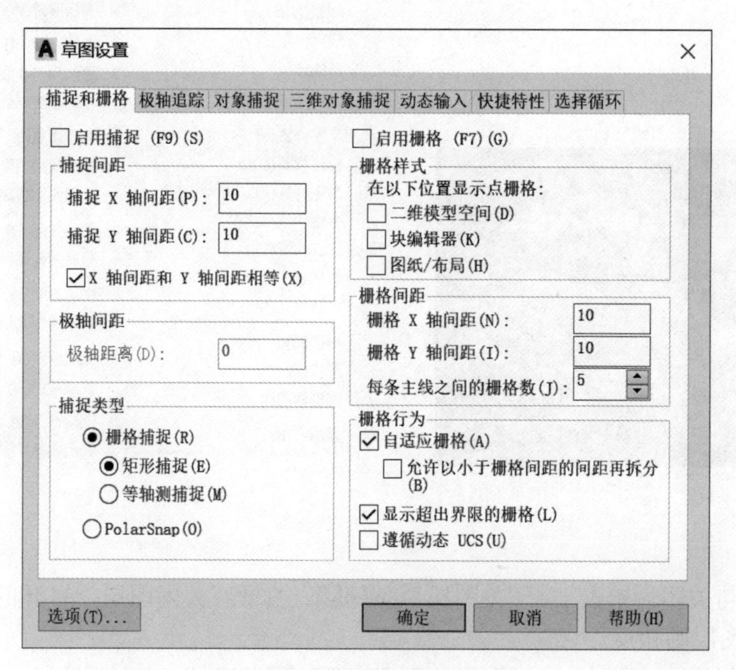

图5-20 “草图设置”对话框

（1）“启用捕捉”复选框 控制捕捉功能的开关，与快捷键<F9>或状态栏上的“捕捉”功能相同。

（2）“捕捉间距”选项组 设置捕捉各参数。“捕捉X轴间距”与“捕捉Y轴间距”确定捕捉栅格点在水平和垂直两个方向上的间距。

（3）“极轴间距”选项组 只有在“极轴捕捉”类型时才可用。可在“极轴距离”文本框中输入距离值，也可以通过命令行 SNAP 命令设置捕捉有关参数。

（4）“捕捉类型”选项组 确定捕捉类型。包括“栅格捕捉”“矩形捕捉”和“等轴测捕捉”三种方式。“栅格捕捉”是指按正交位置捕捉位置点。在“矩形捕捉”方式下，捕捉栅格是标准的矩形，在“等轴测捕捉”方式下，捕捉栅格和光标十字线不再互相垂直，而是成绘制等轴测图时的特定角度，这种方式对于绘制等轴测图是十分方便的。

5.3.2 栅格工具

用户可以应用显示栅格工具使绘图区上出现可见的网格，它是一个形象的画图工具，就像传统的坐标纸一样。

1. 执行方式

（1）菜单栏 选择菜单“工具”/“绘图设置”命令。

（2）状态栏 单击按钮（仅限于打开与关闭）。

（3）快捷键 按<F7>键（仅限于打开与关闭）。

2. 选项说明

执行上述任意一种方式操作，打开“草图设置”对话框，切换到“捕捉和栅格”选项卡，如图 5-20 所示。“栅格工具”命令各选项的含义如下：

（1）“启用栅格”复选框 控制栅格功能的开关，与快捷键<F7>或状态栏上的“栅格”功能相同。

（2）“栅格间距”选项组 用来设置栅格在水平和垂直方向的间距。

（3）“栅格行为”选项组 用于控制当使用 VSCURRENT 命令设置为除二维线框之外的任何视觉样式时，所显示栅格线的外观。

5.3.3 正交工具

正交功能可以保证绘制的直线完全呈水平或垂直状态，以方便绘制水平或垂直线。

执行方式如下：

（1）状态栏 单击状态栏中的“正交”按钮。

（2）命令行 输入“ORTHO”。

（3）快捷键 按<F8>键。

5.3.4 极轴追踪

极轴追踪是按事先给定的角度增量来追踪特征点，实际上是极坐标的特殊应用。

1. 执行方式

（1）状态栏 单击状态栏中的“极轴追踪”按钮。

（2）快捷键 按<F10>键。

2. 选项说明

用户可以根据需求设置极轴追踪参数。执行菜单“工具”/“绘图设置”命令，选择“极轴追踪”选项卡，如图 5-21 所示。“极轴追踪”选项卡各选项的含义如下：

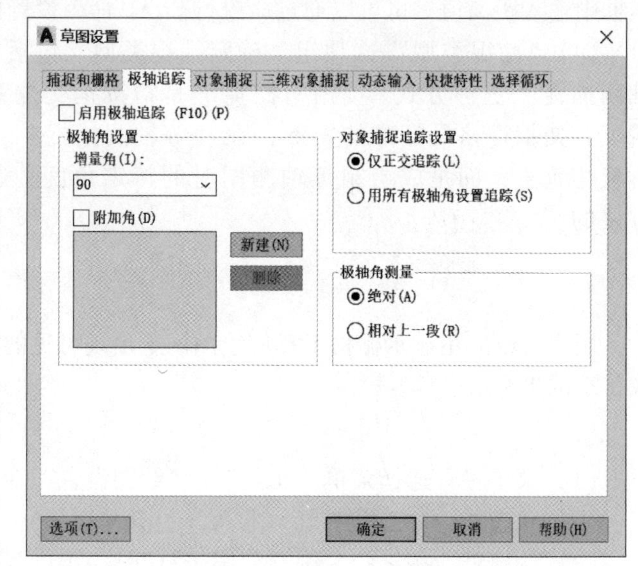

图 5-21 “极轴追踪”选项卡

(1)“增量角”下拉列表　用于设置极轴追踪角度。当光标的相对角度等于该角度，或者是该角度的整数倍时，屏幕上将显示追踪路径。

(2)“附加角”复选框　增加任意角度值作为极轴追踪角度。勾选“附加角”复选框，并单击“新建”按钮，然后输入所需追踪的角度值。

(3)“仅正交追踪”选项　当对象捕捉追踪打开时，仅显示已获得的对象捕捉点的正交（水平和垂直方向）对象捕捉追踪路径。

(4)“用所有极轴角设置追踪”选项　当对象捕捉追踪打开时，将从对象捕捉点起沿任何极轴追踪角进行追踪。

(5)“极轴角测量”选项组　设置极轴角的参照标准。“绝对”选项表示使用绝对极坐标，以 X 轴正方向为0°；“相对上一段”选项表示根据上一段绘制的直线确定极轴追踪角，上一段所在的方向为0°。

5.3.5 对象捕捉

AutoCAD 提供了精确捕捉对象特殊点的功能，运用该功能可以精确绘制出所需的图形。进行精准绘制之前，需要进行正确的对象捕捉设置。

1. 开启对象捕捉

开启对象捕捉的方法有以下几种：

(1) 菜单栏　选择菜单“工具”/“绘图设置”命令，弹出“草图设置”对话框后选择“对象捕捉”选项卡，勾选“启用对象捕捉”复选框。

(2) 命令行　输入“OSNAP”。

(3) 状态栏　单击状态栏中的“对象捕捉”按钮。

(4) 快捷键　按 <F3> 键。

2. 设置对象捕捉类型

在使用对象捕捉之前，需要设置捕捉的特殊点类型。根据绘图的需要设置捕捉对象，这样能够快速准确地定位目标点。右击状态栏上的“对象捕捉”按钮，在弹出的快捷菜单中选择“对象捕捉设置”命令，如图 5-22 所示，系统弹出“草图设置”对话框，选择“对象捕捉”选项卡，如图 5-23 所示。

启用“对象捕捉”设置后，在绘图过程中，当光标靠近这些被启用的捕捉特殊点后，将自动对其进行捕捉。

图5-22　选择“对象捕捉设置”命令

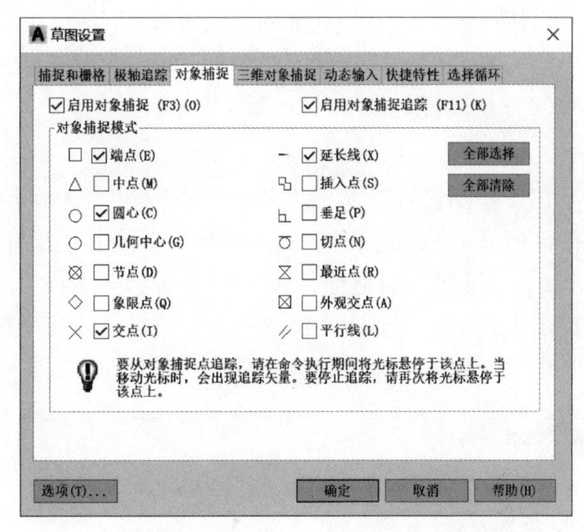

图5-23　选择“对象捕捉”模式

5.3.6　对象捕捉追踪

在绘图过程中，除了需要掌握对象捕捉的应用外，也需要掌握对象追踪的相关知识和应用的方法，从而提高绘图的效率。启用“对象捕捉追踪”功能后，在绘图过程中需要指定点时，光标即可沿基于其他对象捕捉点的对齐路径进行追踪。

启用“对象捕捉追踪”功能的方法有以下两种：

（1）状态栏　单击状态栏中的“对象捕捉追踪”按钮。

（2）快捷键　按 <F11> 键（切换开、关状态）。

5.3.7　临时捕捉

临时捕捉是一种一次性的捕捉模式，这种捕捉模式不是自动的，当用户需要临时捕捉某个特征点时，需要在捕捉之前手动设置需要捕捉的特征点，然后进行对象捕捉。这种捕捉不能反复使用，再次使用捕捉需重新选择捕捉类型。

在命令行中提示输入点的坐标时，如果需使用临时捕捉模式，并按住 <Shift> 键右击，系统弹出捕捉菜单，如图5-24所示。用户可以在其中选择需要的捕捉类型。

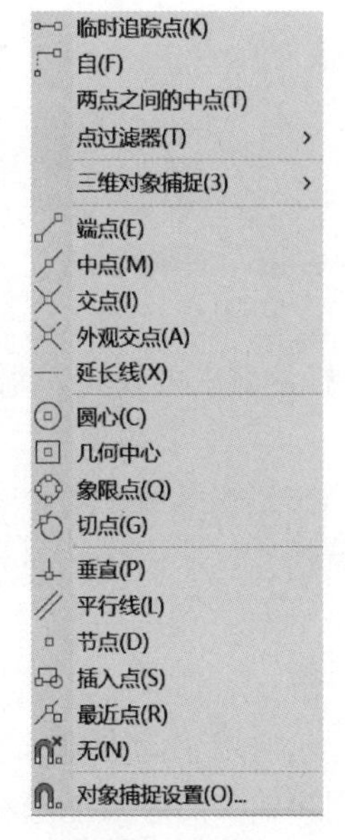

图5-24　捕捉菜单

5.3.8　动态输入

在 AutoCAD 中，单击状态栏中的“动态输入”按钮，可在指针位置处显示指针输入或标注输入命令提示等信息，从而极大提高绘图的效率。动态输入模式界面包含3个组件，即指针输入、标注输入和动态提示。

1. 执行方式

启用“动态输入”功能的方式有以下两种：

（1）状态栏　单击状态栏中的“动态输入”按钮。

（2）快捷键　按<F12>键。

2. 启用指针输入

在“草图设置”对话框的“动态输入”选项卡中，可以控制在启用“动态输入”时每个部件所显示的内容，如图5-25所示。单击“指针输入”选项组中的“设置”按钮，弹出“指针输入设置”对话框，如图5-26所示。用户可以在其中设置指针的格式和可见性。在工具提示中，十字光标所在位置的坐标值将显示在光标旁边。命令提示用户输入点时，可以在工具提示（而非命令窗口）中输入坐标值。

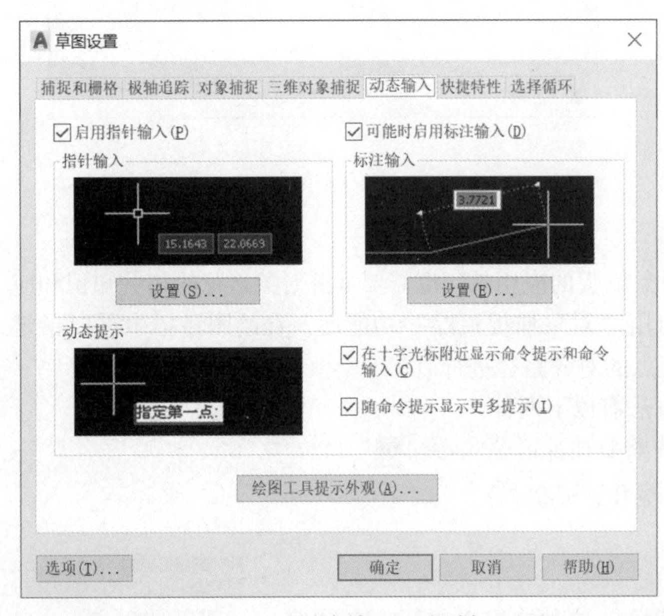

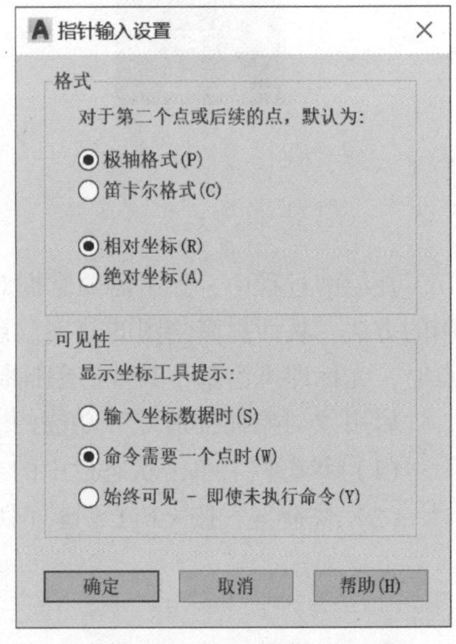

图5-25　“动态输入”选项卡　　图5-26　“指针输入设置”对话框

3. 启用标注输入

在“草图设置”对话框的“动态输入”选项卡中，勾选“可能时启用标注输入”复选框，启用标注输入功能。单击“标注输入”选项组中的“设置”按钮，弹出图5-27所示的“标注输入的设置”对话框。通过该对话框可以设置夹点拉伸时标注输入的可见性等。

4. 显示动态提示

在“动态输入”选项卡中，勾选“动态提示”选项组中的“在十字光标附近显示命令提示和命令输入”复选框，可在光标附近显示命令提示。单击“绘图工具提示外观”按钮，弹出图5-28所示的“工具提示外观”对话框，从中进行颜色、大小、透明度和应用场合的设置。

启用“动态输入”功能后，在执行命令的过程中，在光标的右下角显示命令行提示，用户输入的参数能够在工具提示文本框中显示。

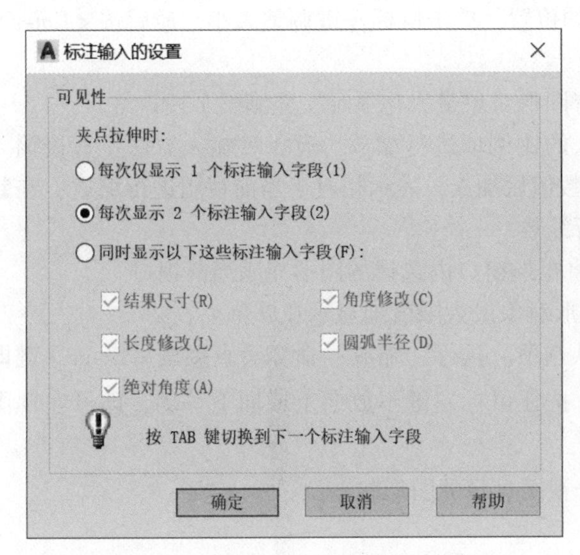

图5-27　“标注输入的设置”对话框

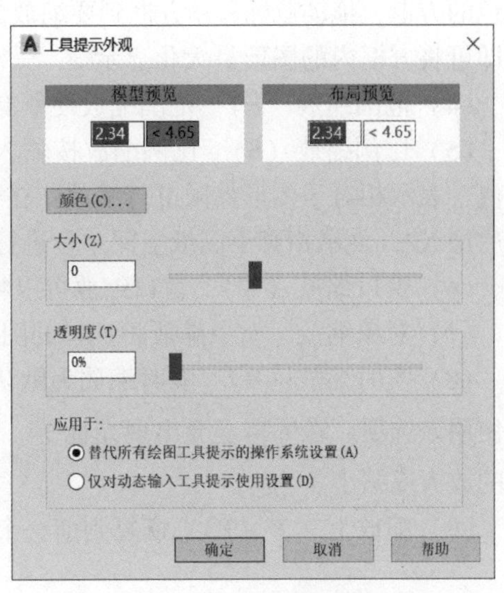

图5-28　“工具提示外观”对话框

任务5.4　视图的控制

在绘图过程中，为了更好地观察和绘制图形，通常需要对视图进行缩放、平移等操作。

5.4.1　视图缩放

视图缩放命令可以调整当前视图大小，既能观察较大的图形范围，又能观察图形的细节部分而不改变图形的实际大小。可通过鼠标滚轮对图形进行实时缩放。

1. 执行方式

执行缩放命令的方式有以下两种：

（1）菜单栏　选择菜单“视图”/“缩放”命令，如图5-29所示。

（2）命令行　输入“ZOOM”或“Z”。

图5-29　“视图”菜单（选择“缩放”）

2. 选项说明

在命令行输入ZOOM或Z后，命令行出现很多选项，各个选项的含义如下：

（1）全部缩放（A）　全部缩放用于在当前视口中显示整个模型空间界限范围内的所有图形对象，包含坐标系原点。

（2）中心缩放（C）　中心缩放以指定点为中心点，整个图形按照指定的缩放比例缩放，缩放点即新视图的中心点。

（3）动态缩放（D）　动态缩放用于对图形进行动态缩放。选择该选项后，绘图区域将显示几个不同颜色的方框，拖动鼠标移动方框到要缩放的位置，单击鼠标左键调整大小，最后按 <Enter> 键即可将方框内的图形最大化显示。

（4）范围缩放（E） 范围缩放使所有图形对象最大化显示，充满整个视口。

（5）比例缩放（S） 比例缩放按输入的比例值进行缩放，有 3 种输入方法：直接输入数值，表示相对于图形界限进行缩放；在数值后加 X，表示相对于当前视图进行缩放；在数值后加 XP，表示相对于图纸空间单位进行缩放。

（6）窗口缩放（W） 窗口缩放可以将矩形窗口内选择的图形充满当前视口。

（7）对象缩放 对象缩放将选择的图形对象最大限度地显示在屏幕上。

（8）实时缩放（R） 实时缩放为默认选项。执行“缩放”命令后直接按 <Enter> 键即可使用该选项。在屏幕上会出现光标，按住鼠标左键不放向上或向下移动，即可实现图形的放大或缩小。

（9）缩放上一个（P） 恢复到前一个视图显示的图形状态。

5.4.2 视图平移

视图平移不改变视图的大小和角度，只改变其位置，以便观察图形其他的组成部分。

1. 执行方式

执行平移命令的方式有以下两种：

（1）菜单栏 选择菜单“视图”/“平移”命令，如图 5-30 所示。

（2）命令行 输入“PAN”或“P”。

2. 视图平移分类

视图平移可以分为实时平移和定点平移两种，其含义如下：

（1）实时平移 光标形状变为手形，按住鼠标左键拖拽可以使图形的显示位置随鼠标向同一方向移动。

（2）定点平移 通过指定平移起始点和目标点的方式进行平移。

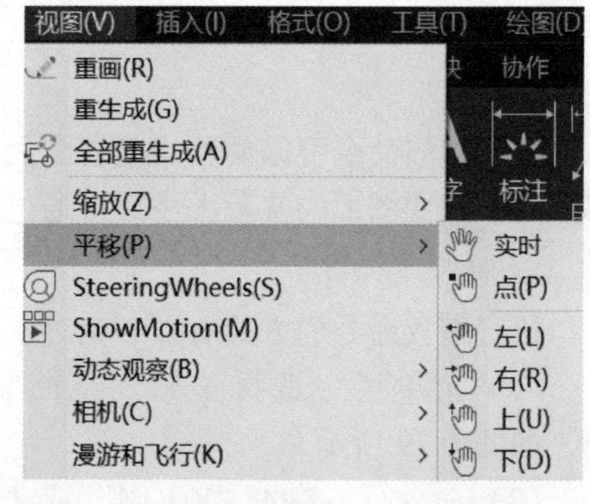

图 5-30 “视图”菜单（选择“平移”）

任务 5.5 设置文字样式

文字样式包括字体和文字效果。AutoCAD 中预置了样式名为 Annotative、Standard 的文字样式，用户也可以根据需要设置其他文字样式。

5.5.1 创建文字样式

文字样式是同一类文字的格式设置的集合，包括字体、字高、显示效果等。在 AutoCAD 中输入文字时，默认使用的是 Standard 文字样式。

1. 执行方式

执行“文字样式”命令的方式有以下几种：

(1) 功能区　在“默认”选项卡中，单击“注释”面板中的“文字样式”按钮A。

(2) 菜单栏　选择菜单“格式”/“文字样式”命令，如图5-31所示。

(3) 命令行　输入“STYLE”或“ST”。

2. 选项说明

执行上述任一命令方式后，系统弹出“文字样式”对话框，如图5-32所示，可以在其中新建文字样式或修改已有的文字样式。

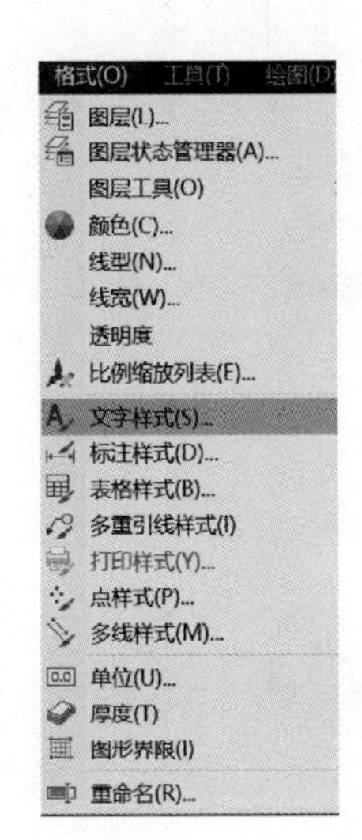

图5-31　“格式”菜单（选择“文字样式”）

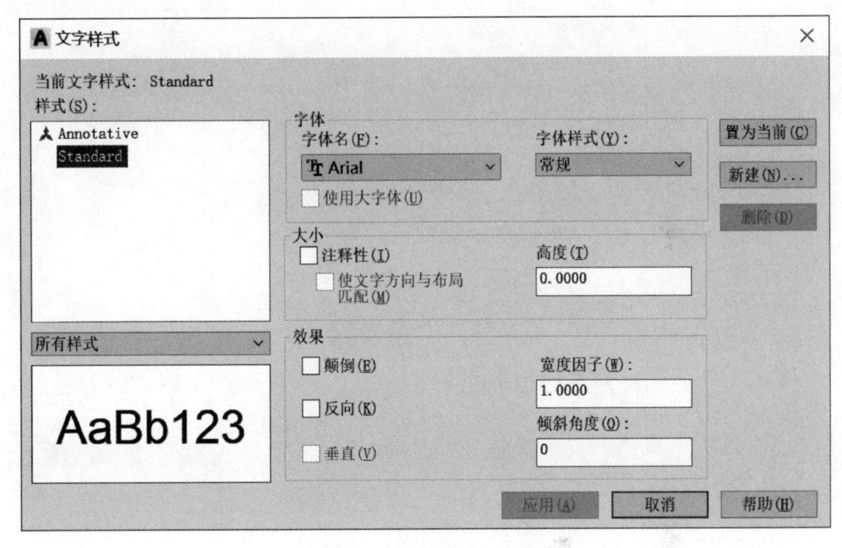

图5-32　“文字样式”对话框

(1)“样式”列表框　列出了当前可以使用的文字样式，默认文字样式为Standard（标准）。

(2)“字体”选项组　选择一种字体类型作为当前文字类型，AutoCAD存在两种类型的字体文件，即SHX字体文件和TrueType字体文件，这两类字体文件都支持英文显示，但显示中文、日文、韩文等非ASCII码的亚洲文字时就会出现一些问题。因此一般需要选择“使用大字体”复选框，这样才能够显示中文字体，只有对于后缀名为.shx的字体才可以使用大字体。

(3)“大小”选项组　可对文字注释性和高度进行设置。在“高度”文本框中输入数值可指定文字的高度，如果不进行设置，使用其默认值0，则可在插入文字时再设置文字高度。

(4)“置为当前”按钮　单击该按钮，可以将选择的文字样式设置成当前的文字样式。

(5)“新建”按钮　单击该按钮，弹出“新建文字样式”对话框，如图5-33所示，在“样式名”文本框中输入新建样式的名称，单击“确定”按

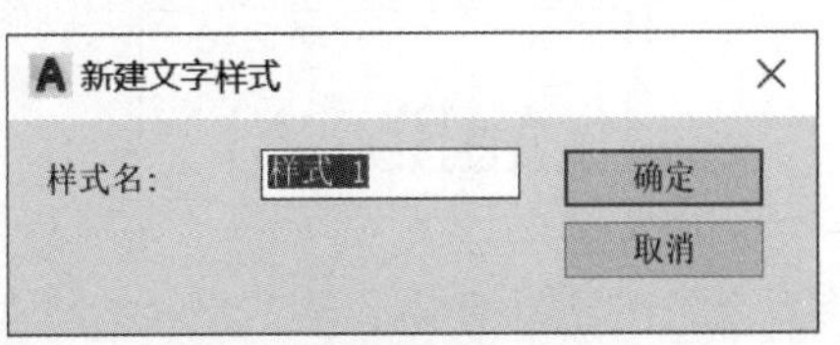

图5-33　“新建文字样式”对话框

钮，新建文字样式将显示在“样式”列表框中。

（6）“删除”按钮　单击该按钮，可以删除所选的文字样式，但无法删除已经被使用了的文字样式和默认的Standard样式。

3. 动手操练

设置一个新的样式，名称为A，字体为宋体，字高为2.5mm。

1）单击“注释”面板中的“文字样式”按钮，弹出图5-32所示的“文字样式”对话框，单击“新建”按钮，弹出“新建文字样式”对话框，如图5-33所示，在“样式名”文本框中输入A，如图5-34所示。

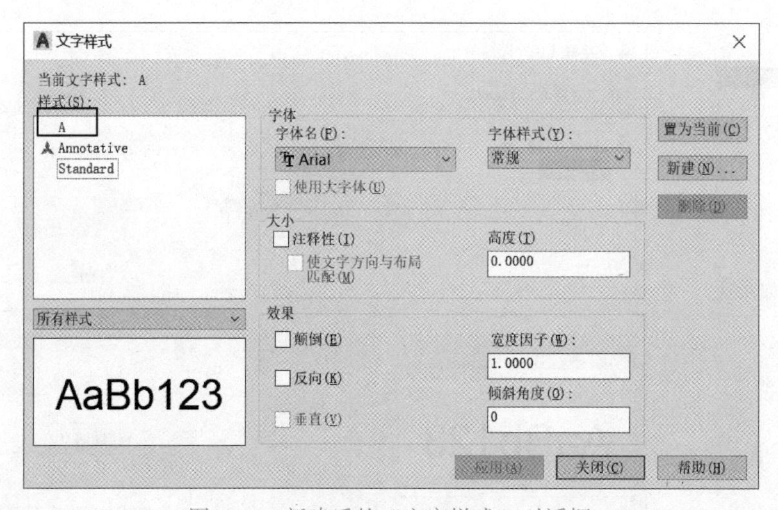

图5-34　新建后的“文字样式”对话框

2）在A样式下，选择“字体名”为宋体，在“高度”文本框中输入2.5，如图5-35所示。

3）在“文字样式”对话框中，单击“应用”按钮完成新的文字样式创建。

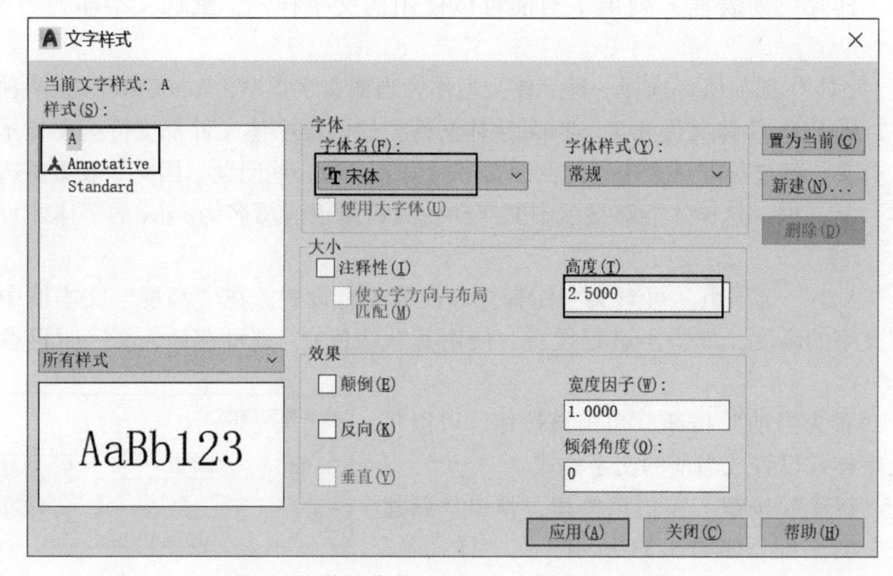

图5-35　修改参数后的“文字样式”对话框

5.5.2 应用文字样式

需要应用文字样式时，首先应将其设置为当前文字样式。

1）在“文字样式”对话框的“样式”列表框中选择需要的文字样式，然后单击“置为当前”按钮，如图5-36所示。在弹出的提示对话框中单击“是”按钮，如图5-37所示。返回“文字样式”对话框，单击“关闭”按钮。

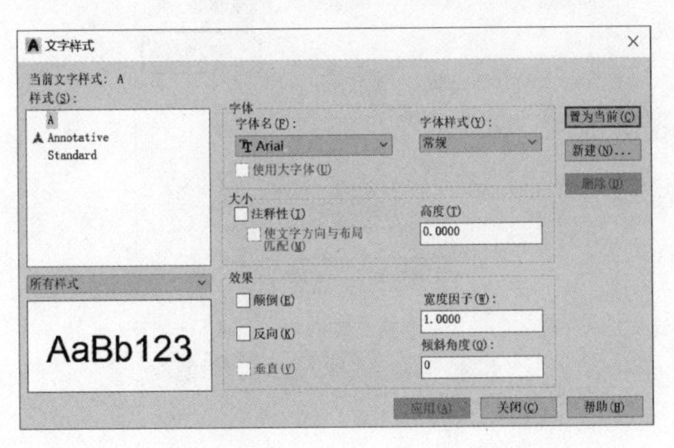

图5-36 将文字样式置为当前

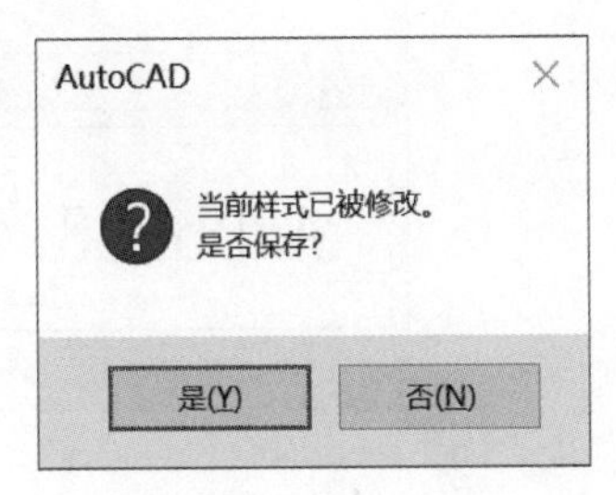

图5-37 提示对话框

2）在“注释”面板的“文字样式”下拉列表中选择要置为当前的文字样式，如图5-38所示。

3）在“文字样式”对话框的“样式”列表框中选择要置为当前的样式名，右击，在弹出的快捷菜单中选择“置为当前”命令，如图5-39所示。

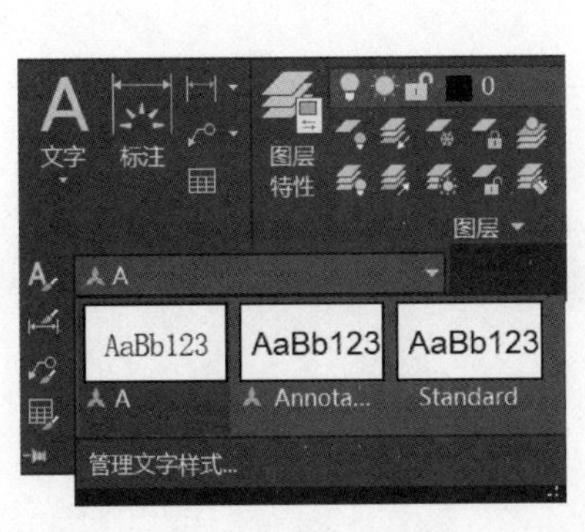

图5-38 选择文字样式

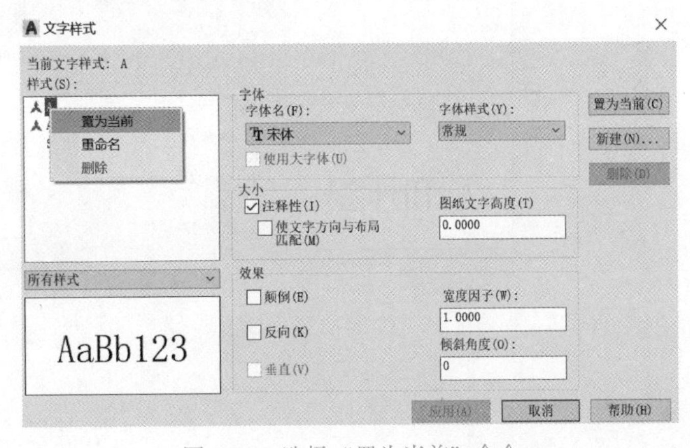

图5-39 选择“置为当前”命令

5.5.3 删除文字样式

文字样式会占用一定的系统存储空间，可以将一些不需要的文字样式删除，以节约系统资源。

删除文字样式的方法有以下两种：

1）在“文字样式”对话框中，选择要删除的文字样式名，单击“删除”按钮，如图5-40所示。

2）在“文字样式”对话框的“样式”列表框中选择要删除的样式名，右击，在弹出的快捷菜单中选择“删除”命令，如图5-41所示。

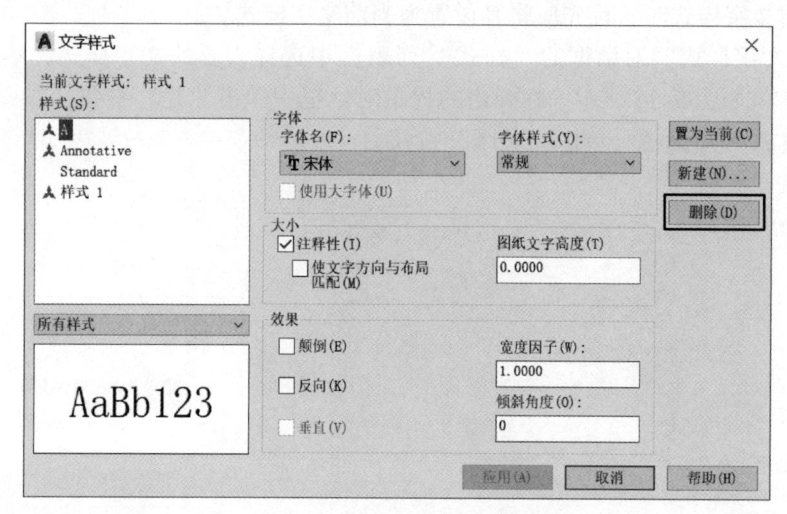

图5-40　单击“删除”按钮

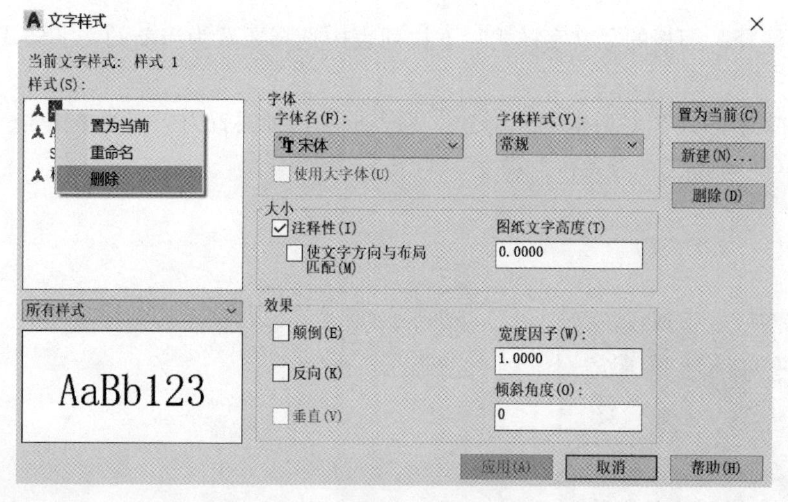

图5-41　选择“删除”命令

5.5.4　重命名文字样式

如果文字样式的名称有问题，可以进行重命名。打开“文字样式”对话框，在“样式”列表框中选择需重命名的样式，右击，在弹出的快捷菜单中选择“重命名”命令，如图5-42所示。然后进入在位编辑模式，输入新名称，如图5-43所示，即完成重命名。注意：系统默认的Standard样式名是不能重命名的。

5.5.5　设置文字效果

在“文字样式”对话框中提供了设置文字效果的相关选项，如图5-44所示。通过修改选项参数，可以设置文字的显示效果。可以设置文字的颠倒、反向、垂直等特殊效果。

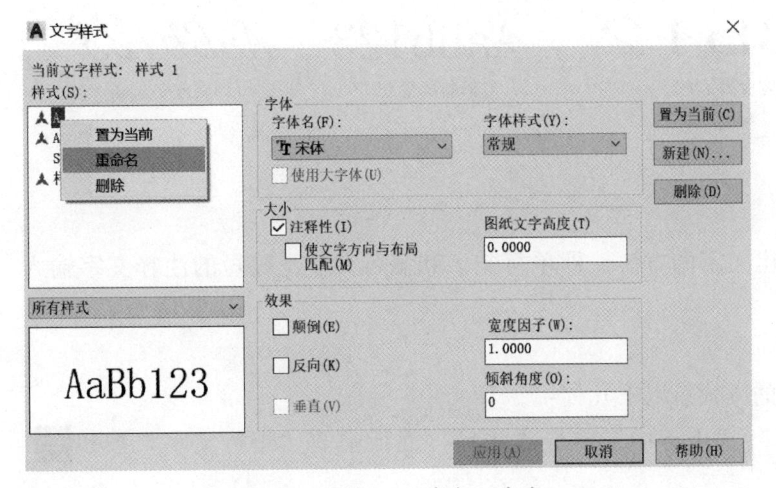

图 5-42 选择“重命名”命令

图 5-43 输入新名称

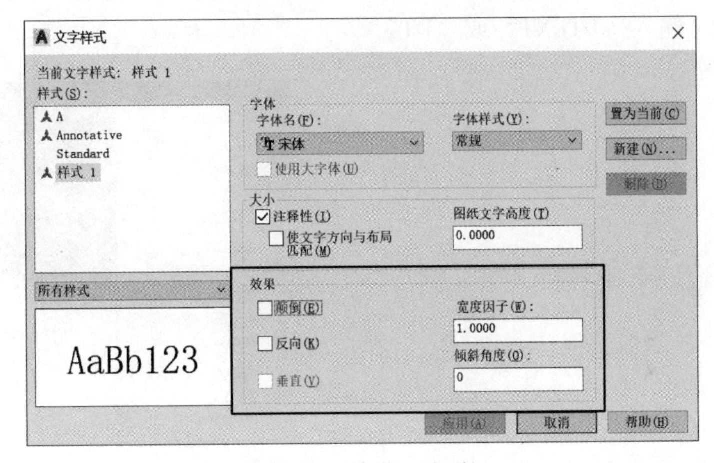

图 5-44 “效果”选项组

各文字选项的含义如下：

（1）颠倒 勾选此复选框，文字方向将颠倒，如图 5-45 所示。只有使用“单行文字”命令输入文字才能有效。

（2）反向 勾选此复选框，文字方向将反向，如图 5-46 所示。只有使用“单行文字”命令输入文字才能有效。

AaBb123

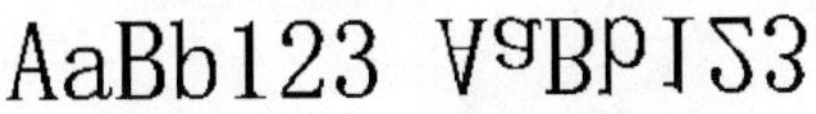

a) 颠倒前 b) 颠倒后

图 5-45 “颠倒”效果

AaBb123

a) 反向前 b) 反向后

图 5-46 “反向”效果

（3）宽度因子 该参数控制文字的宽度，系统默认的宽度因子为 1。如果增大宽度因子，文字效果会变宽，如图 5-47 所示。

（4）倾斜角度 调整文字的倾斜角度，如图 5-48 所示。倾斜角度范围为 $-85° \sim 85°$，超过此范围将无效。

aBb12　aBb12

a) 宽度因子为1　b) 宽度因子为2

图 5-47　不同“宽度”效果

AaBb123　*AaBb123*

a) 倾斜角度为0°　b) 倾斜角度为30°

图 5-48　不同“倾斜角度”效果

5.5.6　创建单行文字

AutoCAD 提供了两种创建文字的方法，即单行文字和多行文字。简短的注释文字输入一般使用单行文字。

1. 执行方式

执行“单行文字”命令的方式有以下几种：

（1）功能区　在“默认”选项卡中，单击“注释”面板中的“单行文字”按钮 A，如图 5-49 所示。

（2）菜单栏　选择菜单“绘图”/“文字”/“单行文字”，如图 5-50 所示。

（3）命令行　输入“DTEXT”或“DT”。

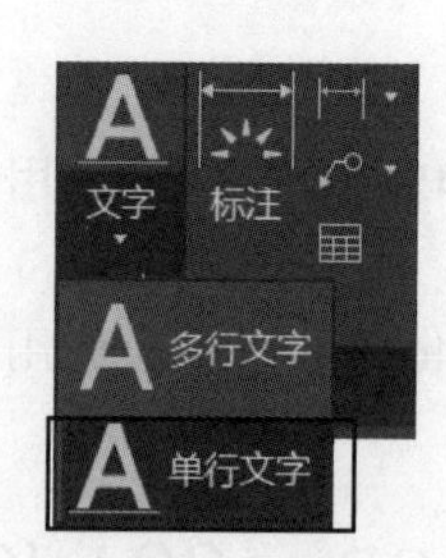

图 5-49　单击“单行文字”按钮

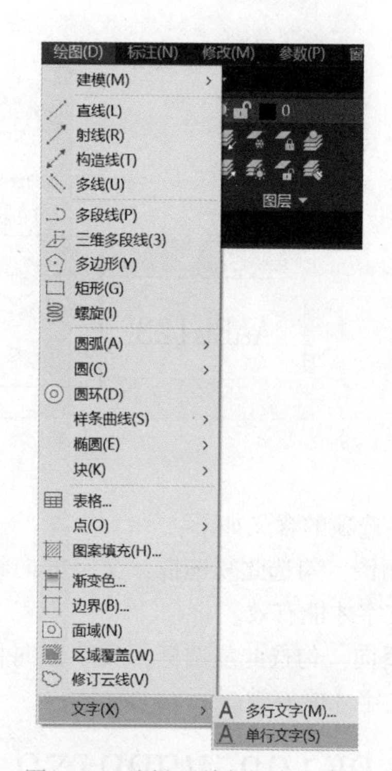

图 5-50　选择“单行文字”命令

2. 选项说明

在执行“单行文字”命令的过程中，命令行中各选项的含义如下：

（1）指定文字起点　默认情况下，所指定的起点位置即文字行基线的起点位置。在指定起点位置后，继续输入文字的旋转角度即可进行文字的输入。输入完成后，按两次 <Enter> 键或将鼠标移至其他任意位置并单击，然后按 <Esc> 键即可结束单行文字的输入。

（2）对正（J）　可以设置文字的对正方式。

(3) 样式 (S) 可以设置当前使用的文字样式。可以在命令行直接输入文字样式的名称，也可以输入“?”，在 AutoCAD 文本窗口中显示当前图形已有的文字样式。

5.5.7 创建多行文字

多行文字常用于标注图形的技术要求和说明等，与单行文字不同的是，多行文字整体是一个文字对象，每一单行不能单独编辑。多行文字的优点是有更丰富的段落和格式编辑工具，特别适合创建大篇幅的文字注释。

1. 执行方式

执行“多行文字”命令的方式有以下几种：

(1) 功能区 在“默认”选项卡中，单击“注释”面板中的“多行文字”按钮A，如图 5-51 所示。

(2) 菜单栏 选择菜单“绘图”/“文字”/“多行文字”，如图 5-52 所示。

(3) 命令行 输入“MTEXT”或“T”。

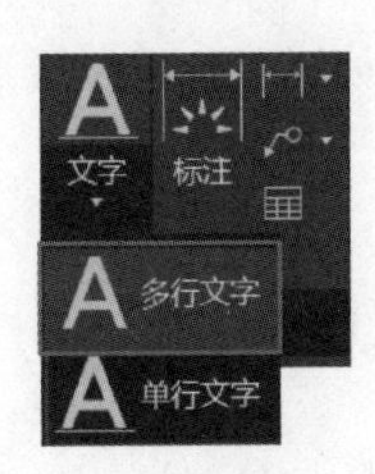

图 5-51 单击“多行文字”按钮

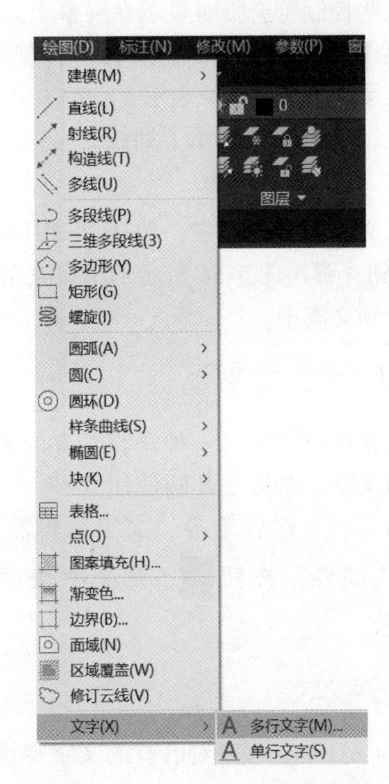

图 5-52 选择“多行文字”命令

2. 说明

执行任一方式操作后，指定文本范围，系统进入“文字编辑器”选项卡，如图 5-53 所示。“文字编辑器”选项卡包含“样式”面板、“格式”面板、“段落”面板、“插入”面板、“拼写检查”面板、“工具”面板、“选项”面板和“关闭”面板。在文本框中输入文字，然后在选项卡的各面板上设置字体、颜色、字高、对齐等文字格式，最后单击“文字编辑器”选项卡中的“关闭”按钮，或单击编辑器之外任何区域，便可以退出文字编辑器窗口，多行文字即创建完成。

图 5-53 “文字编辑器”选项卡

5.5.8 插入特殊符号

在绘图过程中，有时需要标注一些特殊的字符，这些特殊字符不能从键盘上直接输入，AutoCAD 提供了插入特殊符号的功能，插入特殊符号有以下两种方法。

1. 使用文字控制符

AutoCAD 的控制符由“%%” +一个字符构成。当输入控制符时，这些控制符会临时显示在屏幕上，当结束文本创建命令时，这些控制符将从屏幕上消失，转换成相应的特殊符号。“%%c”表示 Φ，“%%P”表示 ±，“%%d”表示（°），“%%o”表示上划线，“%%p”表示下划线。

2. 使用“文字编辑器”选项卡

在多行文字编辑过程中，单击“文字编辑器”选项卡中的“符号”按钮，弹出图 5-54 所示的下拉菜单，选择某一符号即可插入该符号到文本中。

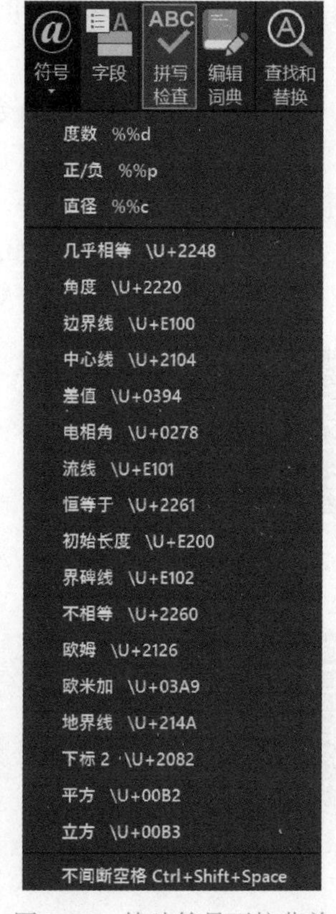

图 5-54 特殊符号下拉菜单

5.5.9 创建堆叠文字

如果创建堆叠文字（一种垂直对齐的文字或分数），可先输入要堆叠的文字，然后在其间使用“/”“#”或“^”分隔。选中要堆叠的字符，然后单击“文字编辑器”选项卡中“格式”面板中的“堆叠”按钮 $\frac{b}{a}$，则文字按照要求自动堆叠，如图 5-55 所示。

20f6/h7 ⟶ $20\frac{f6}{h7}$

20+0.1^-0.2 ⟶ $20^{+0.1}_{-0.2}$

206#7 ⟶ $20{}^{6}/_{7}$

图 5-55 文字堆叠效果

5.5.10 编辑文字

在 AutoCAD 中，可以对已有的文字特性和内容进行编辑。

1. 编辑文字内容

执行“编辑文字”内容的方式有以下几种：

（1）菜单栏 选择菜单“修改”/“对象”/“文字”/“编辑”命令，然后选择要编辑的文字。

（2）命令行 输入“DDEDIT”或“ED”。

（3）鼠标动作 双击要修改的文字。

执行以上任一方式操作后，将进入该文字的编辑模式。文字的可编辑特性与文字的类型有关，单行文字没有格式特性，只能编辑文字内容，而多行文字除了可以修改文字内容外，还可使用“文字编辑器”选项卡修改段落的对齐、字体等。修改文字之后，按 < Ctrl > + < Enter >组合键即完成文字编辑。

2. 文字的查找和替换

在一个图形文件中使用文字注释的数量较多，如果有部分注释需要修改，可以先查找到词语，再将其替换。

（1）执行方式　执行“查找”命令的方式有以下两种：

1）菜单栏：选择“编辑”/“查找”命令。

2）命令行：输入“FIND”。

（2）选项说明　执行以上任一方式操作后，弹出“查找和替换”对话框，如图5-56所示。该对话框中各选项的含义如下。

1）“查找内容”文本框：用于指定要查找的内容。

2）“替换为”文本框：用于替换查找内容的文字。

3）“查找位置”下拉列表框：用于指定查找范围是在整个图形中查找还是仅在当前选择中查找。

4）“搜索选项”选项组：用于指定搜索文字的范围和大小写区分等。

5）“文字类型”选项组：用于指定查找文字的类型。

6）“查找”按钮：输入查找内容后，此按钮变为可用，单击即可查找指定内容。

7）“替换”按钮：用于将当前选中的文字替换为指定文字。

8）“全部替换”按钮：将图形中所有的查找结果替换为指定文字。

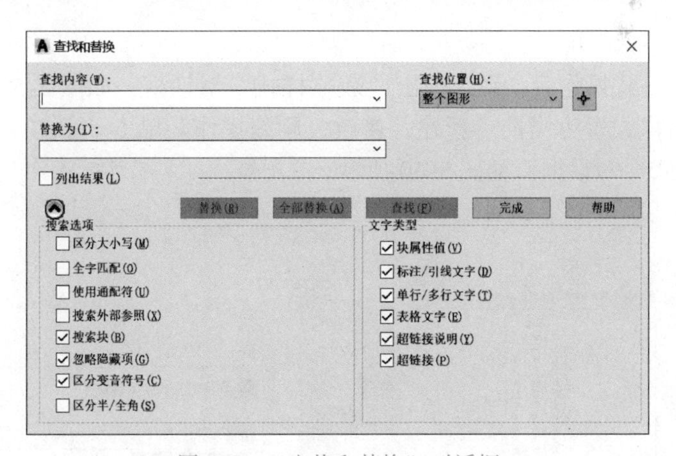

图5-56 “查找和替换”对话框

任务5.6　创建与编辑表格

在电气设计过程中，表格主要用于标题栏、零件参数表、材料明细栏等内容。

5.6.1 创建表格样式

AutoCAD 中的表格有一定样式，包括表格内文字的字体、颜色、高度及表格的行高、行距等。在插入表格之前，应先创建所需的表格样式。

1. 执行方式

创建表格样式的方式有以下几种：

（1）功能区　在“默认”选项卡中，单击“注释”面板中的“表格样式”按钮，如图 5-57 所示。

（2）菜单栏　选择菜单“格式”/“表格样式”命令，如图 5-58 所示。

（3）命令行　输入“TABLESTYLE”或“TS”。

图 5-57　“注释”面板（选择“表格样式”）

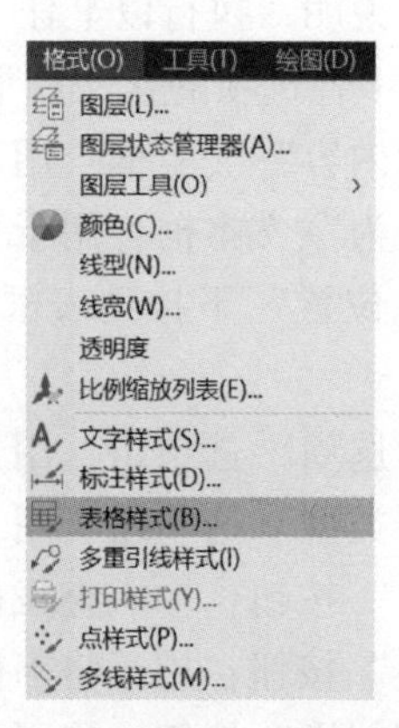

图 5-58　“格式”菜单（选择“表格样式”）

2. 选项说明

执行以上任一方式操作后，系统弹出“表格样式”对话框，如图 5-59 所示。通过该对话框可执行将表格样式置为当前、新建、修改、删除操作。单击“新建”按钮，系统弹出“创建新的表格样式”对话框，如图 5-60 所示。

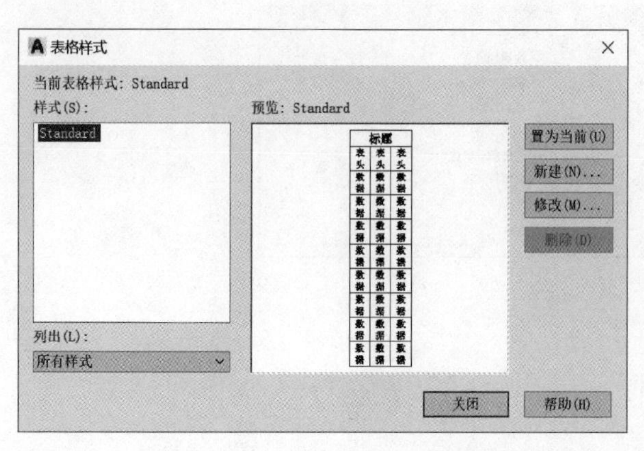

图 5-59　“表格样式”对话框

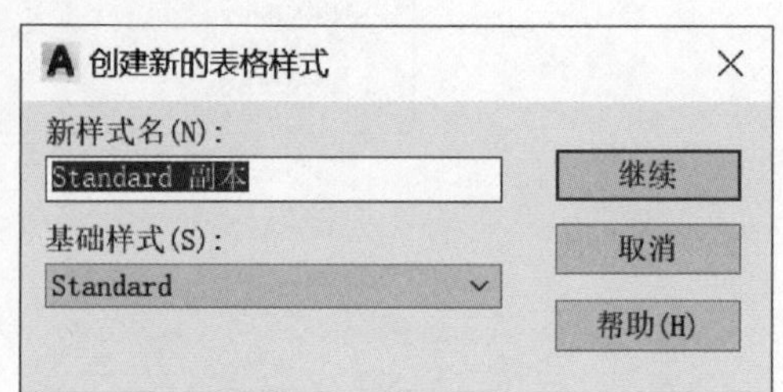

图 5-60　“创建新的表格样式”对话框

在“新样式名”文本框中输入表格样式名称，在“基础样式”下拉列表框中选择一个表格样式为新的表格样式提供默认设置，单击“继续”按钮，系统弹出“新建表格样式”

对话框，如图 5-61 所示，由“起始表格”“常规”“单元样式”和“单元样式预览”4 个选项组组成，可以对样式进行具体设置。

当单击“新建表格样式”对话框中的“管理单元样式”按钮时，弹出图 5-62 所示的“管理单元样式”对话框，在该对话框中可以对单元样式进行添加、删除和重命名。

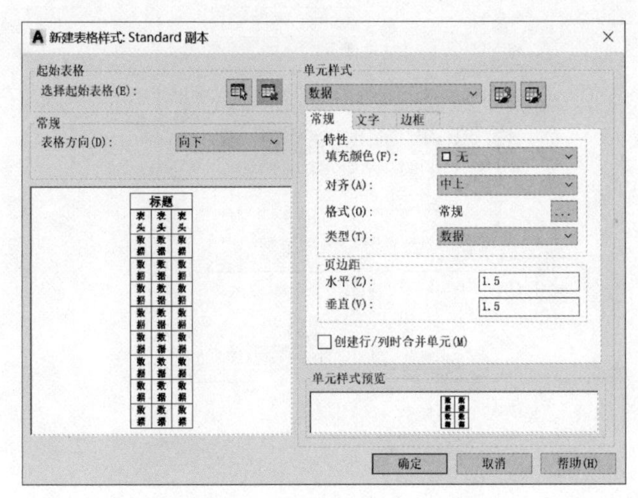

图 5-61　“新建表格样式”对话框

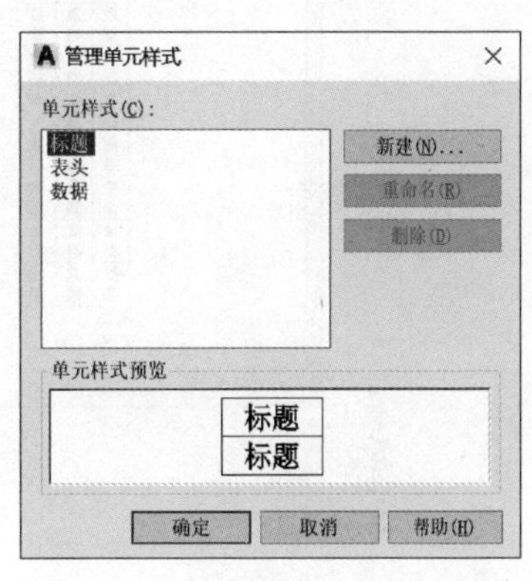

图 5-62　“管理单元样式”对话框

选择“新建表格样式”对话框中的“文字”选项卡，可以设置文字属性参数，包括“文字样式”“文字高度”“文字颜色”和“文字角度”等，如图 5-63 所示。

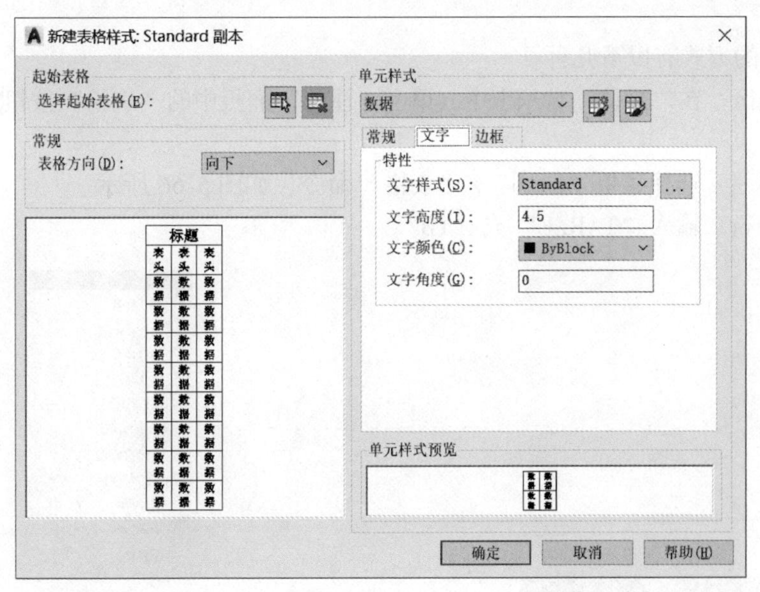

图 5-63　“文字”选项卡

选择“新建表格样式”对话框中的“边框”选项卡，可以设置表格边框显示样式，包括“线宽”“线型”“颜色”等，如图 5-64 所示。

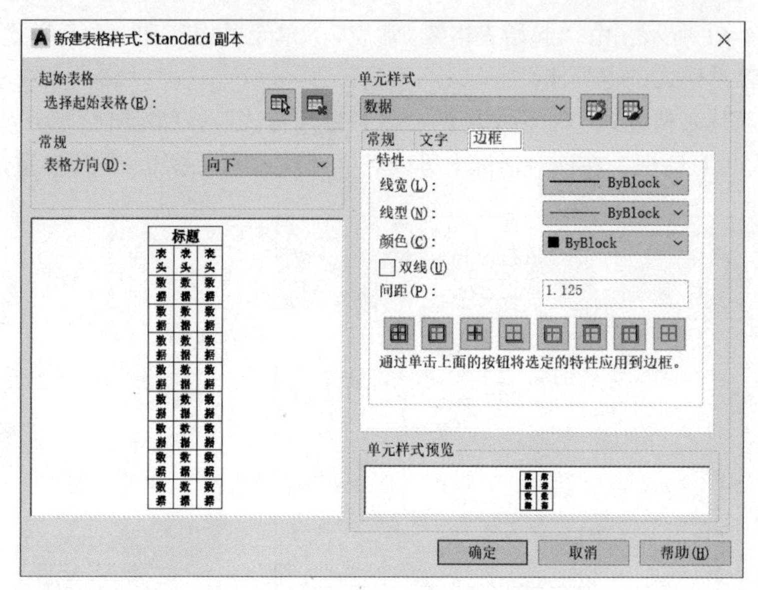

图 5-64 “边框”选项卡

5.6.2 插入表格

表格是行和列中包含数据的对象，设置表格样式后，就能够在表格样式的基础上创建表格，还可以将表格链接至 Microsoft Excel 应用程序中。

1. 执行方式

插入表格的方式有以下几种：

(1) 功能区 在“默认”选项卡中，单击“注释”面板中的“表格”按钮，如图 5-65 所示。

(2) 菜单栏 选择菜单“绘图”/“表格”命令，如图 5-66 所示。

(3) 命令行 输入“TABLE”或“TB”。

图 5-65 “注释”面板（选择“表格”）

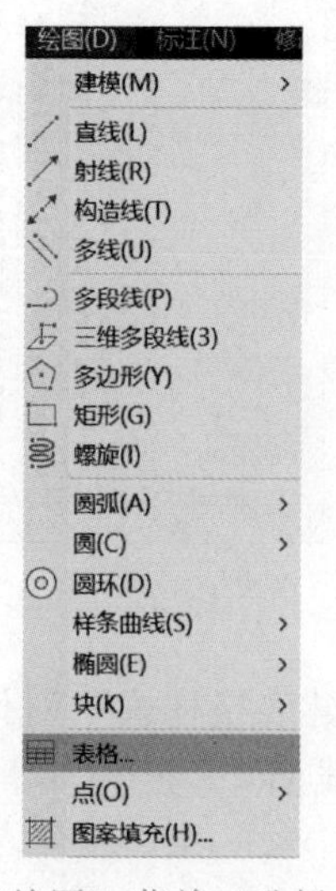

图 5-66 “绘图”菜单（选择“表格”）

2. 动手操练

绘制一个行数为6、列数为6的表格，选择“指定窗口”，其他采用系统默认的形式。

执行以上任一插入表格的方式操作后，系统弹出“插入表格”对话框，如图5-67所示。选择“指定窗口”，输入数据行数、列数后插入表格，如图5-68所示。

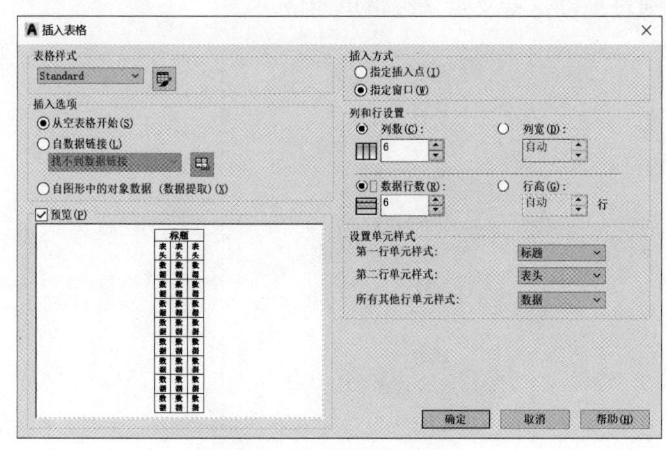

图5-67　“插入表格”对话框

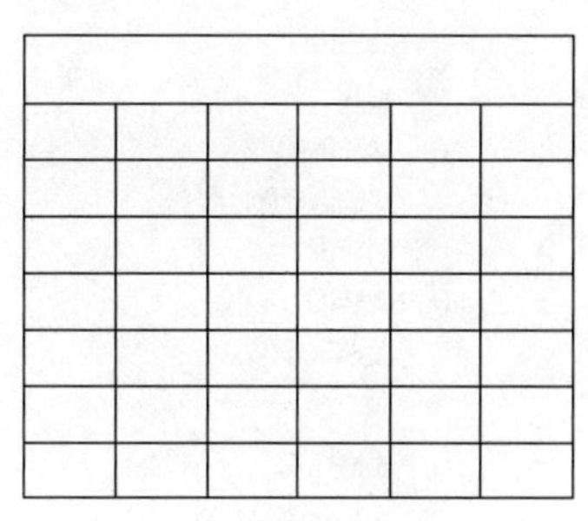

图5-68　插入表格

5.6.3　输入表格内容

将光标置于表格单元格上，双击鼠标左键，进入编辑模式，如图5-69所示。在单元格内输入文本。选择文本，在“文字编辑器”选项卡中设置文字的属性。输入标题和部分表头后，如图5-70所示。

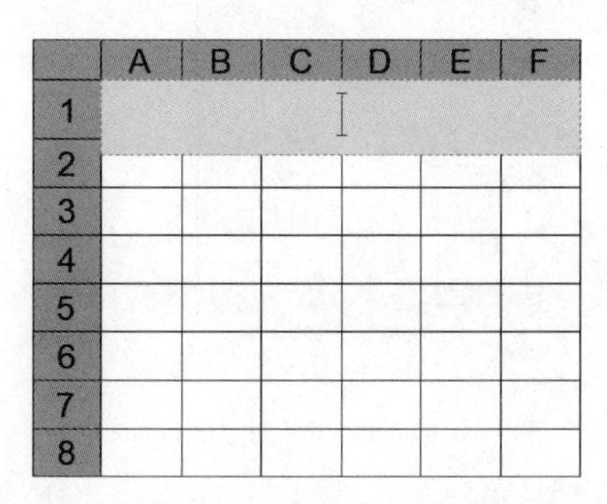

图5-69　进入编辑模式

温州职业技术学院					
电气	电子				

图5-70　输入结果

5.6.4　编辑表格

在添加完成表格后，不仅可根据需要对表格整体或表格单元执行拉伸、合并或添加等编辑操作，还可以按需对表格的表指示器进行编辑，其中包括编辑表格形状和添加表格颜色等设置。

1. 表格的编辑

选中整个表格，右击，弹出的快捷菜单如图5-71所示。可以对表格进行“剪切”“复制”“删除”“移动”“缩放”和“旋转”等简单操作，还可以均匀调整表格的行、列大小，删除所有特性替代。当选择“输出”命令时，还可以打开“输出数据”对话框，以 csv 格式输出表格中的数据。选中表格后，也可以通过拖动夹点来编辑表格。

2. 编辑表格单元

当选中表格单元时，右击，弹出的快捷菜单如图 5-72 所示。当选中表格单元格后，在表格单元格周围出现夹点，也可以通过拖动这些夹点来编辑单元格。

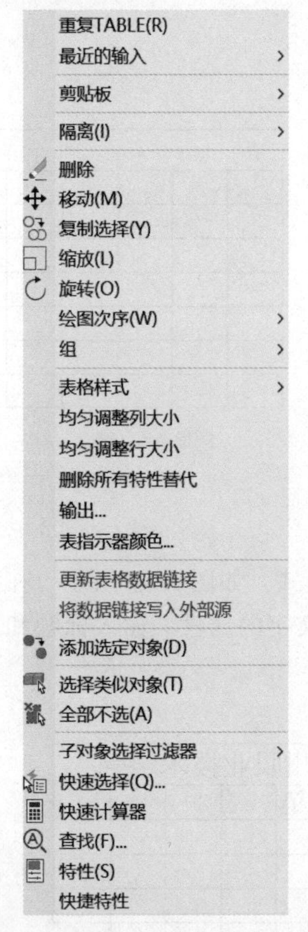

图 5-71 选中整个表格的快捷菜单

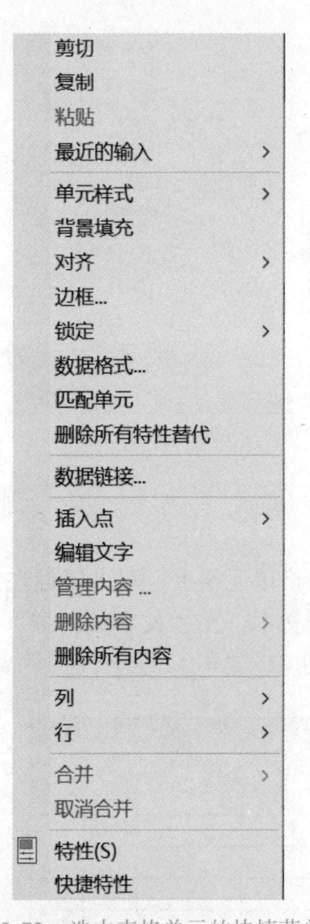

图 5-72 选中表格单元的快捷菜单

任务 5.7 创建与编辑图块

图块简称块，是由一组图形对象组成的集合。一组对象一旦被定义为图块，将成为一个整体，选中图块中任意一个图形对象即可选中构成图块的所有对象。AutoCAD 把一个图块作为一个对象进行编辑、修改等操作，用户可根据绘图需要把图块插入图中指定的位置，在插入时还可以指定不同的缩放比例和旋转角度。如果需要对组成图块的单个图形对象进行修改，可以利用“分解”命令把图块分开，分解成若干个对象。图块还可以重新定义，一旦被重新定义，整个图中基于该块的对象都将随之改变。

5.7.1　定义图块

1. 执行方式

（1）功能区　在“默认”选项卡中，单击“块”面板中的“创建”按钮，如图5-73所示。

（2）菜单栏　选择菜单栏中的“绘图”/“块”/“创建”。

（3）命令行　输入“BLOCK”（快捷命令：B）。

2. 动手操练

运用二维绘图及“多行文字”命令绘制“轴号”图形，然后利用“块”/“创建”命令将其创建为图块，如图5-74所示。

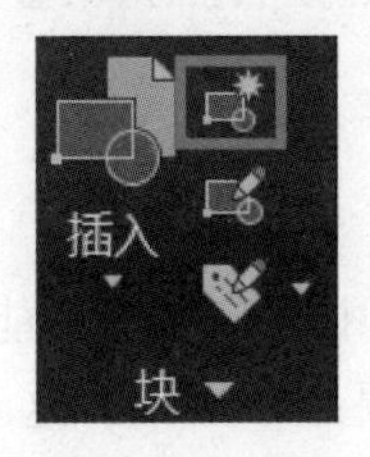

图5-73 “块”面板（选择“创建”）

图5-74 “轴号”图形

1）执行“圆”命令，绘制一个直径为900mm的圆。

2）执行“多行文字”命令，在圆内输入“轴号”字样，字高为250mm，结果如图5-74所示。

3）执行“块的创建”命令，打开“块定义”对话框，如图5-75所示。单击“拾取点”按钮，拾取轴号的圆心为基点；单击“选择对象”按钮，选择图5-74的所有部分为对象；在“名称”文本框中输入图块名称“轴号”，单击“确定”按钮，保存图块，即完成块的创建。

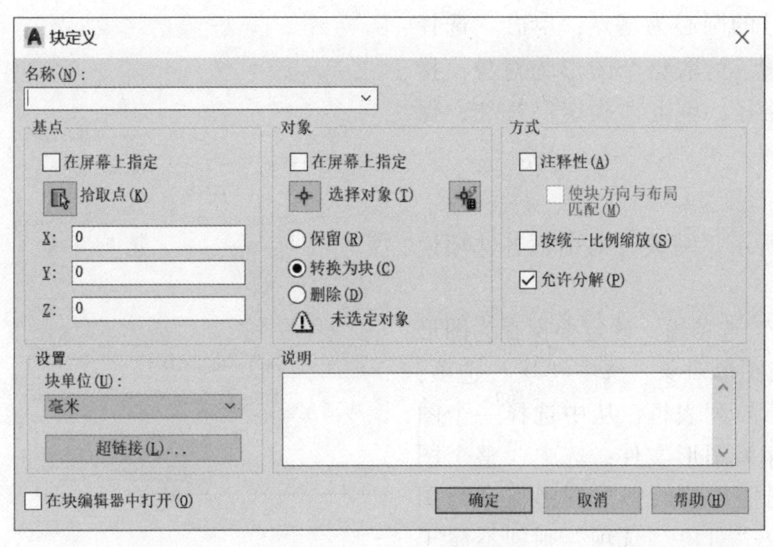

图5-75 “块定义”对话框

3. 选项说明

图5-75所示“块定义”对话框中各选项说明如下：

(1)“基点”选项组　确定图块的基点，默认值是（0，0，0），也可以在下面的X、Y、Z文本框中输入块的基点坐标值。单击“拾取点”按钮，系统临时切换到绘图区，在绘图区中选择一点后，返回“块定义”对话框中，把选择的点作为图块的放置基点。

(2)“对象”选项组　用于选择制作图块的对象，以及设置图块对象的相关属性。

(3)“设置”选项组　指定从AutoCAD设计中心拖动图块用于测量图块的单位，以及缩放、分解和超链接等设置。

(4)“在块编辑器中打开”复选框　选中该复选框，可以在块编辑器中定义动态块。

(5)“方式”选项组　指定块的行为。其中，“注释性”复选框指定在图纸空间中块参照的方向与布局方向匹配；“按统一比例缩放”复选框指定是否阻止块参照不按统一比例缩放；“允许分解”复选框指定块参照是否可以被分解。

5.7.2　图块的存盘

利用BLOCK命令定义的图块保存在其所属的图形当中，该图块只能在该图形中插入，而不能插入其他的图形中。但是有些图块在许多图形中要经常用到，这时可以用WBLOCK命令把图块以图形文件的形式（文件扩展名为dwg）写入磁盘。图形文件可以在任意图形中用INSERT命令插入。

1. 执行方式

命令行输入“WBLOCK”（快捷命令：W）。

2. 动手操练

将图5-74所示的图形进行块的保存。

命令行输入“W”，打开“写块”对话框，如图5-76所示。单击“拾取点”按钮，拾取轴号的圆心为基点；单击“选择对象”按钮，拾取整个图形为对象；指定文件名和路径，单击“确定”按钮，保存图块。

图5-76　“写块”对话框

3. 选项说明

图5-76所示“写块”对话框各选项说明如下：

(1)“源”选项组　确定要保存为图形文件的图块或图形对象。选中“块”选项，打开右侧的下拉列表框，从中选择一个图块，将其保存为图形文件；选中“整个图形”选项，则把当前的整个图形保存为图形文件；选中“对象”选项，则把不属于图块的图形对象保存为图形文件。对象的选择通过“对象”选项组来完成。

(2)“基点”选项组 用于指定块的基点。

(3)“目标”选项组 用于指定图形文件的名称、保存路径和插入单位。

5.7.3 图块的插入

在使用AutoCAD绘图过程中，可根据需要随时把已经定义好的图块或图形文件插入当前图形的任意位置，在插入的同时还可以改变图块的大小、旋转一定角度或把图块分开等。

1. 执行方式

(1)功能区 在“默认”选项卡中，单击“块”面板中的“插入”按钮。

(2)菜单栏 选择菜单栏中的“插入”/“块”。

(3)命令行 输入“INSERT”(快捷命令：I)。

2. 动手操练

对图5-74所示的图形进行块的插入。

执行“块的插入”操作后，打开图5-77所示的选项板，从中选择要插入的块，设置旋转角度和缩放比例等，然后单击“确定”按钮，即可将图块插入图中适当的位置。

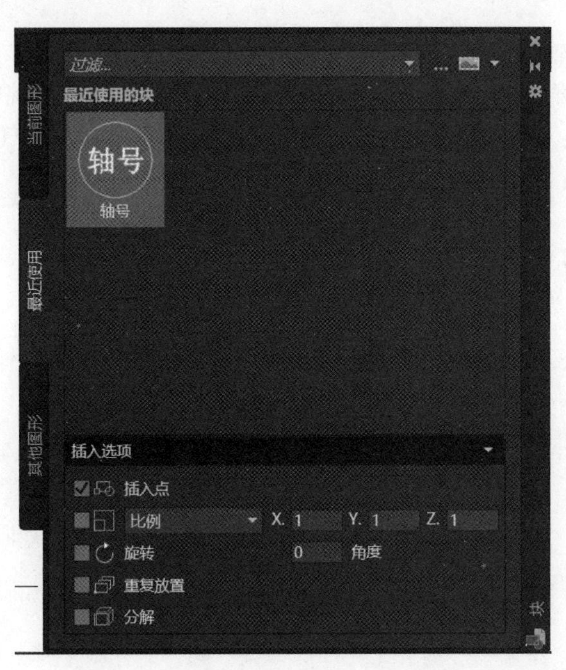

图5-77 “块的插入”选项板

思考与练习

1. 图层的创建与应用。

1)新建一个图层，名称为A，颜色为蓝色，线型为连续线，线宽为0.25mm。

2)新建一个图层，名称为1，颜色为红色，线型为虚线(DASHED)，线宽为默认。

3）新建一个图层，名称为中心线，颜色为洋红，线型为点画线（CENTER），线宽为默认。

4）新建一个图层，名称为直线，颜色为白色（黑色），线型连续线，线宽为0.5mm。

5）新建一个图层，名称为文字，颜色为绿色，线型连续线，线宽为默认。

6）首先在中心线层上画两条相互垂直的中心线，再在直线层上画一个圆，以交叉点为圆心，半径为30mm，然后在文字层标出其面积，如图5-78所示。

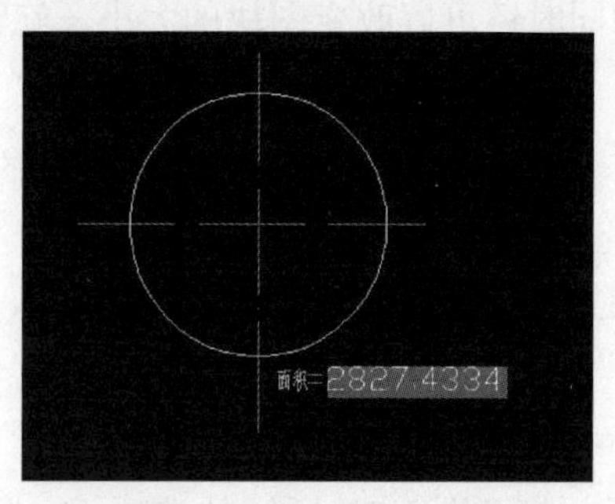

图5-78 建立图层并绘制图形

2. 文字输入。

1）标准样式下，输入文字“温州职业技术学院电气电子工程系”。

2）样式1（倾斜角度为60°）下，输入文字“温州职业技术学院电气电子工程系”。

3）样式2（字体：宋体）下，输入文字“温州职业技术学院电气电子工程系”。

4）样式3（字体：@宋体）下，输入文字“wenzhouzhiye”。

3. 特殊文字输入

1）∠　Δ　Ω

2）$\phi30\pm1.5$　60°　90%　37℃

3）$\phi50^{+0.039}_{0}$

4）$\phi60\dfrac{H7}{f6}$

项目6

产品设计的标注与编辑

学习目标：▲

△ 掌握 AutoCAD 2020 软件的基本标注操作
△ 掌握尺寸标注在图形绘制中的应用
△ 掌握尺寸编辑的方法

知识点：▲

1. 掌握尺寸标注的基本规则
2. 掌握线、弧线、角度等对象的标注方法
3. 掌握尺寸样式的设置方法
4. 掌握特殊尺寸标注的方法

技能点：▲

1. 能根据标准要求对图形进行尺寸标注
2. 能设置尺寸样式，并应用于具体的标注中
3. 能标注特殊要求的尺寸

素养点：▲

1. 具备认真负责的学习态度
2. 具备严谨细致的学习作风
3. 具备学习主体意识
4. 具备职业道德意识
5. 具备团队合作意识

任务6.1 尺寸标注的组成与规则

尺寸标注对表达有关设计元素的尺寸、材料等信息有着非常重要的作用。在对图形进行尺寸标注之前，需要对标注的基础（组成、规则、类型及步骤等知识）有一个初步的了解与认识。

6.1.1 尺寸标注的组成

一般情况下，一个完整的尺寸标注由尺寸线、尺寸界线、尺寸数字组成，如图6-1所示。

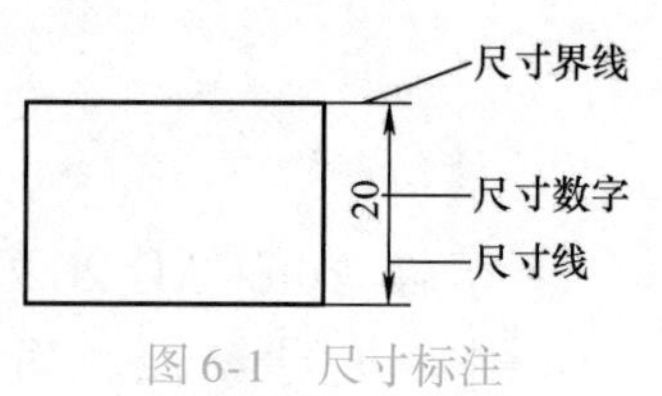

图6-1 尺寸标注

（1）尺寸界线 尺寸界线用于标注尺寸的范围，由图样中的轮廓线、轴线或对称中心线引出。标注时尺寸界线从所标注的对象上自动延伸出来。

（2）尺寸线 尺寸线通常与所标注的对象平行，放在两尺寸界线之间用于指示标注的方向和范围。通常尺寸线为直线，但在标注弧长和角度时，尺寸线则为一段圆弧。尺寸线终端有斜线和箭头两种形式，用以表明尺寸线的起始位置。

（3）尺寸数字 尺寸数字通常注写在尺寸线上方或中断处，用以表示所标注对象的具体尺寸大小。在进行尺寸标注时，AutoCAD会自动生成所标注对象的尺寸数值，用户也可对标注文本进行修改、添加等编辑操作。

6.1.2 尺寸标注的规则

在AutoCAD中，对绘制的图形进行尺寸标注时，应遵守以下规则：

1）图样上所标注的尺寸数值为工程图形的真实大小，与绘图比例和绘图的准确度无关。

2）图形中的尺寸单位为系统默认mm（毫米）时，不需要标注计量单位符号或名称。如果采用其他单位，则必须注明相应计量单位的符号或名称，如°（度）、cm（厘米）等。

3）图样上所标注的尺寸数值应为工程图形完工后的实际尺寸，否则需另加说明。

4）工程图形对象中的每个尺寸一般只标注一次，并标注在最能清晰表现该图形结构特征的视图上。

5）尺寸的配置要合理，功能尺寸应该直接标注；同一要素的尺寸应尽可能集中标注，如孔的直径和深度、槽的深度和宽度等；尽量避免在不可见的轮廓线上标注尺寸，数字不允许被任何图线穿过，必要时可以将图线断开。

6.1.3 了解尺寸标注类型

常用尺寸标注的名称及功能如下：

（1）线性标注（DIMLINEAR） 用于标注水平尺寸或垂直尺寸。

（2）对齐标注（DIMALIGNED） 用于标注尺寸线平行于两个尺寸界线起点之间的连线。

（3）弧长标注（DIMARC）　用于创建圆弧长度标注。

（4）坐标标注（DIMORDINATE）　用于标注相对于坐标点的坐标，用户可以通过改变坐标系的原点位置直接得到图中的坐标值。

（5）半径标注（DIMRADIUS）　用于标注圆或圆弧的半径尺寸。

（6）折弯标注（DIMJOGGED）　用于创建圆和圆弧的折弯标注。

（7）直径标注（DIMDIAMETER）　用于标注圆或圆弧的直径尺寸。

（8）角度标注（DIMANGULAR）　用于标注两直线夹角、圆心角或三点之间的角度。

（9）快速标注（QDIM）　用于定义对象的拐角以标注所有的尺寸。

（10）基线标注（DIMBASELINE）　用于由相同的标注基准线进行的标注。

（11）连续标注（DIMCONTINUE）　用于端点接端点放置的多重标注。

（12）标注间距（DIMSPACE）　用于调整平行线性标注或角度标注之间的距离。

（13）折断标注（DIMBREAK）　用于打断尺寸界线与其他尺寸线重叠处的部分。

（14）公差标注（TOLERANCE）　用于创建几何公差标注。

（15）圆心标记（DIMCENTER）　用于创建圆和圆弧的圆心标记或中心线。

（16）检验标注（DIMINSPECT）　用于创建或删除与标注关联的加框检验信息。

（17）折弯线性（DIMJOGLINE）　用于将折弯符号添加到尺寸线。

（18）编辑标注（DIMEDIT）　用于修改标注文字的内容和放置位置。

（19）编辑标注文字（DIMTEDIT）　用于移动或旋转标注文字。

（20）标注样式（DIMSTYLE）　用于创建和设置标注样式。

6.1.4　认识标注样式管理器

通过“标注样式管理器”对话框，可以进行新建和修改标注样式等操作。

1. 执行方式

打开“标注样式管理器”对话框的方式有以下几种：

（1）功能区　在“默认”选项卡中，单击“注释”面板中的“标注样式”按钮，如图6-2所示。

（2）菜单栏　选择菜单“格式”/“标注样式”命令，如图6-3所示。

（3）命令行　输入“DIMSTYLE”或“D”。

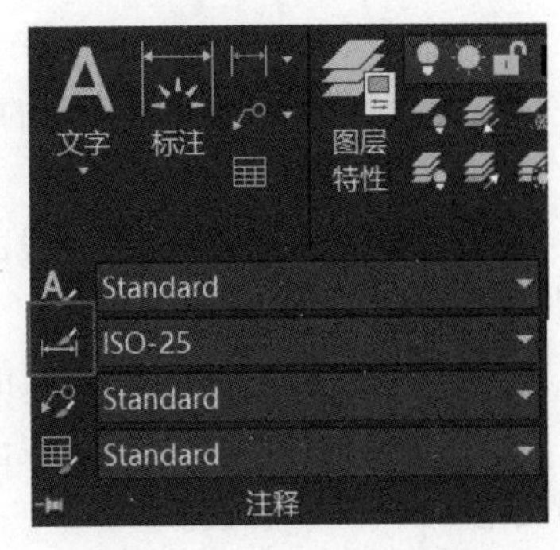

图6-2　“注释”面板（选择“标注样式”）

2. 选项说明

执行上述任一方式操作后，弹出“标注样式管理器”对话框，如图6-4所示。各选项的含义如下：

（1）“样式”列表框　用于显示所设置的标注样式。

（2）“置为当前”按钮　单击该按钮，可以将“样式”列表框中所选择的标注样式显示于当前标注样式处。

（3）“新建”按钮　单击该按钮，弹出“创建新标注样式”对话框，可以创建新标注样式。

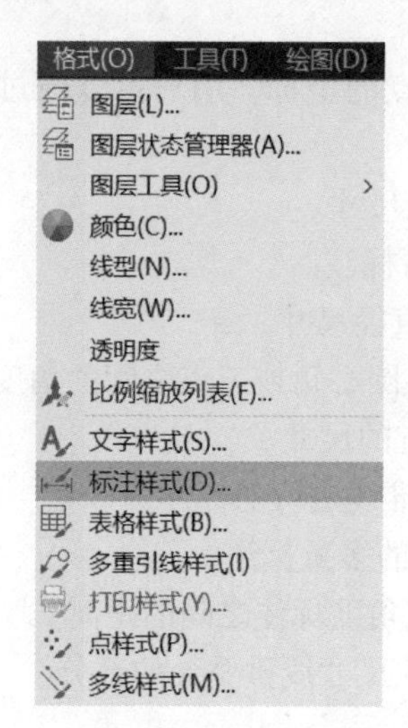

图 6-3 “格式”菜单（选择“标注样式”）

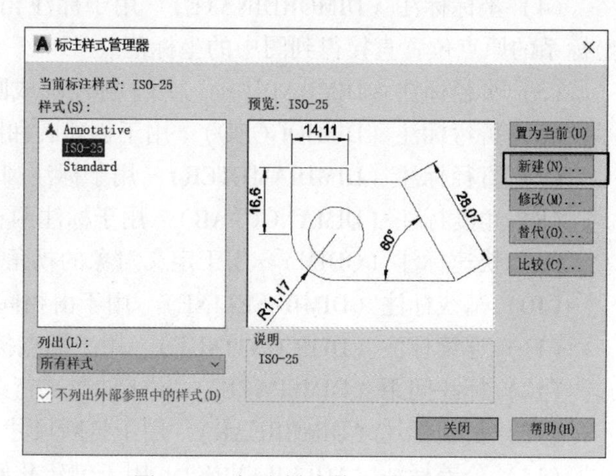

图 6-4 “标注样式管理器”对话框

（4）“修改”按钮　单击该按钮，弹出“修改标注样式”对话框，可以在其中修改已有的标注样式。

（5）“替代”按钮　单击该按钮，在选中标注样式的基础上创建样式副本。

（6）“比较”按钮　单击该按钮，可以用于标注样式之间的比较。

6.1.5 设置标注样式

在“标注样式管理器”对话框中，创建新的尺寸标注样式，单击对话框中的“新建”按钮，进入“创建新标注样式”对话框，如图 6-5 所示，在“新样式名”文本框中输入样式名，单击“继续”按钮，进入“新建标注样式：样式 1”对话框，如图 6-6 所示。

1. “线”选项卡

该选项卡中包括“尺寸线”和“尺寸界线”两个选项组，如图 6-6 所示。在该选项卡中可以设置尺寸线、尺寸界线的格式和特性。

（1）“尺寸线”选项组

1）颜色：用于设置尺寸线的颜色，一般保持默认值 ByBlock（随块）即可。也可以使用变量 DIMCLRD 设置。

2）线型：用于设置尺寸线的线型，一般保持默认值ByBlock（随块）即可。

3）线宽：用于设置尺寸线的线宽，一般保持默认值 ByBlock（随块）即可。也可以使用变量 DIMLWD 设置。

4）超出标记：用于设置尺寸线超出量。若尺寸线终端是箭头，则此框无效；若在“符号和箭头”选项卡中设置了箭头的形式是“倾斜”和“建筑标记”，则可以设置尺寸线超过尺寸界线外的距离。

5）基线间距：用于设置基线标注中尺寸线之间的间距。

6）隐藏：“尺寸线 1”和“尺寸线 2”分别控制了第一条和第二条尺寸线的可见性。

（2）“尺寸界线”选项组

1）颜色：用于设置延伸线的颜色，一般保持默认值 ByBlock（随块）即可。也可以使用变量 DIMCLRD 设置。

2）线型：分别用于设置“尺寸界线 1”和“尺寸界线 2”的线型，一般保持默认值 ByBlock（随块）即可。

3）线宽：用于设置延伸线的宽度，一般保持默认值 ByBlock（随块）即可。也可以使用变量 DIMLWD 设置。

4）隐藏：“尺寸界线 1”和“尺寸界线 2”分别控制了第一条和第二条尺寸界线的可见性。

5）超出尺寸线：控制尺寸界线超出尺寸线的距离。

6）起点偏移量：控制尺寸界线起点与标注对象端点的距离。

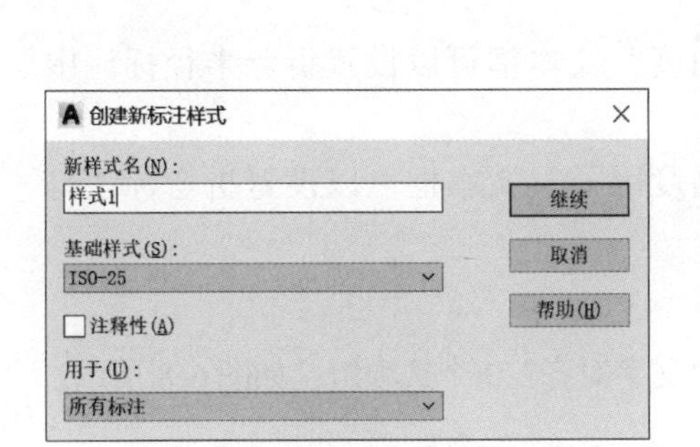

图 6-5 “创建新标注样式”对话框

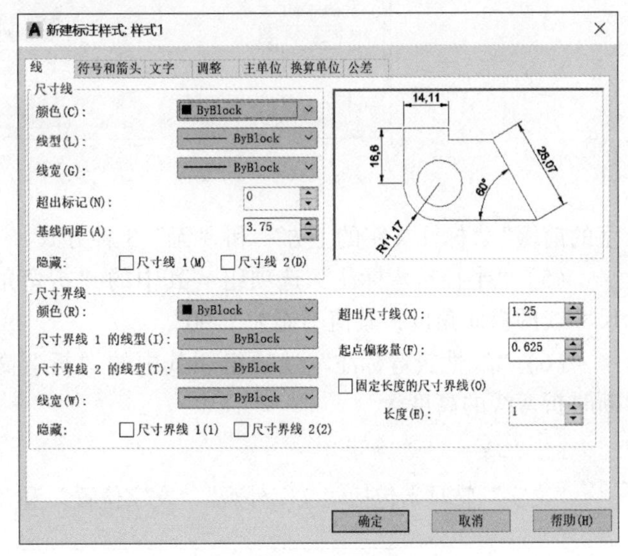

图 6-6 “新建标注样式：样式 1”对话框

2. “符号和箭头”选项卡

“符号和箭头”选项卡如图 6-7 所示，包括“箭头”“圆心标记”“折断标注”“弧长符号”“半径折弯标注”和“线性折弯标注”6 个选项组。

（1）“箭头”选项组

1）第一个、第二个：用于选择尺寸线终端的箭头样式。

2）引线：用于设置快速引线标注（命令：LE）中的箭头样式。

3）箭头大小：用于设置箭头的大小。

（2）“圆心标记”选项组

1）无：使用“圆心标记”命令，无圆心标记。

2）标记：创建圆心标记，在圆心位置将会出现小十字标记。

3）直线：创建中心线，在使用“圆心标记”命令时，十字标记将会延伸到圆或圆弧外边。

（3）“折断标注”选项组　其中的“折断大小”文本框可以设置标注折断时标注线的长度。

（4）“弧长符号”选项组　在该选项组中可以设置弧长符号的显示位置，包括“标注文

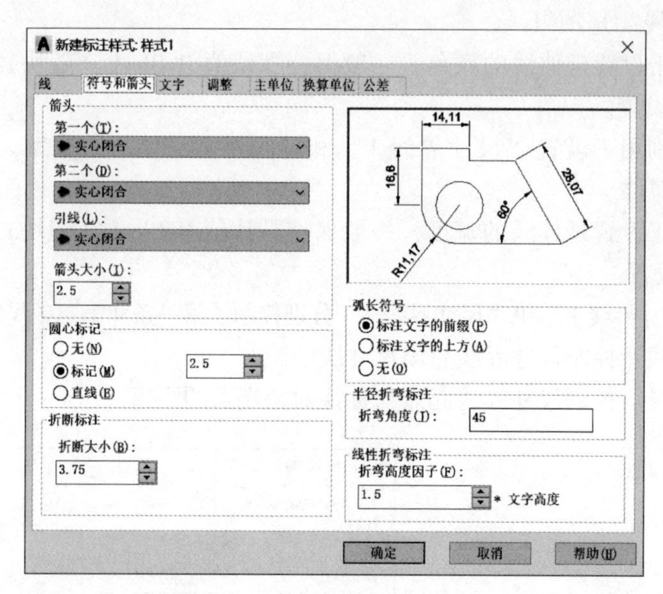

图6-7 “符号和箭头”选项卡

字的前缀”“标注文字的上方”和“无”3种方式。

（5）“半径折弯标注”选项组 其中的“折弯角度”文本框可以设置折弯半径标注中尺寸线的横向角度，其值不能大于90°。

（6）“线性折弯标注”选项组 其中的“折弯高度因子”文本框可以设置折弯标注打断时折弯线的高度。

3. “文字”选项卡

“文字”选项卡包括“文字外观”“文字位置”和“文字对齐”3个选项组，如图6-8所示。

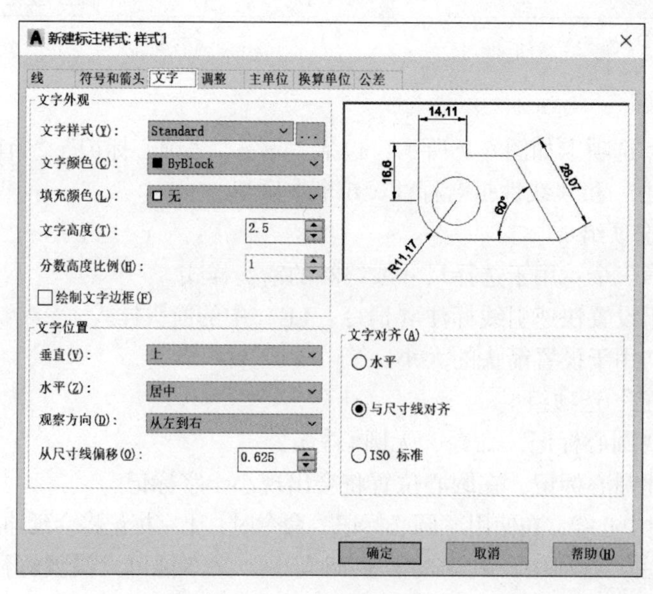

图6-8 “文字”选项卡

（1）“文字外观”选项组

1）文字样式：用于选择标注的文字样式，也可以单击其后面的…按钮，系统弹出“文字样式”对话框，如图6-9所示，用于选择文字样式或新建文字样式。

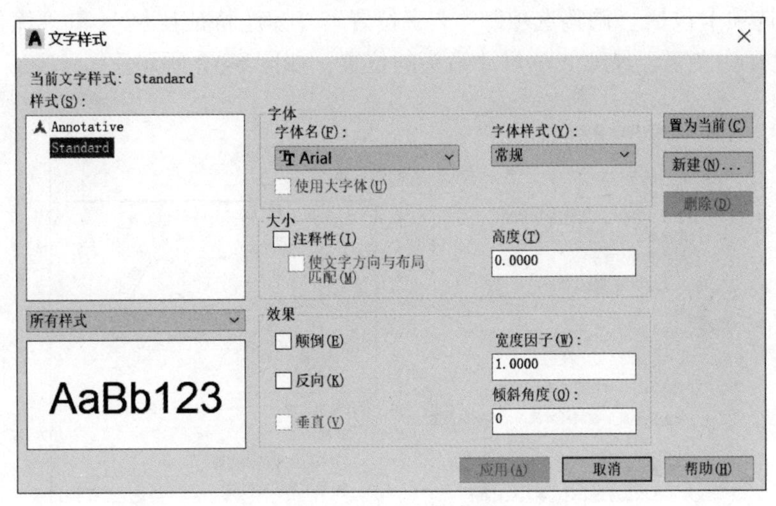

图6-9 “文字样式”对话框

2）文字颜色：用于设置文字的颜色，一般保持默认值ByBlock（随块）即可。也可以使用变量DIMCLRT设置。

3）填充颜色：用于设置标注文字的背景色，默认为“无”。当尺寸标注较多时，会出现图形轮廓线、中心线、尺寸线与标注文字相重叠的情况，这时将“填充颜色”设置为“背景”，可有效改善图形显示效果。

4）文字高度：设置文字的高度，也可以使用变量DIMCTXT设置。

5）分数高度比例：设置标注文字的分数相对于其他标注文字的比例，AutoCAD将该比例值与标注文字高度的乘积作为分数的高度。

6）绘制文字边框：设置是否给标注文字加边框。

（2）“文字位置”选项组

1）垂直：用于设置标注文字相对于尺寸线在垂直方向的位置。“垂直”下拉列表中有“居中”“上”“外部”“JIS”“下”等选项。选择“居中”选项可以把标注文字放在尺寸线中间；选择“上”选项将把标注文字放在尺寸线的上方；选择“外部”选项可以把标注文字放在远离第一定义点的尺寸线一侧；选择“JIS”选项按JIS规则（日本工业标准）放置标注文字；选择“下”选项将把标注文字放在尺寸线的下方。

2）水平：用于设置标注文字相对于尺寸线和延伸线在水平方向的位置。可以选择的放置位置有“居中”“第一条尺寸界线”“第二条尺寸界线”“第一条尺寸界线上方”和“第二条尺寸界线上方”等。

3）从尺寸线偏移：设置标注文字与尺寸线之间的距离。

（3）“文字对齐”选项组

1）“水平”选项：无论尺寸线的方向如何，文字始终水平放置。

2）“与尺寸线对齐”选项：文字的方向与尺寸线平行。

3）“ISO标准”选项：按照ISO标准对齐文字。当文字在尺寸界线内时，文字与尺寸线对齐；当文字在尺寸界线外时，文字水平排列。

4. “调整”选项卡

“调整”选项卡包括“调整选项”“文字位置”“标注特征比例”和“优化”4个选项组，可以设置标注文字、尺寸线、尺寸箭头的位置，如图6-10所示。

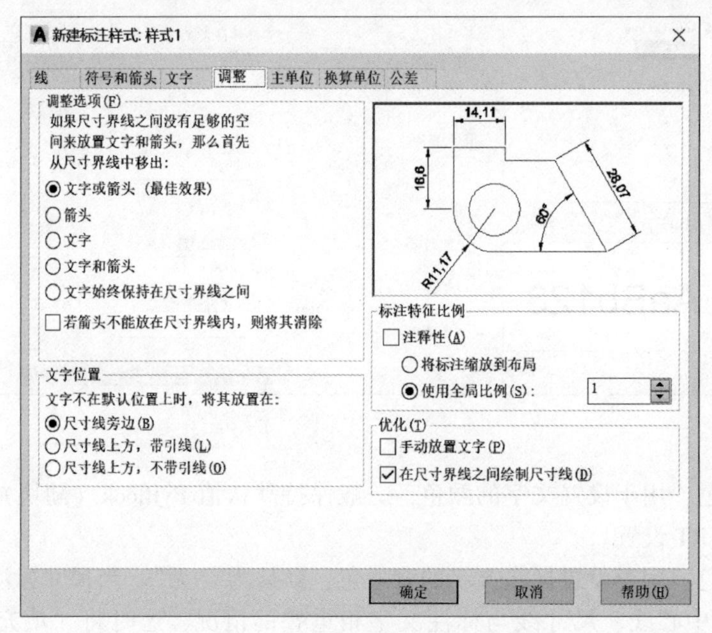

图6-10 “调整”选项卡

（1）“调整选项”选项组

1）“文字或箭头（最佳效果）”选项：表示由系统选择一种最佳方式来安排尺寸文字和尺寸箭头的位置。

2）“箭头”选项：表示将尺寸箭头放置在尺寸界线外侧。

3）“文字”选项：表示将标注文字放置在尺寸界线外侧。

4）“文字和箭头”选项：表示将标注文字和尺寸线都放置在尺寸界线外侧。

5）“文字始终保持在尺寸界线之间”选项：表示标注文字始终放置在尺寸界线之间。

6）“若箭头不能放在尺寸界线内，则将其消除”复选框：表示当尺寸界线之间不能放置箭头时，不显示标注箭头。

（2）“文字位置”选项组

1）“尺寸线旁边”选项：表示当标注文字在尺寸界线外部时，将文字放置在尺寸线旁边。

2）“尺寸线上方，带引线”选项：表示当标注文字在尺寸界线外部时，将文字放置在尺寸线上方并加一条引线相连。

3）“尺寸线上方，不带引线”选项：表示当标注文字在尺寸界线外部时，将文字放置在尺寸线上方，不加引线。

（3）“标注特征比例”选项组

1）“注释性”复选框：勾选该复选框，可以将标注定义成可注释性对象。

2）“将标注缩放到布局”选项：选择该选项，可以根据当前模型空间视口与图纸之间的缩放关系设置比例。

3）“使用全局比例”选项：选择该选项，可以对全部尺寸标注设置缩放比例，该比例不改变尺寸的测量值，而是调整标注字体和箭头的大小。

（4）“优化”选项组

1）“手动放置文字”复选框：表示忽略所有水平对正设置，并将文字手动设置在尺寸线位置的相应位置。

2）“在尺寸界线之间绘制尺寸线”复选框：表示在标注对象时，始终在尺寸界线之间绘制尺寸线。

5. “主单位”选项卡

“主单位”选项卡包括“线性标注”“测量单位比例”左侧“消零”“角度标注”和右侧“消零”5 个选项组，如图 6-11 所示。在该选项卡中，可以对标注尺寸的精度进行设置，并能给标注文本加入前缀或者后缀等。

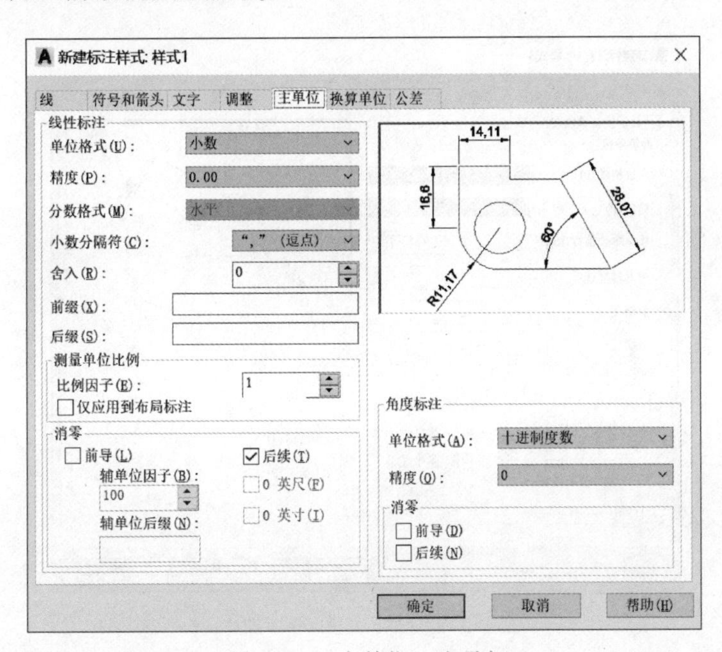

图 6-11　“主单位”选项卡

（1）“线性标注”选项组

1）单位格式：设置除角度标注之外的其余各标注类型的尺寸单位，包括“科学”“小数”“工程”“建筑”和“分数”等选项。

2）精度：设置除角度标注之外的其他标注的尺寸精度。

3）分数格式：当单位格式是分数时，可以设置分数的格式，包括“水平”“对角”和“非堆叠”3 种方式。

4）小数分隔符：设置小数的分隔符，包括“逗点”“句点”和“空格”3 种方式。

5）舍入：用于设置除角度标注外的尺寸测量值的舍入值。

6）前缀/后缀：设置标注文字的前缀和后缀，在相应的文本框中输入字符即可。

（2）“测量单位比例”选项组

1）“比例因子”文本框：设置测量尺寸的缩放比例，AutoCAD 的实际标注值为测量值与该比例的积。

2）“仅应用到布局标注”复选框：可以设置该比例关系仅适用于布局。

（3）左侧“消零”选项组　可以设置是否显示尺寸标注中的前导零和后续零。

（4）“角度标注”选项组

1）单位格式：在此下拉列表中设置标注角度时的单位。

2）精度：在此下拉列表中设置标注角度的尺寸精度。

（5）右侧“消零”选项组　该选项组包括“前导”和“后续”两个复选框，设置是否消除角度尺寸的前导零和后续零。

6. “换算单位”选项卡

“换算单位”选项卡包括“换算单位”“消零”和“位置”3 个选项组，如图 6-12 所示。“换算单位”可以方便地改变标注的单位，通常使用的是公制单位和英制单位的互换。

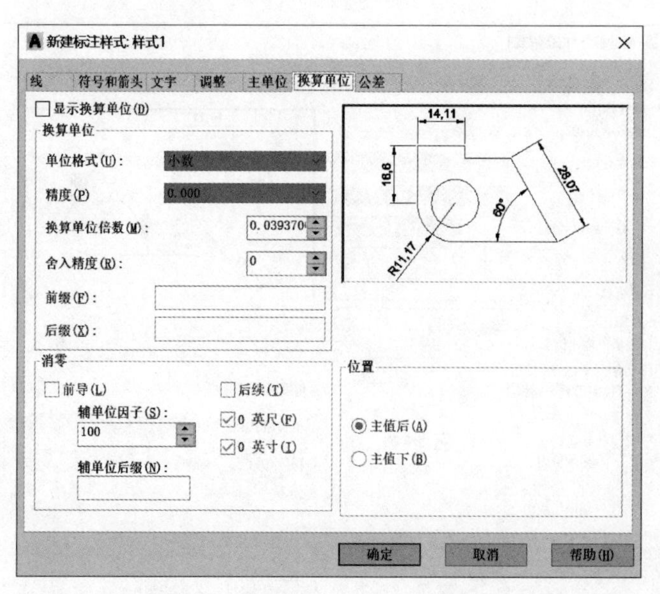

图 6-12　“换算单位”选项卡

7. “公差”选项卡

“公差”选项卡可以设置公差的标注格式，包括公差格式、公差对齐、消零（左侧）、换算单位公差和消零（右侧）5 个选项组，如图 6-13 所示。

1）方式：在此下拉列表中选择标注公差的方式。

2）上偏差和下偏差：设置尺寸上极限偏差和下极限偏差。

3）高度比例：确定公差文字的高度比例因子。

4）垂直位置：控制公差文字相对于尺寸文字的位置。

5）换算单位公差：当标注换算单位时，可以设置换算单位精度和是否消零。

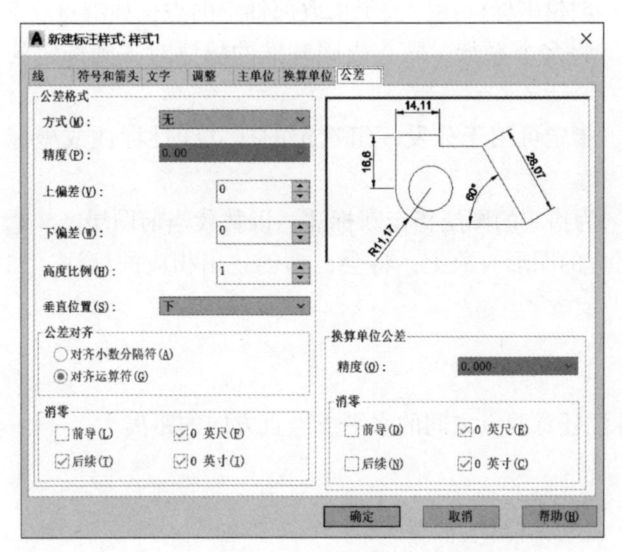

图 6-13　“公差”选项卡

任务 6.2　尺寸的标注

针对不同类型的图形对象，AutoCAD 提供了智能标注、线性标注、对齐标注、角度标注、弧长标注、半径标注、直径标注和多重引线标注等。

6.2.1　智能标注

智能标注可以根据选定的对象类型自动创建相应的标注。可自动创建的标注类型包括垂直标注、水平标注、对齐标注、旋转的线性标注、角度标注、半径标注、直径标注、折弯半径标注、弧长标注、基线标注和连续标注等。还可以根据需要使用命令行选项更改标注类型。

1. 执行方式

执行“智能标注”命令有以下几种方式：

（1）功能区　在“默认”选项卡中，单击“注释”面板中的“标注”按钮。

（2）命令行　输入“DIM”。

2. 选项说明

使用上面任一方式操作后，命令行中各个选项的说明如下：

（1）角度（A）　创建一个角度标注来显示三个点或两条直线之间的角度，操作方法与“角度标注”基本相同。

（2）基线（B）　从上一个或选定标准的第一条界线创建线性、角度或坐标标注，操作方法与“基线标注”基本相同。

（3）连续（C）　从选定标注的第二条尺寸界线创建线性、角度或坐标标注，操作方法与“连续标注”基本相同。

（4）坐标（O） 创建坐标标注，提示选取部件上的点，如端点、交点或对象中心点。

（5）对齐（G） 将多个平行、同心或同基准的标注对齐到选定的基准标注。

（6）分发（D） 指定可用于分发一组选定的孤立线性标注或坐标标注的方法。

（7）图层（L） 为指定的图层指定新标注，以替代当前图层。

将鼠标放置到对应的图形对象上，将会自动创建出相应的标注，如图6-14所示。

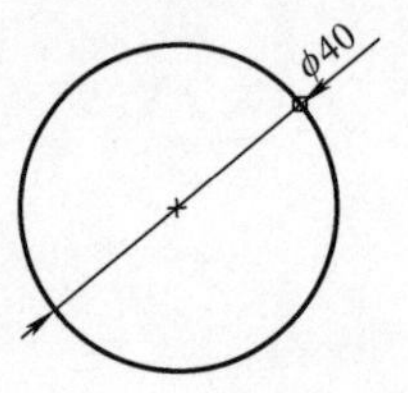

图6-14 智能标注

6.2.2 线性标注

线性标注用于标注任意两点之间的水平或竖直方向的距离。

1. 执行方式

执行“线性标注”命令有以下几种方式：

（1）功能区 在“默认”选项卡中，单击“注释”面板中的“线性”按钮，如图6-15所示。

（2）菜单栏 选择菜单“标注”/“线性”命令，如图6-16所示。

（3）命令行 输入“DIMLINEAR”或“DLI”。

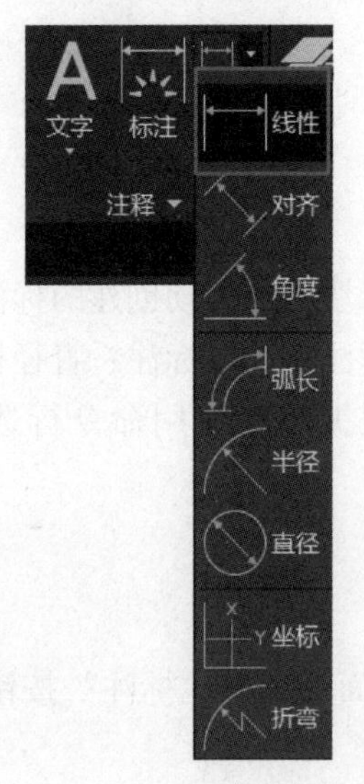

图6-15 “注释”面板（选择“线性”）

图6-16 “标注”菜单（选择“线性”）

2. 选项说明

执行上述任一方式操作后，进入“线性标注”命令，指定第一条尺寸界线的原点，再指定第二条尺寸界线的原点。或者进入“线性标注”命令，直接按<Enter>键，选择标注尺寸的对象，命令行将出现如下选项：

（1）多行文字 选择该选项，将进入多行文字编辑模式，可以使用“多行文字编辑器”对话框输入并设置标注文字。

（2）文字 以单行文字形式输入尺寸文字。

（3）角度　设置标注文字的旋转角度。

（4）水平　指定标注的水平尺寸。

（5）垂直　指定标注的垂直尺寸。

（6）旋转　旋转标注对象的尺寸线。

6.2.3　对齐标注

使用线性标注无法创建对象在倾斜方向上的尺寸，可以用对齐标注实现。执行“对齐标注”命令有以下几种方式：

（1）功能区　在“默认”选项卡中，单击“注释”面板中的“对齐”按钮，如图6-17所示。

（2）菜单栏　选择菜单“标注”/“对齐”命令，如图6-18所示。

（3）命令行　输入“DIMALIGNED”或“DAL”。

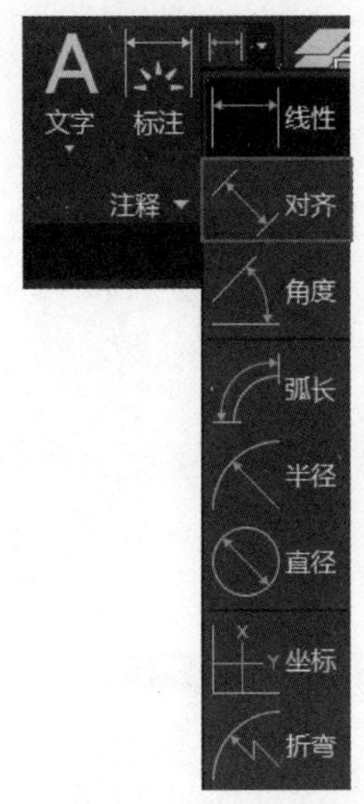

图6-17　“注释”面板（选择“对齐”）

标注(N)　修改(M)　参数
快速标注(Q)
线性(L)
对齐(G)
弧长(H)
坐标(O)
半径(R)
折弯(J)
直径(D)
角度(A)

图6-18　“标注”菜单（选择“对齐”）

6.2.4　角度标注

利用“角度标注”命令不仅可以标注两条相交直线间的角度，还可以标注3个点之间的夹角和圆弧的圆心角。执行“角度标注”命令有以下几种方式：

（1）功能区　在“默认”选项卡中，单击“注释”面板中的“角度”按钮，如图6-19所示。

（2）菜单栏　选择菜单“标注”/“角度”命令，如图6-20所示。

（3）命令行　输入“DIMANGULAR”或“DAN”。

6.2.5　弧长标注

弧长标注用于标注圆弧、椭圆弧或者其他弧线的长度。执行“弧长标注”命令有以下几种方式：

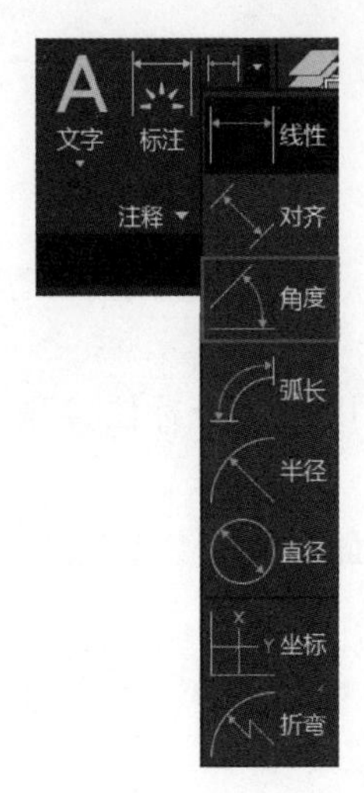

图 6-19 “注释”面板（选择“角度”）

图 6-20 “标注”菜单（选择“角度”）

（1）功能区　在“默认”选项卡中，单击“注释”面板中的“弧长”按钮，如图 6-21 所示。

（2）菜单栏　选择菜单“标注”/“弧长”命令，如图 6-22 所示。

（3）命令行　输入“DIMARC”。

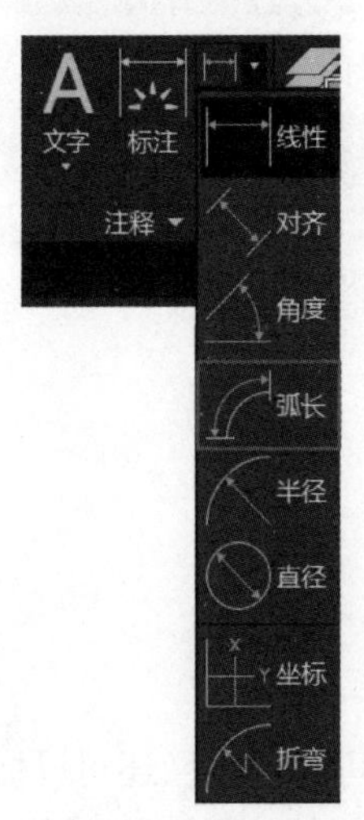

图 6-21 “注释”面板（选择“弧长”）

图 6-22 “标注”菜单（选择“弧长”）

6.2.6 半径标注

半径标注一般用于标注圆或圆弧的半径大小。执行“半径标注”命令有以下几种方式：

（1）功能区　在“默认”选项卡中，单击“注释”面板中的“半径”按钮，如图 6-23 所示。

（2）菜单栏　选择菜单“标注”/“半径”命令，如图 6-24 所示。

(3) 命令行　输入“DIMRADIUS”或“DRA”。

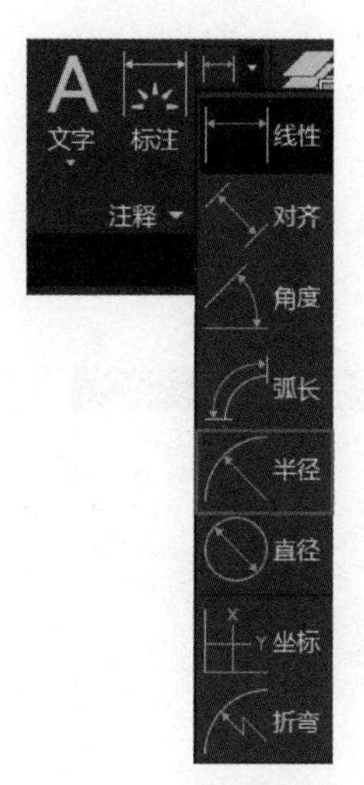

图 6-23　“注释”面板（选择“半径”）　　图 6-24　“标注”菜单（选择“半径”）

6.2.7　直径标注

直径标注一般用于标注圆或圆弧的直径大小。执行“直径标注”命令有以下几种方式：

(1) 功能区　在“默认”选项卡中，单击“注释”面板中的“直径”按钮，如图 6-25 所示。

(2) 菜单栏　选择菜单“标注”/“直径”命令，如图 6-26 所示。

(3) 命令行　输入“DIMDIAMETER”或“DDI”。

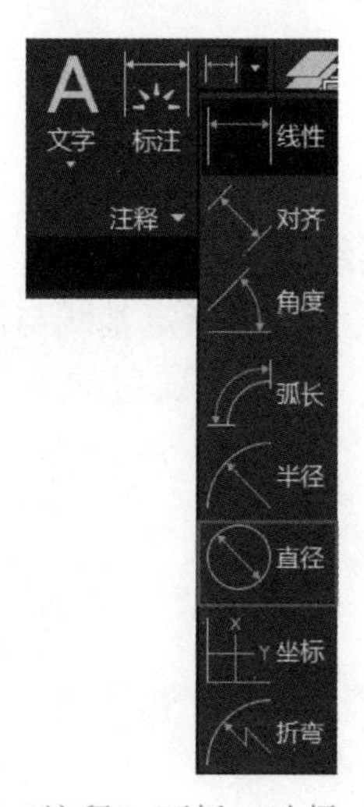

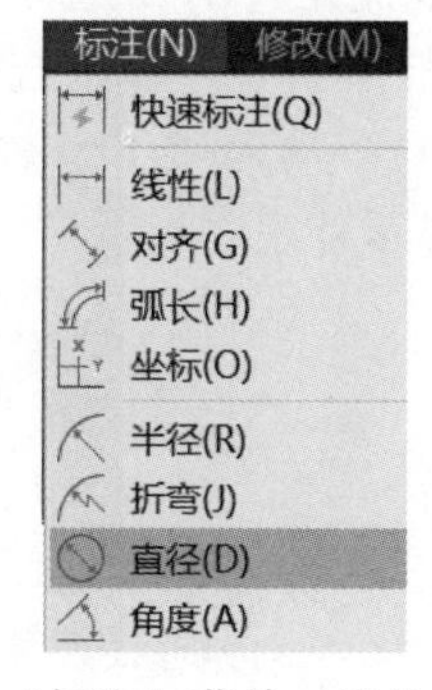

图 6-25　“注释”面板（选择“直径”）　　图 6-26　“标注”菜单（选择“直径”）

6.2.8　多重引线标注

使用“多重引线”命令可以引出文字注释、倒角标注、标注零件号、引出公差等。

1. 执行方式

执行“多重引线”命令有以下几种方式：

（1）功能区　在“默认”选项卡中，单击“注释”面板中的“引线”按钮，如图6-27所示。

（2）菜单栏　选择菜单“标注”/“多重引线”命令，如图6-28所示。

（3）命令行　输入“MLEADER”或“MLD”。

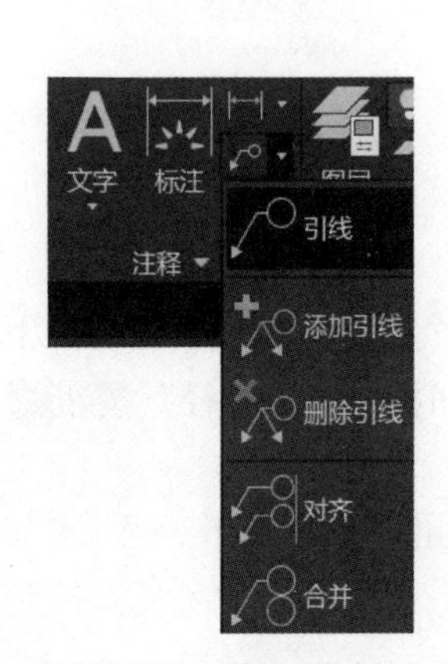

图6-27　“注释”面板（选择“引线”）

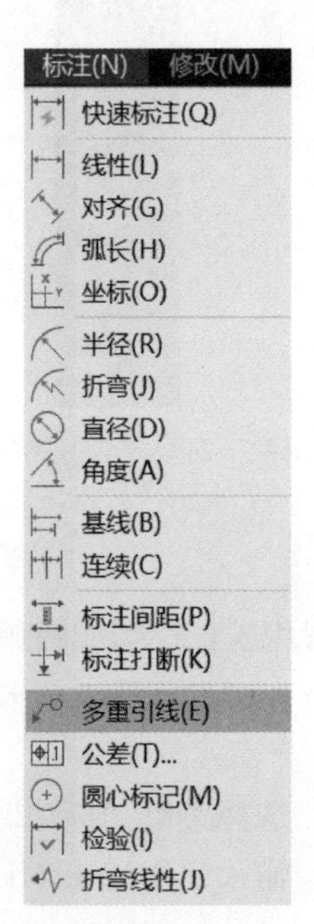

图6-28　“标注”菜单（选择“多重引线”）

2. 选项说明

执行上述任一方式操作后，命令行中各选项的含义如下：

（1）引线基线优先（L）　选择该选项，首先指定引线基线的位置。

（2）内容优先（C）　选择该选项，首先输入标注文字，再指定基线与箭头的位置。

（3）选项（O）　输入“O”，命令行提供若干选项。输入选项后的字母，选择该选项，更改引线标注的显示外观。

任务6.3　尺寸标注的编辑

在创建尺寸标注后，如果未能达到预期的效果，可以对尺寸标注进行编辑，如标注打断、编辑标注、编辑多重引线、更新标注、翻转箭头、尺寸关联、调整标注间距等。

6.3.1　标注打断

为了使尺寸结构清晰，在与标注线交叉的位置可以执行“标注打断”操作。

1. 执行方式

（1）菜单栏　选择菜单“标注”/“标注打断”命令。

（2）命令行　输入“DIMBREAK”。

2. 选项说明

执行上述任一方式操作后，选择要打断的对象，命令行中各选项的含义如下：

（1）自动（A）　此选项是默认选项，用于在标注相交位置自动生成打断，打断的距离不可控制。

（2）手动（M）　选择此选项，需要用户指定两个打断点，将两点之间的标注线打断。

（3）删除（R）　选择此选项可以删除已创建的折断。

6.3.2　编辑标注

利用“编辑标注”命令可以一次修改一个或多个尺寸标注对象上的文字内容、方向、放置位置及倾斜尺寸界线。

1. 执行方式

（1）工具栏　在“标注”工具栏，选择“编辑标注”按钮。

（2）命令行　输入“DIMEDIT”或“DED”。

2. 选项说明

执行上述任一方式操作后，命令行中各选项的含义如下。

（1）默认（H）　选择该选项并选择尺寸对象，可以按默认位置和方向放置尺寸文字。

（2）新建（N）　选择该选项后，弹出文字编辑器，选中输入框中的所有内容，然后重新输入需要的内容。

（3）旋转（R）　选择该选项后，命令行提示“指定标注文字的角度”，此时，输入文字旋转角度后，单击要修改的文字对象，即可完成文字的旋转。

（4）倾斜（O）　用于修改尺寸界线的倾斜度。选择该选项后，命令行会提示选择修改对象，并要求输入倾斜角度。

6.3.3　编辑多重引线

使用“多重引线”命令注释对象后，可以对引线的位置和注释内容进行编辑。选中创建的多重引线，引线对象以夹点模式显示，将光标移至夹点，系统弹出快捷菜单，如图6-29所示。可以执行拉伸、拉长基线操作，还可以添加引线，也可以在单击夹点之后，拖动夹点调整转折的位置。

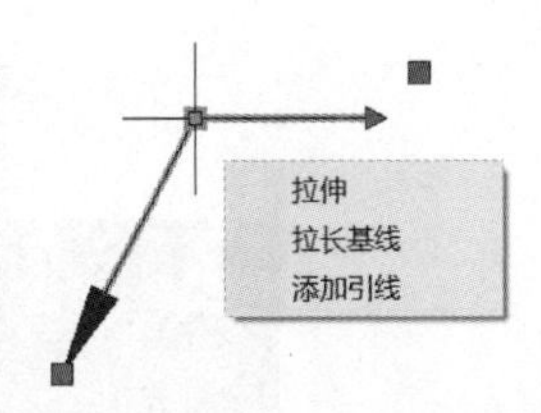

图6-29　快捷菜单

1. 添加引线

在“默认”选项卡中，单击“注释”面板中的“添加引线”按钮，如图6-30所示。执行上述操作后，调用“添加引线”命令。根据命令行的提示，首先选择多重引线标注，然后依次指定引线箭头的位置，即可添加引线。

2. 删除引线

在“默认”选项卡中，单击“注释”面板中的“删除引线”按钮，如图6-31所示。执行上述操作后，调用“删除引线”命令。首先选择多重引线标注，然后选择要删除的引线即可。

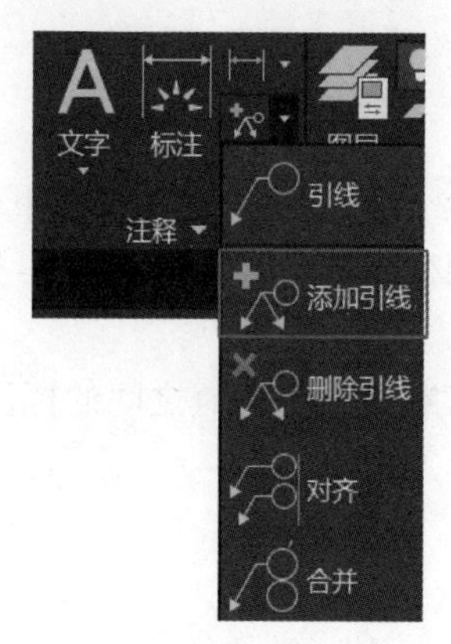

图6-30 “注释”面板（选择“添加引线”）

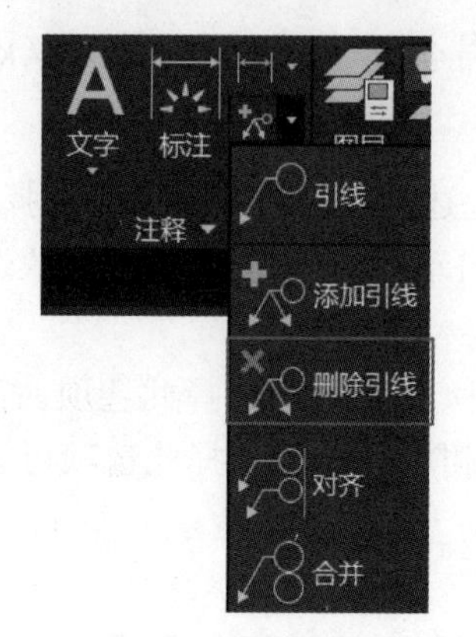

图6-31 “注释”面板（选择“删除引线”）

3. 对齐

使用“对齐”命令将多重引线对齐，并且按照一定的间距排列。在“默认”选项卡中，单击“注释”面板中的“对齐”按钮，如图6-32所示。

6.3.4 更新标注

更新标注可以用当前标注样式更新标注对象，也可以将标注系统变量保存或恢复到选定的标注样式。

1. 执行方式

执行“更新”标注命令的方法有以下几种：

(1) 菜单栏 选择菜单“标注”/“更新”，如图6-33所示。

(2) 命令行 输入“DIMSTYLE”。

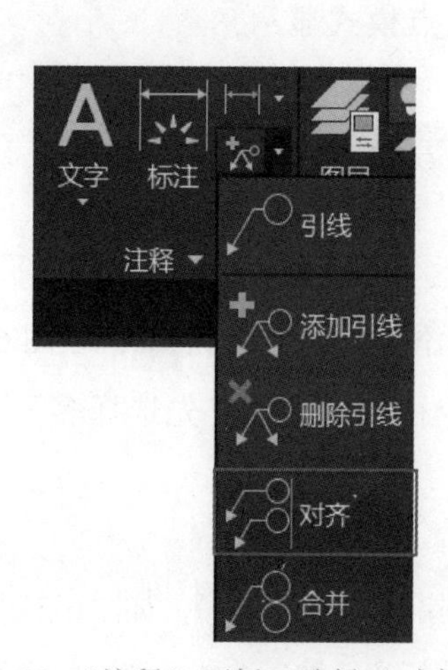

图6-32 “注释”面板（选择“对齐”）

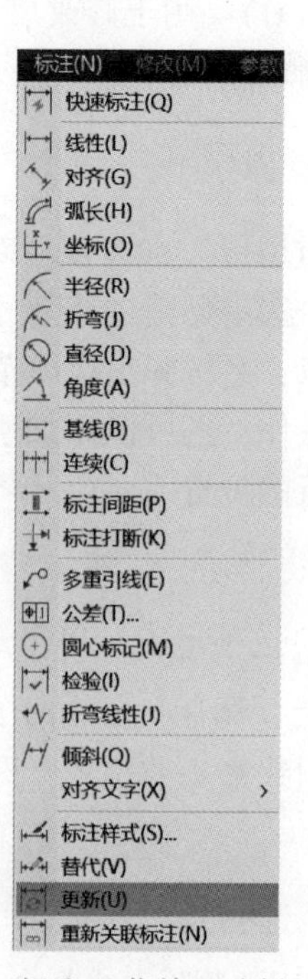

图6-33 “标注”菜单（选择“更新”）

2. 选项说明

在执行“更新”命令的过程中，命令行中各选项的含义如下：

(1) 注释性（AN）　用于创建注释性标注样式。

(2) 保存（S）　用于将标注系统变量的当前设置保存到标注样式。

(3) 恢复（R）　用于将标注系统变量设置恢复为选定标注样式的设置。

(4) 状态（ST）　用于显示图形中所有标注系统变量的当前值。

(5) 变量（V）　用于列出某个标注样式或选定标注的标注系统变量设置，但不修改当前设置。

(6) 应用（A）　将当前尺寸标注系统变量设置应用到选定标注对象，永久替代应用于这些对象的任何现有标注样式。

6.3.5　翻转箭头

当尺寸界线内的空间狭窄时，可使用翻转箭头将尺寸箭头翻转到尺寸界线之外，使尺寸标注更清晰。

选中需要翻转箭头的标注，则标注会以夹点形式显示，将鼠标移到尺寸线夹点上，弹出快捷菜单，选择“翻转箭头”命令即可翻转该侧的箭头。

6.3.6　尺寸关联

尺寸关联是指尺寸对象及其标注的对象之间建立了联系，当图形对象的位置、形状、大小等发生改变时，其尺寸对象也会随之动态更新。

1. 如何关联

在模型窗口中标注尺寸时，尺寸是自动关联的，无须用户进行关联设置。但是，如果在输入尺寸文字时不使用系统的测量值，而是由用户手动输入尺寸值，那么尺寸文字将不会与图形对象关联。

2. 解除标注关联

对于已经建立了关联的尺寸对象及其图形对象，可以使用“解除关联”命令解除尺寸与图形的关联性。解除标注关联后，对图形对象进行修改，尺寸对象不会发生任何变化。这是因为尺寸对象已经和图形对象彼此独立，没有任何关联关系了。在命令行输入“DDA”命令并按<Enter>键，选择对象，即可解除标注关联。

3. 重建标注关联

对于没有关联或已经解除了关联的尺寸对象和图形对象，可以选择菜单“标注”/“重新关联标注”命令，或在命令行中输入“DRE”命令并按<Enter>键，重建关联。

6.3.7　调整标注间距

在 AutoCAD 中进行基线标注时，如果没有设置合适的基线间距，可能使尺寸线之间的间距过大或过小。利用“调整间距”命令可以调整相互平行的线性尺寸或角度尺寸之间的距离。

执行“标注间距”命令的方法有以下几种：

（1）菜单栏　选择菜单“标注”/“标注间距”。

（2）命令行　输入“DIMSPACE”。

思考与练习

1. 绘制图6-34所示的图形，然后进行标注。
2. 绘制图6-35所示的图形，然后进行标注。

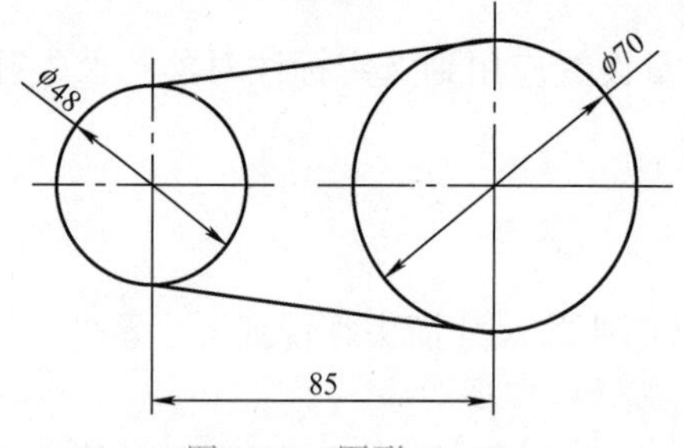

图6-34　图形（一）

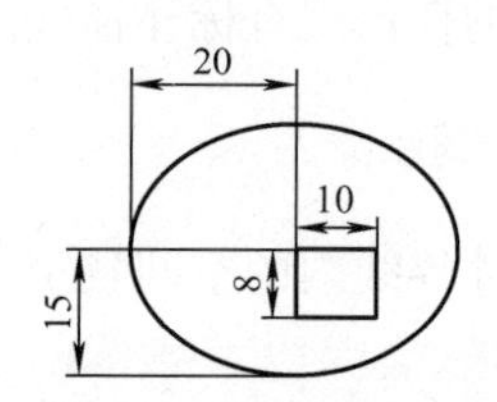

图6-35　图形（二）

3. 绘制图6-36所示的图形，然后进行标注。
4. 绘制图6-37所示的图形，然后进行标注。

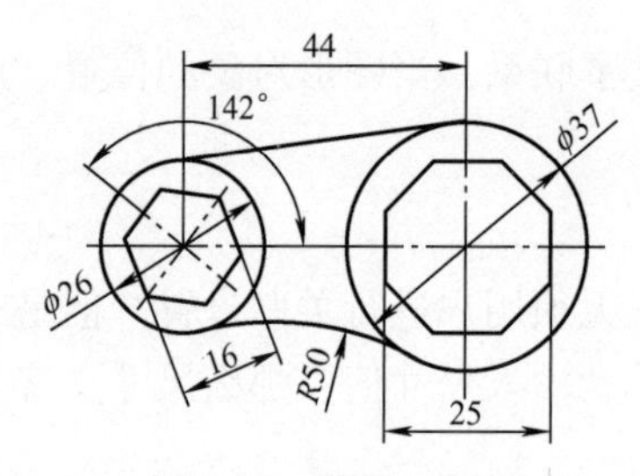

图6-36　图形（三）

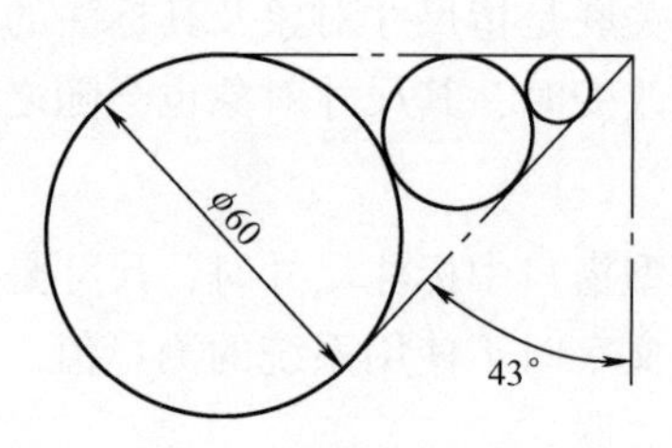

图6-37　图形（四）

5. 绘制图6-38所示的图形，然后进行标注。

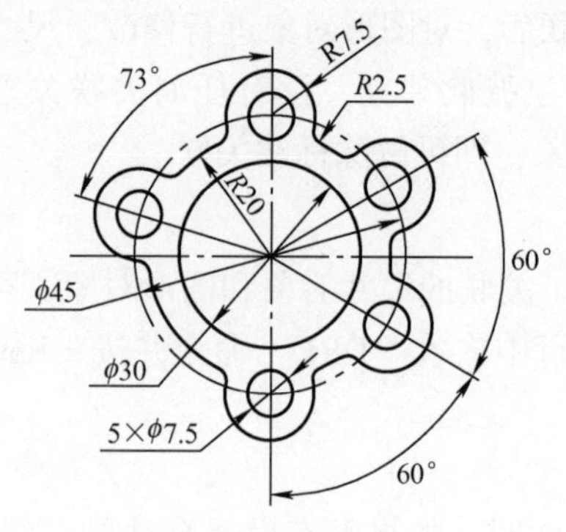

图6-38　图形（五）

项目7

常用电气元件的绘制

学习目标：▲

△ 了解常用电气元件的基本结构
△ 掌握常用电气元件的分类
△ 掌握常用电气元件的绘制方法

知识点：▲

1. 掌握基本电气元件的使用规则
2. 掌握不同类型电气元件的绘制步骤
3. 熟悉基本电气元件的用途

技能点：▲

1. 能根据元件要求进行图形绘制
2. 能结合辅助命令完善电气元件的绘制
3. 能将元件妥善地进行保存，便于后续使用

素养点：▲

1. 具备认真负责的学习态度
2. 具备严谨细致的学习作风
3. 具备学习主体意识
4. 具备职业道德意识
5. 具备团队合作意识

任务7.1 导线和连接器件的绘制

导线与连接器件是将各分散元件组合成一个完整的电路的必备元件，导线的一般符号可用于表示一根导线、导线组、电线、电缆、电路、传输线路、母线及总线等。

7.1.1 绘制三根导线

一般的导线可以表示单根导线，对于多根导线，可以分别绘制出，但也可以只绘制一根导线，并在绘制的导线上添加标志。下面介绍三根导线的绘制方法，如图7-1所示。

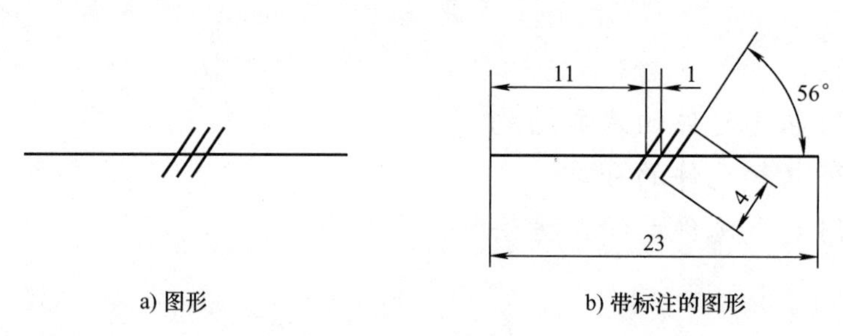

图7-1 三根导线

1）新建空白文件。

2）调用“直线”命令，绘制一条长度为4mm的水平直线。

3）调用“旋转”命令，以直线的中点为基点，将直线旋转56°。

4）调用“直线”命令，以上述的直线中点为起点，向左绘制一条长度为11mm的水平直线，向右绘制一条长度为12mm的水平直线。

5）调用“复制”命令，将3）中的直线向右进行复制，水平间距为1mm。

7.1.2 绘制双T连接导线

双T连接导线是一种T形导线，包含3个方向，常用于多线连接。下面介绍双T连接导线的绘制方法，如图7-2所示。

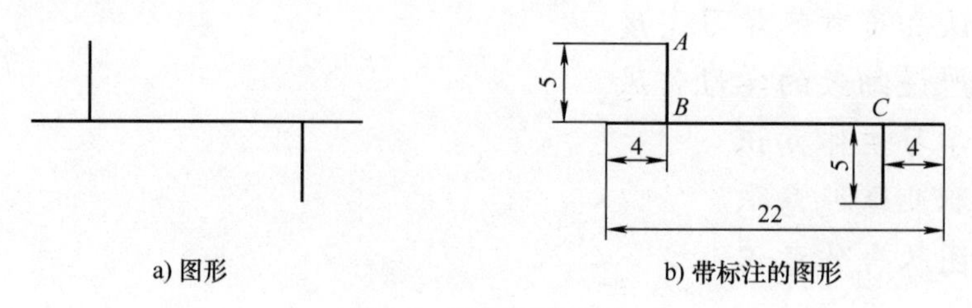

图7-2 双T连接导线

1）新建空白文件。

2）调用“直线”命令，从A点出发，向下绘制一条长度为5mm的竖直线，再向左绘制一条水平的长度为4mm的水平直线。

3）调用“直线”命令，从B点出发，向右绘制一条长度为14mm的水平直线，到达C

点，再向下绘制一条长度为5mm的竖直线。

4）调用“直线”命令，从C点出发，向右绘制一条长度为4mm的水平直线。

7.1.3 绘制软连接

软连接是现场设备应用进程之间的连接，是一种逻辑上的连接，适用于各种高压电器、真空电器、矿用防爆开关及汽车、机车等相关产品。下面介绍软连接的绘制方法，如图7-3所示。

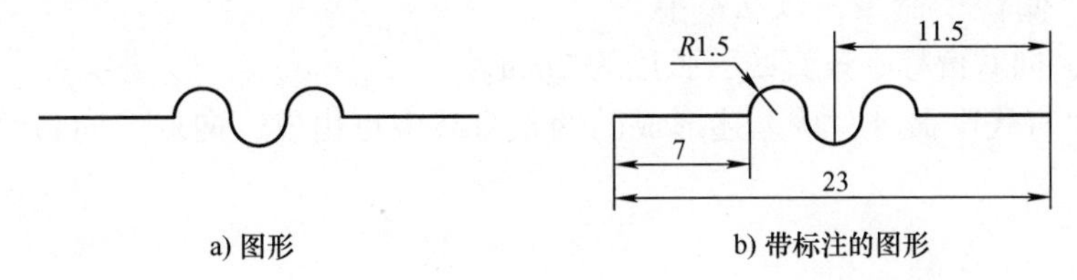

图7-3 软连接

1）新建空白文件。

2）调用“直线”命令，绘制一条长度为23mm的水平直线。

3）调用“圆”命令，绘制一个圆，以2）中的直线中点为圆心，半径为1.5mm。

4）调用“复制”命令，向右向左各复制一个圆。

5）调用“修剪”命令，把多余的直线和圆弧修剪掉。

任务7.2 阻容感元件的绘制

7.2.1 电阻器的绘制

电阻器是限流元件，将电阻器接在电路中后，其阻值是固定的，一般有两个引脚，它可限制通过它所连支路的电流大小。下面介绍电阻器的绘制方法，如图7-4所示。

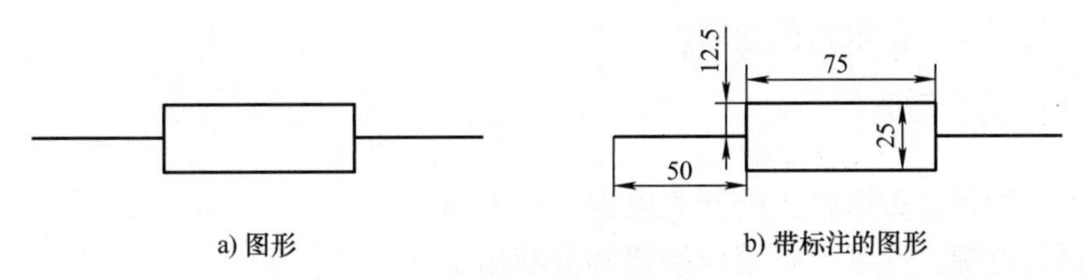

图7-4 电阻器

1）新建空白文件。

2）调用“矩形”命令，绘制一个宽度为75mm、高度为25mm的矩形。

3）调用“直线”命令，从矩形高的中点出发，向左和向右各自绘制一条长度为50mm的水平直线。

7.2.2 电容器的绘制

电容器是两金属板之间存在绝缘介质的一种电路元件。电容器利用两个导体之间的电场来储存能量，两导体所带的电荷大小相等，但符号相反。下面介绍电容器的绘制方法，如图7-5所示。

1）新建空白文件。

2）调用“直线”命令，绘制一条长度为6mm的竖直线。

3）调用“偏移”命令，以2）中的直线为基础，向右偏移一条直线，长度为2mm。

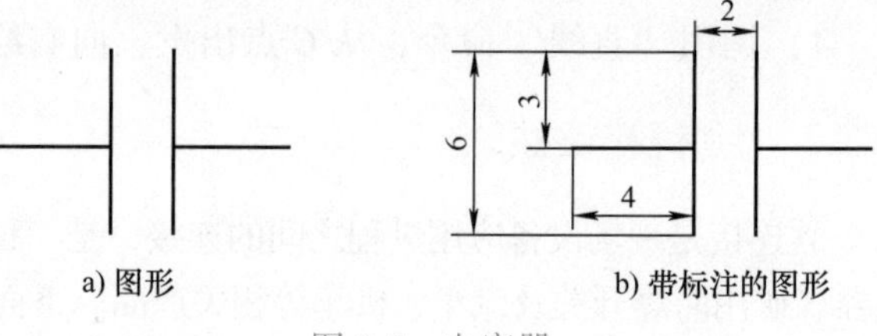

图7-5　电容器

4）调用“直线”命令，从上述形成的两条直线中点出发，向左、向右绘制水平直线，长度为4mm。

7.2.3　电感器的绘制

电感器是能够把电能转换为磁能存储起来的元件。下面介绍电感器的绘制方法，如图7-6所示。

1）新建空白文件。

2）调用“圆弧”命令，绘制一个半径为10mm的半圆弧。

3）调用“复制”命令，将圆弧复制，复制3次。

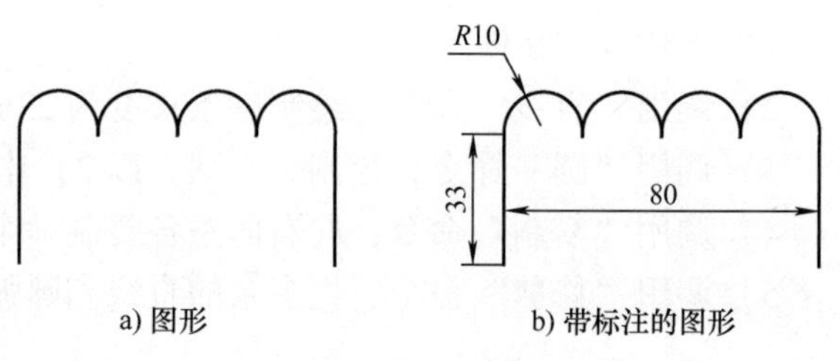

图7-6　电感器

4）调用“直线”命令，从第1和第4个圆弧的端点出发，绘制长度为33mm的竖直线。

任务7.3　开关的绘制

开关是一种基本的低压电器，是用来接通和断开电路的元件，是电气设计中常用的电气控制器件，主要用于控制电路的通断。

7.3.1　刀开关的绘制

刀开关是一种带刀刃形触头的开关电器。在电路中主要用于隔离电源，或者不频繁地接通和分断额定电流以下的负载。下面介绍刀开关的绘制方法，如图7-7所示。

1）新建空白文件。

2）调用“直线”命令，绘制下面一段的竖直线，长度为37.5mm。

3）调用“直线”命令，绘制上面一段的竖直线，用相对坐标找到B点坐标，长度为37.5mm。

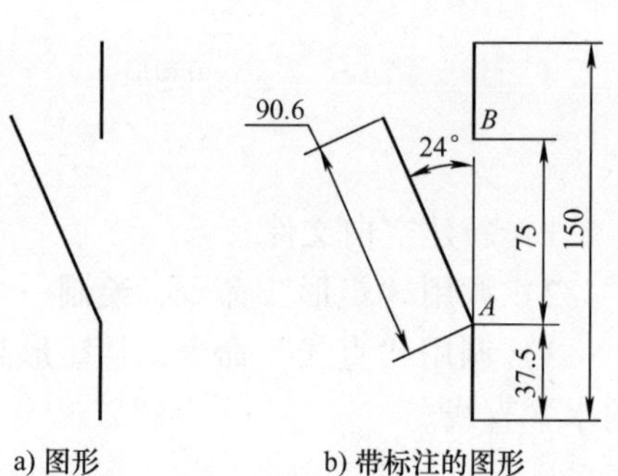

图7-7　刀开关

4）调用“直线”命令，绘制一段竖直线，从A点出发，长度为90.6mm。

5）调用“旋转”命令，以 A 点为基点，将长度为90.6mm 的直线旋转24°。

7.3.2　隔离开关的绘制

隔离开关是在电路中起隔离作用的开关，是高压开关电器中使用最多的一种电器。下面介绍隔离开关的绘制方法，如图7-8所示。

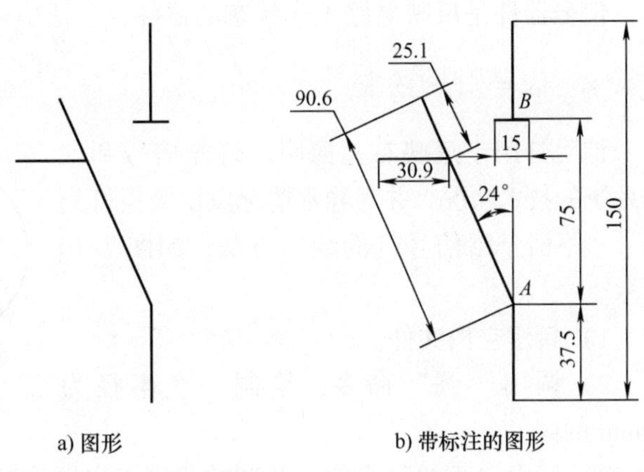

图7-8　隔离开关

1）新建空白文件。

2）调用“直线”命令，绘制下面一段的竖直线，长度为37.5mm。

3）调用“直线”命令，绘制上面一段的竖直线，用相对坐标找到 B 点坐标，长度为37.5mm。

4）调用“直线”命令，绘制一段竖直线，从 A 点出发，长度为90.6mm。

5）调用“旋转”命令，以 A 点为基点，将长度为90.6mm 的直线旋转24°。

6）调用“直线”命令，打开极轴追踪，绘制以 B 为中点的水平线，长度为15mm，以及从斜线上的一点出发的水平线，长度为30.9mm。

7.3.3　按钮的绘制

按钮是指利用按钮推动传动机构，使动触点与静触点接通或断开以实现电路换接的开关。按钮是一种结构简单，应用十分广泛的主令电器。下面介绍按钮的绘制方法，如图7-9所示。

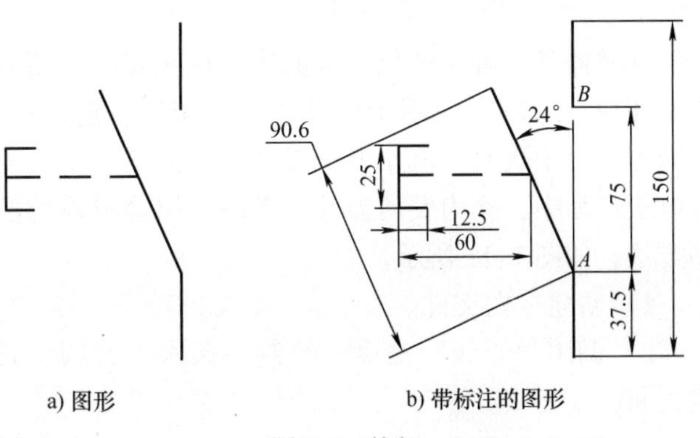

图7-9　按钮

1）新建空白文件。

2）调用“直线”命令，绘制下面一段的竖直线，长度为37.5mm。

3）调用“直线”命令，绘制上面一段的竖直线，用相对坐标找到 B 点坐标，长度为37.5mm。

4）调用“直线”命令，绘制一段竖直线，从 A 点出发，长度为90.6mm。

5）调用“旋转”命令，以 A 点为基点，将长度为90.6mm 的直线旋转24°。

6）调用“直线”命令，从斜线中点出发，向右绘制水平线，长度为60mm，然后把线型改成虚线。

7）调用“直线”命令，从虚线的端点出发，向上绘制竖直线，长度为12.5mm，再向右绘制水平线，长度为12.5mm。

8）调用“镜像”命令，将7）中绘制好的线进行镜像处理。

任务7.4 信号器件的绘制

信号器件是反映电路工作状态的器件，广泛应用于电气设计中。

7.4.1 信号灯的绘制

信号灯用于反映有关照明、灯光信号和工作系统的技术状况，并对异常情况发出警报灯光信号。下面介绍信号灯的绘制方法，如图7-10所示。

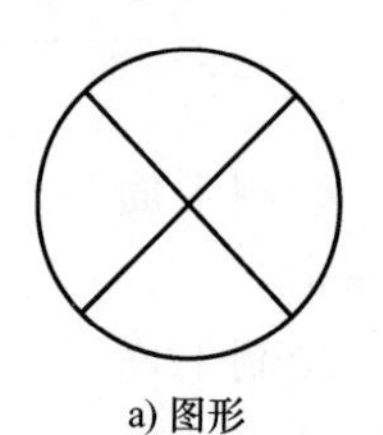
a) 图形

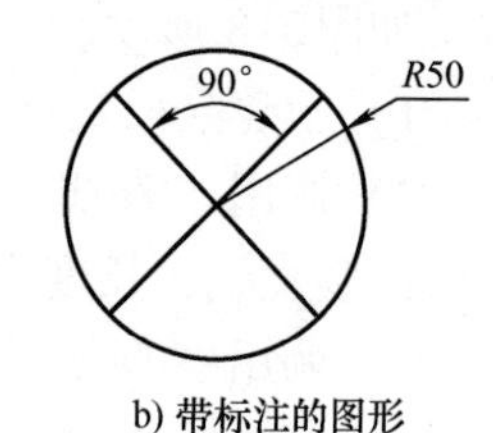

b) 带标注的图形

图7-10 信号灯

1）新建空白文件。

2）调用“圆”命令，绘制一个半径为50mm的圆。

3）调用“直线”命令，从圆的象限点出发绘制一条水平线。

4）调用“旋转”命令，以水平线的中点为基点，旋转角度为45°，将3）中的直线进行旋转。

5）调用“直线”命令，从圆的象限点出发绘制一条水平线。

6）调用“旋转”命令，以水平线的中点为基点，旋转角度为-45°，将5）中的直线进行旋转。

7.4.2 蜂鸣器的绘制

蜂鸣器是一种一体化结构的电子讯响器，采用直流电压供电，广泛应用于计算机、打印机、复印机、报警器、电子玩具、汽车电子设备、电话机及定时器等电子产品中，作为发声器件。下面介绍蜂鸣器的绘制方法，如图7-11所示。

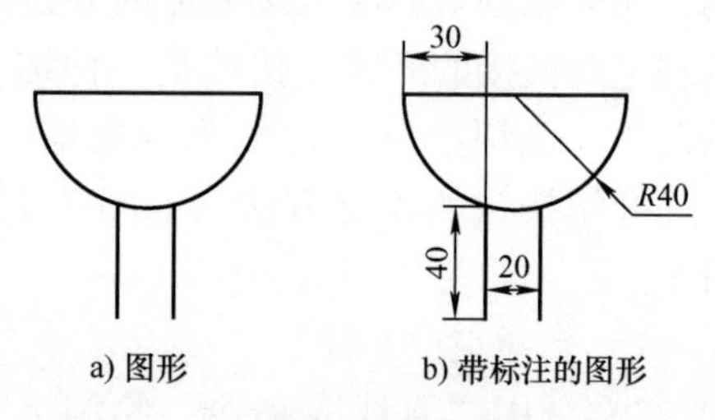

图7-11 蜂鸣器

1）新建空白文件。

2）调用“直线”命令，绘制一条水平直线，长度为80mm。

3）调用“圆弧”命令，绘制一个圆弧，圆弧的两个端点与直线的两个端点重合，圆弧的中心为直线的中点。

4）调用“直线”命令，绘制一条与圆弧相交的竖直线，长度为40mm。

5）调用“复制”命令，将4）中的直线水平向右复制一次，两直线间距为20mm。

任务7.5 仪表的绘制

仪表用于测量、记录和计量各种电学量的表计和仪器，常用的仪表有电压表、电度表等。

7.5.1 电压表的绘制

电压表又称伏特表，是测量电压的一种仪器，常用电压表符号为 V，在灵敏电流计里面有一个永磁体，在电流计的两个接线柱之间串联一个由导线构成的线圈，线圈放置在永磁体的磁场中，并通过传动装置与表的指针相连。下面介绍电压表的绘制方法，如图 7-12 所示。

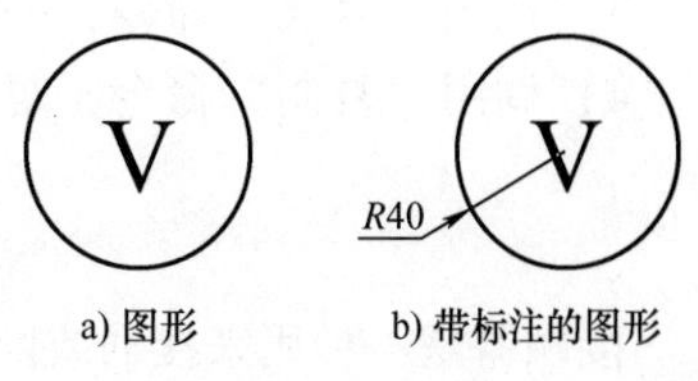

图 7-12 电压表

1）新建空白文件。

2）调用“圆”命令，绘制一个半径为 40mm 的圆。

3）调用“多行文字”命令，修改“文字高度”为 20mm，创建多行文字。

7.5.2 电度表的绘制

电度表指累计电能的电表，俗称火表，有直流电度表和交流电度表两种。交流电度表又分为三相电度表和单相电度表两种，三相电度表用于电力用户，单相电度表用于照明用户，家用电度表多是单相电度表。下面介绍电度表的绘制方法，如图 7-13 所示。

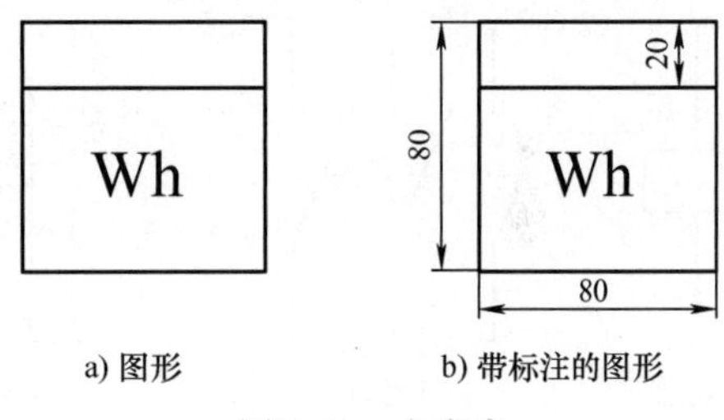

图 7-13 电度表

1）新建空白文件。

2）调用“矩形”命令，绘制一个矩形，宽为 80mm，高为 80mm。

3）调用“直线”命令，绘制一条水平直线，离矩形上面的水平线距离为 20mm。

4）调用“多行文字”命令，以图 7-13 中的矩形框作为基准框，输入文字“Wh”。

任务 7.6 其他常用电气元件的绘制

7.6.1 继电器的绘制

继电器是一种电子控制器件，它具有控制系统（又称输入回路）和被控制系统（又称输出回路），通常应用于自动控制电路中，它实际上是用较小的电流去控制较大电流的一种“自动开关”，故在电路中起着自动调节、安全保护、转换电路等作用。下面介绍继电器的绘制方法，如图 7-14 所示。

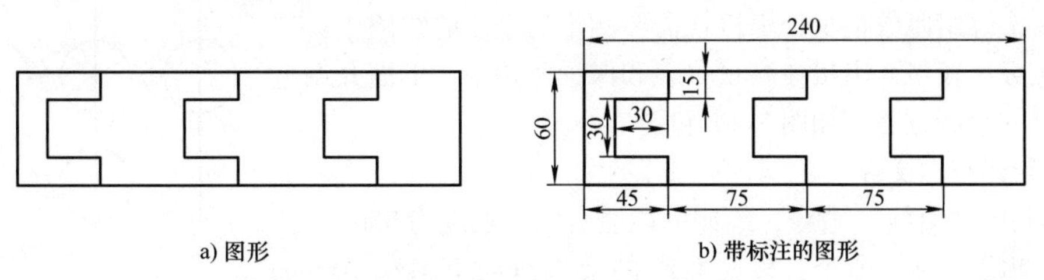

图 7-14 继电器

1）新建空白文件。

2）调用“矩形”命令，绘制一个矩形，宽为240mm，高为60mm。

3）调用“直线”命令，采用极轴追踪，绘制矩形内部的一个图形。

4）调用“复制”命令，复制3）中完成的图形2次，间距为75mm。

7.6.2　接触器的绘制

接触器是一种用来接通或断开电动机或其他负载主回路的自动切换电器。接触器因具有控制容量大的特点而适用于频繁操作和远距离控制的电路中。接触器如图7-15和图7-16所示，下面以其主触点为例介绍接触器的绘制方法。

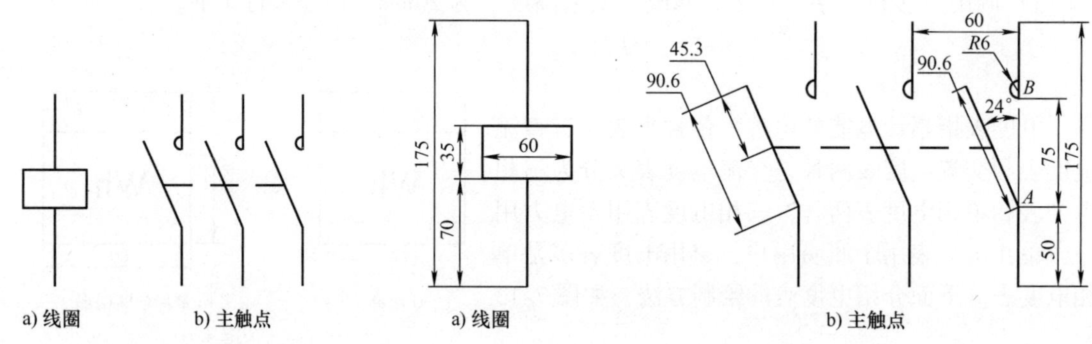

图7-15　接触器

图7-16　带尺寸标注的接触器

1）新建空白文件。

2）调用“直线”命令，绘制下面一段的竖直线，长度为50mm。

3）调用“直线”命令，绘制上面一段的竖直线，用相对坐标找到*B*点坐标，长度为50mm。

4）调用“直线”命令，绘制一段竖直线，从*A*点出发，长度为90.6mm。

5）调用“旋转”命令，以*A*点为基点，将长度为90.6mm的直线旋转24°。

6）调用“圆弧”命令，绘制一个半圆弧，以*B*点为一个端点，半径为6mm。

7）调用“复制”命令，复制两次上面的直线和半圆弧，间距为60mm。

8）调用“直线”命令，绘制一条水平虚线，从最左边的斜线中点出发到最右边的斜线中点。

7.6.3　电流互感器的绘制

电流互感器是依据变压器原理制成的，由闭合的铁心和绕组组成。一次绕组匝数很少，串接在需要测量的电流的线路中；二次绕组匝数比较多，串接在测量仪表和保护回路中。下面介绍电流互感器的绘制方法，如图7-17和图7-18所示。

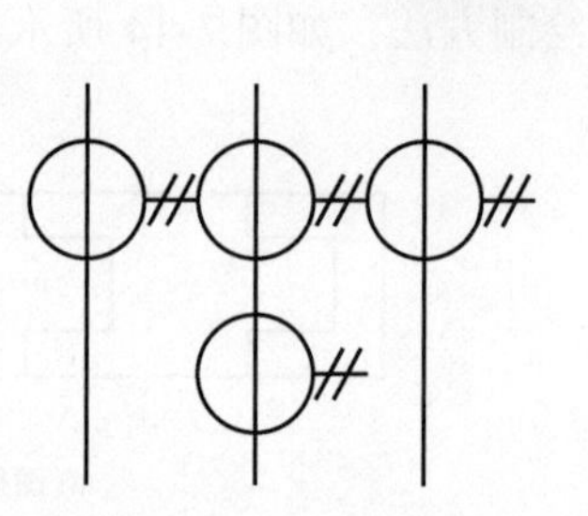

图7-17　电流互感器

1）新建空白文件。

2）调用“直线”命令，绘制一段竖直线，长度为350mm。

3）调用“圆”命令，以竖直线的上端点向下追踪100mm的基点为圆心，绘制半径为50mm的圆。

4）调用“直线”命令，以圆的右象限点为起点，向右绘制一条长度为50mm的水平线。

5）调用“点”命令，将4）中直线上一个基点用点做标记，该基点与直线左端点的距离为17mm。

6）调用“旋转”命令，以5）中的基点为旋转的基准点，将4）中的直线沿逆时针方向旋转60°。

7）调用“直线”命令，以圆的右象限点为起点，向右绘制一条长度为50mm的水平线。

8）调用“复制”命令，复制6）中的斜线，以5）中的基点为基准点，水平向右复制，间距为17mm。

9）调用“复制”命令，复制1）~8）中形成的所有图形，水平向右复制，间距为150mm，再水平向左复制，间距也是150mm。

10）调用“复制”命令，复制中间的圆和与该圆相连的右水平线，以及水平线上的两条斜线，以圆心为基点，竖直向下复制，间距为150mm。

7.6.4　三相电动机的绘制

三相电动机是用三相交流电驱动的交流电动机。其工作原理是当电动机的三相定子绕组（各相相差120°电角度）通入三相交流电后，将产生一个旋转磁场，该旋转磁场切割转子，从而带动电动机旋转运行。下面介绍三相电动机的绘制方法，如图7-19所示。

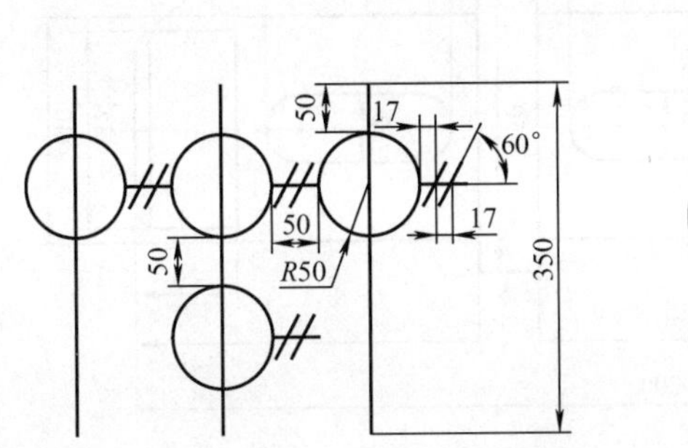

图7-18　带尺寸标注的电流互感器

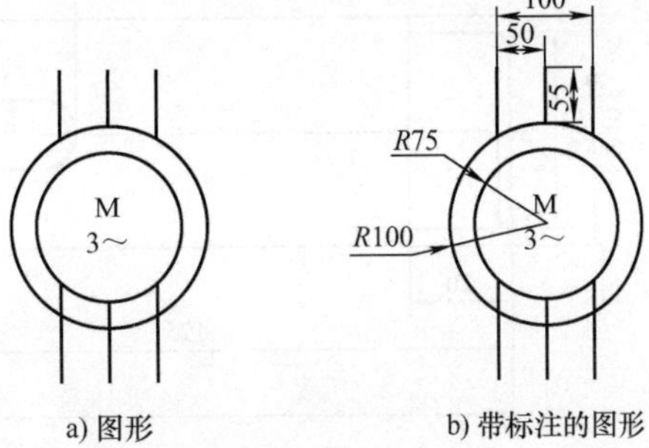

图7-19　三相电动机

1）新建空白文件。

2）调用“圆”命令，绘制一个半径为75mm的圆。

3）调用“圆”命令，绘制一个半径为100mm的圆，与2）的圆同心。

4）调用“直线”命令，从外面的象限点出发，绘制一条竖直线，长度为55mm。

5）调用“偏移”命令，以4）中的直线为基础，向左和向右各自偏移直线，距离为50mm。

6）调用“延伸”命令，将5）中形成的直线延伸到与外圆相交。

7）调用“镜像”命令，完成下面三条竖线的绘制。

8）调用“延伸”命令，将7）中形成的直线延伸到与内圆相交。

思考与练习

1. 绘制图 7-20a 所示晶体管，尺寸参考图 7-20b，箭头最宽为 1.5mm。

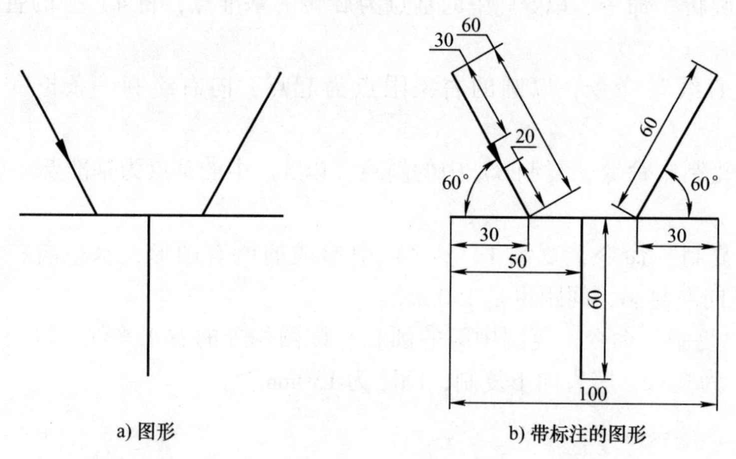

图 7-20　晶体管

2. 完成阶梯轴的绘制，如图 7-21 所示。

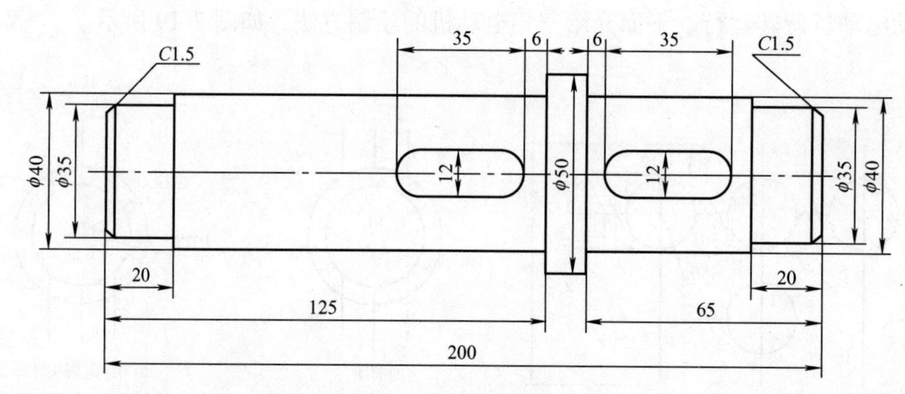

图 7-21　阶梯轴

项目8

电路图的设计实例

学习目标：▲

△ 掌握电路图的设计原则
△ 掌握电路图的设计步骤
△ 了解常用电路图的基本原理

知识点：▲

1. 掌握白炽灯照明线路图的绘制方法
2. 掌握高压钠灯电气线路图的绘制方法
3. 掌握带式运输机电气线路图的绘制方法

技能点：▲

1. 能根据要求绘制电路图所需的元件
2. 能将绘制好的元件进行整体布局和连线
3. 能结合辅助命令完成电路图的绘制

素养点：▲

1. 具备认真负责的学习态度
2. 具备严谨细致的学习作风
3. 具备学习主体意识
4. 具备职业道德意识
5. 具备团队合作意识

任务8.1 电路图的简介

8.1.1 电路图概述

电气电路图简称电路图，它是表达项目电路组成和物理连接信息的简图。电路图可直接表述电力或电气线路的结构和工作原理，说明产品各组成部分的电气连接关系，为绘制接线图、印制电路板图提供依据，可给出电路中各设备和元器件的关键参数以为检测、更换设备和元器件提供依据，并可给出有关测试点的工作电压以为检修电路故障提供方便等，多用于电路的设计与分析工作。

按照不同的标准，电路图可以有不同的分类。例如，按照所表达对象的完整性来划分，电路图可分为整机电路图和单元电路图。整机电路图通常由若干个单元电路图构成。按照特定应用特点来划分，电路图还可以分为应用电路图和原理电路图，前者是能够直接用于生产实际的电路图，而后者则是理想化的、供研究和教学使用的电路图。

1. 电路图的特点

(1) 完整性　电路图通常包括整个系统、成套设备、装置或所要表达电路单元的所有电路，并提供分析、测试、安装、维修所需的全部信息。

(2) 规范性　电路图中所使用的符号、连接性和相关说明等必须符合国家标准。

(3) 清晰合理性　电路图中的布局应以电路所要实现的功能为核心安排，以使读者能够迅速准确地理解电路的功能。

(4) 针对性　用途不同，电路图所采用的表达方法也不同，如绘制发电厂或工厂控制系统的电路图，其主电路的表示应便于研究主控系统的功能。

2. 电路图的组成

在介绍具体的电路图绘制实例之前，应该要先了解电路图的内容。电路图至少应表示项目的实现细节，可不考虑器件的实际物理尺寸和形状。一张完整的电路图包括的内容主要有以下几个方面：

1）表示电路中元件与功能的图形符号。

2）表示元件或功能图形符号之间的连接线，包括单线或多线，连续线或中断线。

3）项目代号，如表示项目功能面、产品面、位置面结构的参照代号。

4）端子代号。

5）用于逻辑信号的电平约定。

6）电流寻迹必需的信号（信息代号、位置检索标记）。

7）项目功能必需的补充信息。

8.1.2 电路图的绘制原则

电路图绘制的几点原则如下：

(1) 规范性原则　必须严格按照国家电气制图标准来绘制电路图，在缺少标准时应遵从规范原则和行业规律。

（2）完整性原则　电路图应该能够完整地反映电气电路的组成，不遗漏任何一种电气电路设备、主要元器件。

（3）合理性原则　电路图的布局应根据所表达电路的实际需要，合理地安排电路符号，突出表达各部分的功能。

（4）清晰性原则　电路图应符合人们的阅读习惯，易于读图，各种图形符号分布均匀、连线横平竖直、有序，图面清楚、简洁、整齐且美观。

8.1.3 电路图的画法

电路图绘制的一个重点在于其布局。布局原则是合理、排列均匀，保证画面清楚有序，便于读图；用图形符号表示元件，标注应在图形符号的上方或左侧；布置电路图时，按工作原理从左到右、从上到下排列，元件放置尽量横竖平齐，输入端通常在左，而输出端通常在右；元件之间用实线连接，原则是尽量短而少交叉、横平竖直，如果连线过长时应使用中断线，功能单元可用围框；电路图中的可动元件要按无电状态时的位置画出。

电路图要根据上述布局原则和电气工作原理进行绘制。电路图的画法步骤主要包括电路分析、布局、电气图形符号排序、连线、调整修正、注写文字符号、填写标题栏和检查修改等步骤。

任务8.2 白炽灯照明线路图的绘制

白炽灯具有结构简单、使用方便的优点，因而被广泛用于工矿企业、机关学校和家庭的普通照明。图8-1所示为一个单联开关控制一盏白炽灯的电气线路图，下面介绍具体的绘制步骤。

8.2.1 设置绘图环境

1）执行“文件”/“新建”命令，新建图形文件。

2）执行“格式”/“文字样式”命令，打开“文字样式”对话框，选择simplex.shx字体，如图8-2所示。

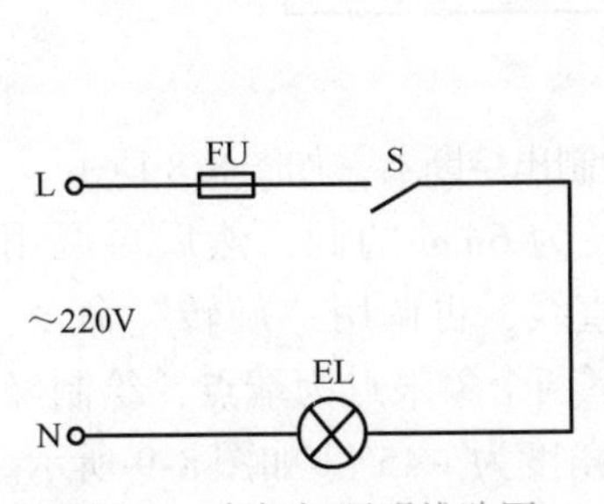

图8-1　白炽灯照明线路图

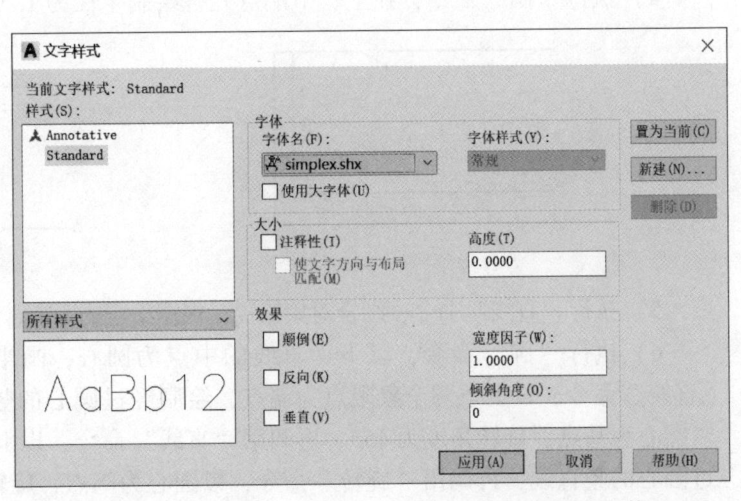

图8-2　“文字样式”对话框（选择“simplex.shx”字体）

3）执行“文件”/“另存为”命令，打开“图形另存为”对话框，在“文件名”文本框中输入“白炽灯照明线路图”。

4）设置图层，单击“图层”面板中的“图层特性”按钮，弹出“图层特性管理器”选项板，单击“新建图层”按钮，设置图层，可以设置图层的颜色、线型及线宽等参数，如图 8-3 所示。

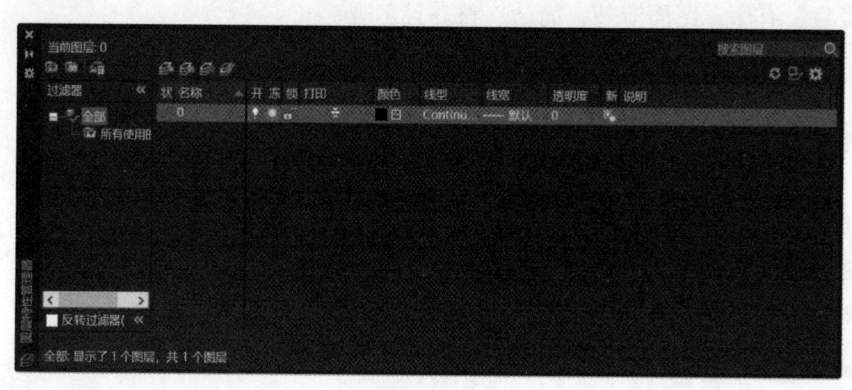

图 8-3　图层设置

8.2.2　电路图的绘制

1）执行“直线”命令，绘制图 8-4 所示的直线。

2）执行“旋转”命令，将长度为 6mm 的直线，以其右边的端点为基点，逆时针旋转 30°，如图 8-5 所示。

图 8-4　绘制直线　　　图 8-5　旋转直线的结果

3）执行“直线”命令，捕捉端点继续绘制直线，如图 8-6 所示。

4）执行“圆”命令，在上、下端点处各绘制半径为 1.5mm 的圆，如图 8-7 所示。

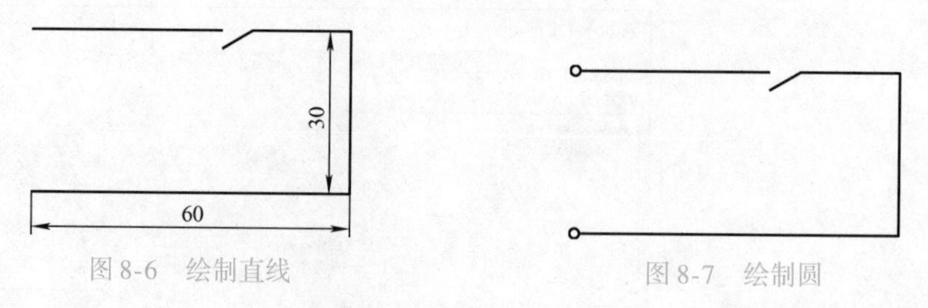

图 8-6　绘制直线　　　图 8-7　绘制圆

5）执行“直线”命令，结合对象捕捉，根据给定的距离，绘制出熔断器，如图 8-8 所示。

6）执行“圆”命令，以下面直线的中点为圆心，画半径为 6mm 的圆，然后再调用“直线”命令，以上下两个象限点为端点，绘制经过圆心的竖直线，再调用“旋转”命令，以圆心为基点，旋转角度为 45°。再调用“直线”命令，以上下两个象限点为端点，绘制经过圆心的竖直线，再调用“旋转”命令，以圆心为基点，旋转角度为 –45°，如图 8-9 所示。

7）执行“修剪”命令，形成图 8-10 所示的效果。

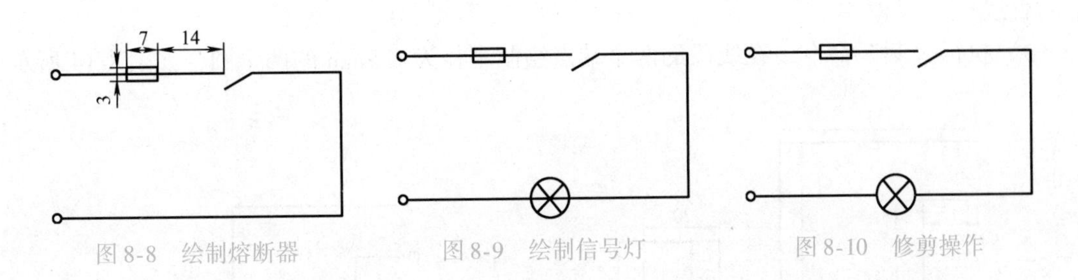

图 8-8 绘制熔断器　　图 8-9 绘制信号灯　　图 8-10 修剪操作

8.2.3 注释文字的添加

1）执行“格式”/“文字样式”命令，设置字高为 2.5mm，如图 8-11 所示。

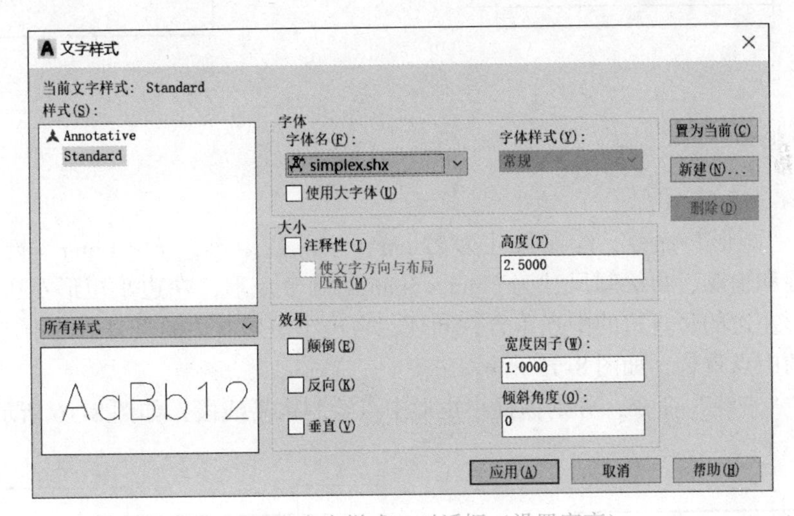

图 8-11 “文字样式”对话框（设置字高）

2）调用“单行文字”命令，在图形相应位置输入文字，效果如图 8-1 所示。

任务 8.3 高压钠灯电气线路图的绘制

高压钠灯具有省电节能、寿命长、光效高、透雾性好等许多优点，被广泛用于对照度要求高但对光色无特别要求的高大厂房，以及有振动和多烟尘的场所。图 8-12 所示为高压钠灯电气线路图。

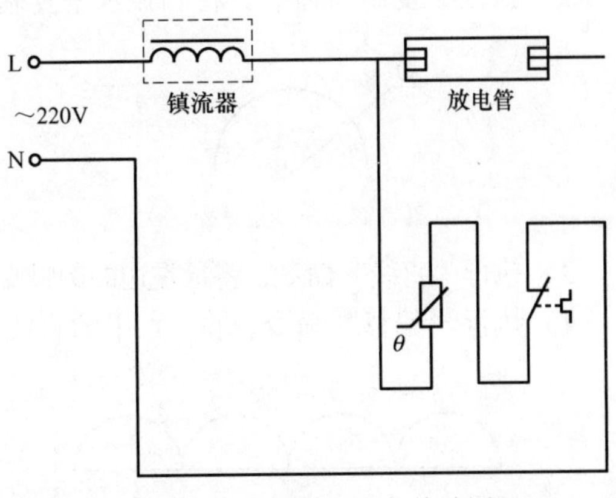

图 8-12 高压钠灯电气线路图

8.3.1 绘制线路结构

1）启动 AutoCAD 2020，在快速访问工具栏中单击“保存”按钮，将文件保存为“高压钠灯电气线路图.dwg”文件。

2）执行“直线”命令，绘制图 8-13 所示的直线。

3）执行“圆”命令，在线段的两个端点绘制半径为1.5mm的两个圆，如图8-14所示。

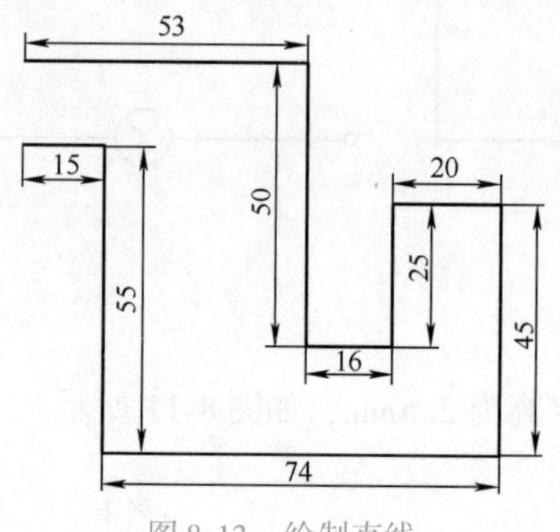

图8-13　绘制直线

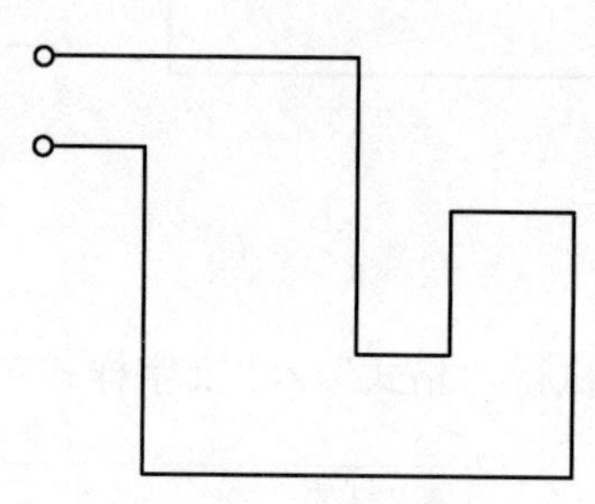
图8-14　绘制圆

8.3.2　绘制电气元件

1. 绘制放电管

1）执行“矩形”命令，绘制尺寸为22mm×6mm的矩形，按<Enter>键重复矩形命令，利用捕捉和追踪，再绘制尺寸为3mm×3mm的两个矩形，左边小矩形左边的竖直边的中点与大矩形左边的竖直边的中点重合，同理，右边小矩形右边的竖直边的中点与大矩形右边的竖直边的中点重合，如图8-15所示。

2）执行“直线”命令，分别捕捉小矩形中点绘制水平线段，如图8-16所示。

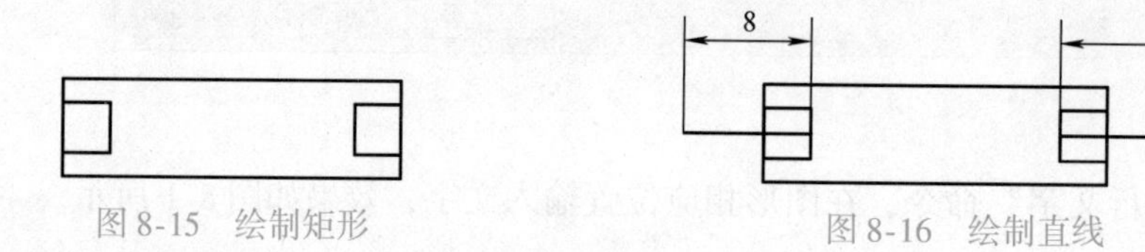

图8-15　绘制矩形　　图8-16　绘制直线

2. 绘制镇流器

1）执行“圆弧”命令，绘制一个半径为2mm的半圆弧，如图8-17所示。

2）执行“复制”命令，将圆弧水平复制3个，如图8-18所示。

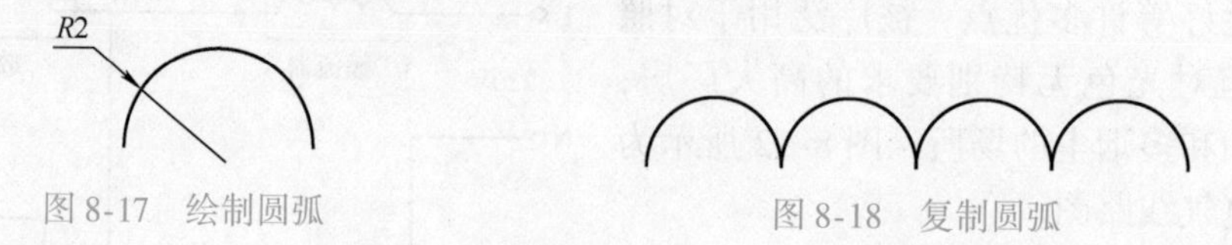

图8-17　绘制圆弧　　图8-18　复制圆弧

3）执行“直线”命令，将最左边的圆弧端点和最右边的圆弧端点相连，如图8-19所示。

4）执行“偏移”命令，将3）中的直线向上偏移，偏移距离为3mm，如图8-20所示。

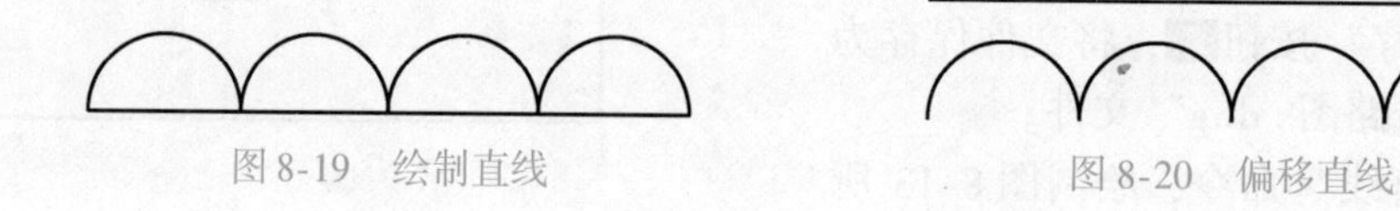
图8-19　绘制直线　　图8-20　偏移直线

3. 绘制热敏电阻

1）执行“矩形”命令，绘制尺寸为4mm×8mm的矩形，如图8-21所示。

2）执行“直线”命令，绘制斜线和水平线，如图8-22所示。

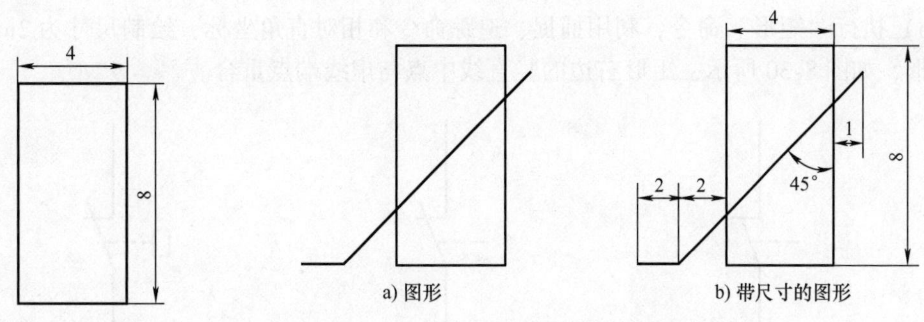

图8-21　绘制矩形　　　　图8-22　绘制斜线和水平线

3）执行“多行文字”命令，字高为2.5mm，在相应位置输入文字“θ”，如图8-23所示。

4）执行“直线”命令，在矩形上下端各绘制长度为9mm的两条竖直线，从矩形的上下两边的中点出发，如图8-24所示。

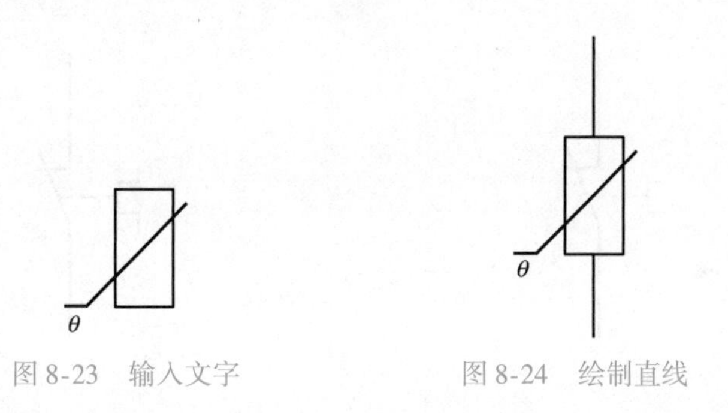

图8-23　输入文字　　　　图8-24　绘制直线

4. 绘制热继电器常闭触点

1）执行“直线”命令，绘制图8-25所示的3条线段。

2）执行“旋转”命令，将中间直线绕下端点旋转-25°，结果如图8-26所示。

3）执行“直线”命令，捕捉端点并向右绘制长度为3mm的水平直线，如图8-27所示。

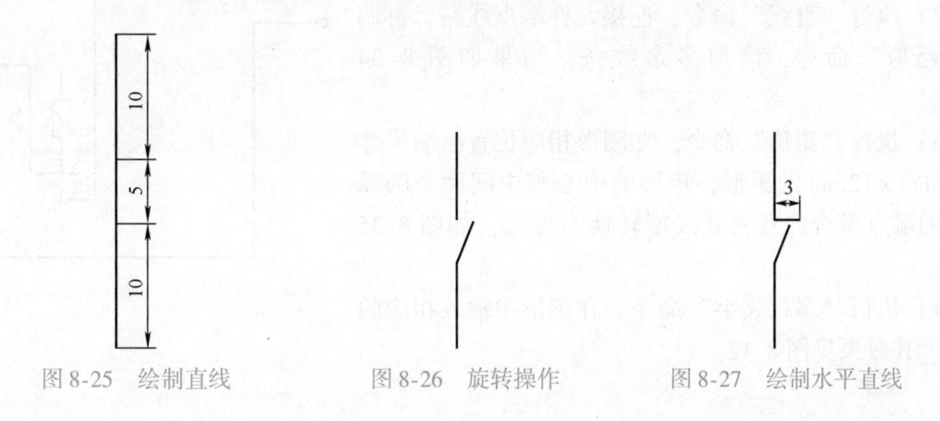

图8-25　绘制直线　　　　图8-26　旋转操作　　　　图8-27　绘制水平直线

4）执行“直线”命令，捕捉斜线中点并向左绘制长度为4mm的水平线，且将线型设置为虚线，如图8-28所示。

5）执行“拉长”命令，根据命令提示行选择“增量（ED）”，设置增量长度为2mm，然后在斜线上端单击，将斜线上端拉长2mm，如图8-29所示。

6）执行“矩形”命令，利用捕捉、追踪命令和相对直角坐标，绘制尺寸为2mm×3mm的矩形，如图8-30所示，矩形右边的竖直线中点与虚线端点重合。

图8-28　绘制虚直线　　图8-29　拉长操作　　图8-30　绘制矩形

7）执行“修剪”命令，将6）中矩形左边的竖直线修剪掉，如图8-31所示。

8）执行“直线”命令，捕捉上、下端点，各向上、向下绘制长度为2mm的两条垂直线段，如图8-32所示。

图8-31　修剪操作　　图8-32　绘制直线

8.3.3　组合线路图

1）执行“移动”命令，将元件符号移动至线路相应位置，如图8-33所示。

2）执行“直线”命令，连接元件端点线路，再调用“修剪”命令，修剪多余线条，结果如图8-34所示。

3）执行“矩形”命令，在图形相应位置绘制尺寸为26mm×12mm的矩形，矩形的中心与中间两个圆弧相交的端点重合，且将其线型转换为虚线，如图8-35所示。

4）执行“多行文字”命令，在图形中输入相应的文字，其效果见图8-12。

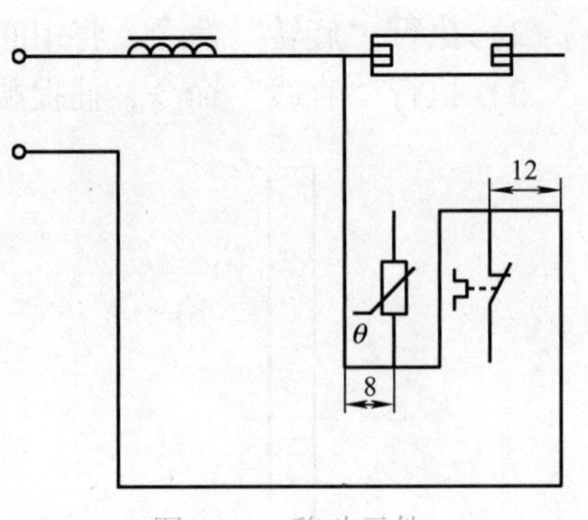

图8-33　移动元件

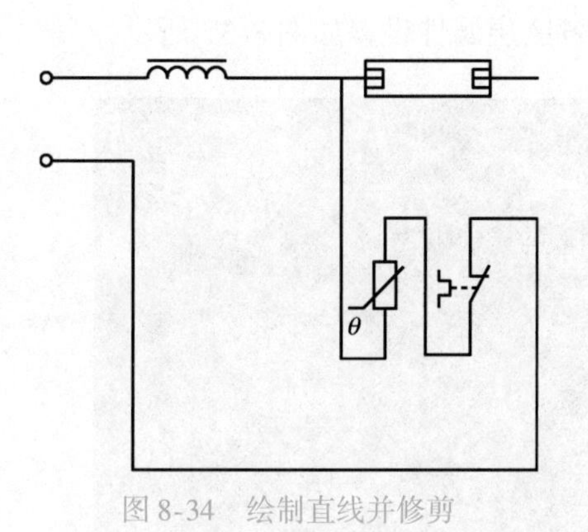

图 8-34 绘制直线并修剪

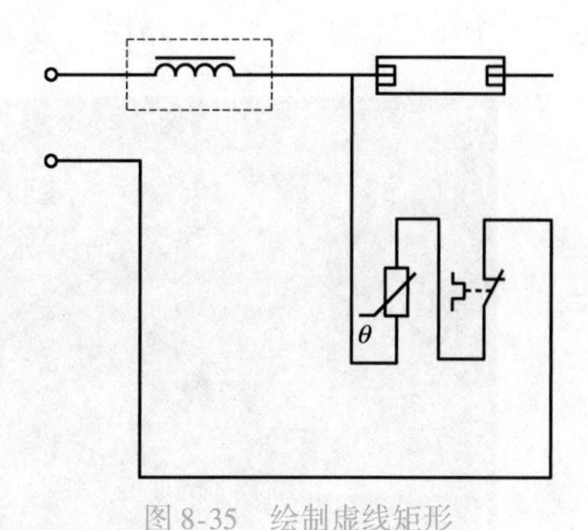

图 8-35 绘制虚线矩形

任务 8.4 带式运输机电气线路图的绘制

图 8-36 所示为带式运输机电气线路图。该带式运输机由两台电动机分别带动两条运输带，同时为防止物料在运输带上堵塞，两条运输带的起动和停止必须按顺序进行。即起动时，第一条运输带起动后第二条运输带才能起动；而在停止运行时，则只有在第二条运输带停止后第一条才可以停止。本线路就是根据两条运输带工作顺序的要求进行设计的，并采用了交流接触器辅助触点连锁装置。

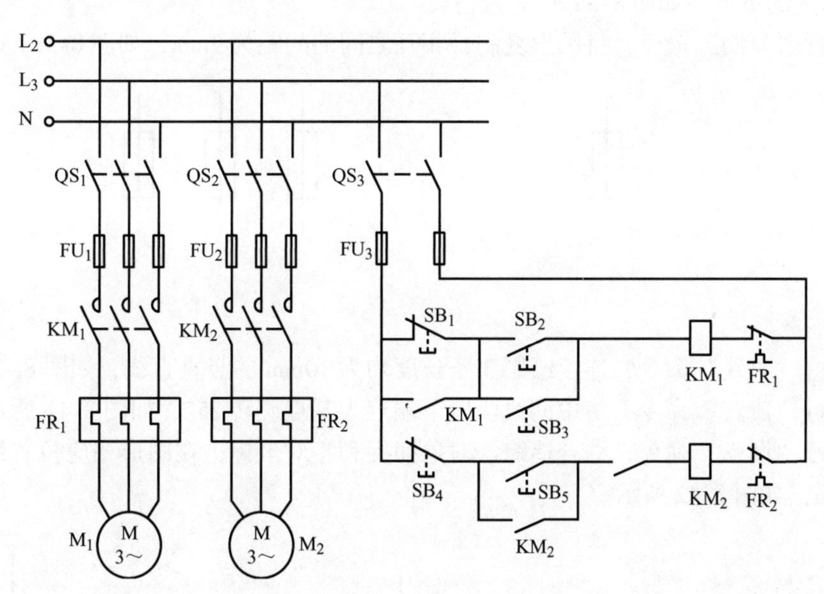

图 8-36 带式运输机电气线路图

8.4.1 设置绘图环境

1）启动 AutoCAD 2020，在快速访问工具栏中单击“保存”按钮，将文件保存为“带式运输机电气线路图 . dwg”文件。

2）执行“图层管理器”命令，在文件中新建“主回路层”“控制回路层”和“文字说明层”3个图层，并将“主回路层”置为当前层。各图层属性设置如图8-37所示。

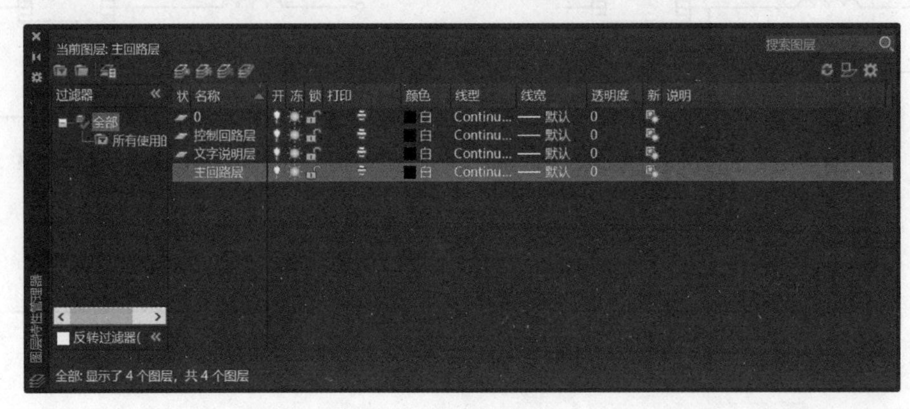

图8-37 图层属性设置

8.4.2 绘制主回路

1. 绘制熔断器

1）将“主回路层”置为当前层，执行“矩形”命令，绘制尺寸为3mm×7mm的矩形。

2）执行“直线”命令，利用追踪和捕捉命令，绘制一条长度为15mm的垂直线，经过矩形上下两边的中点，如图8-38所示。

3）执行“复制”命令，将图形复制，相互之间的间距为9mm，如图8-39所示。

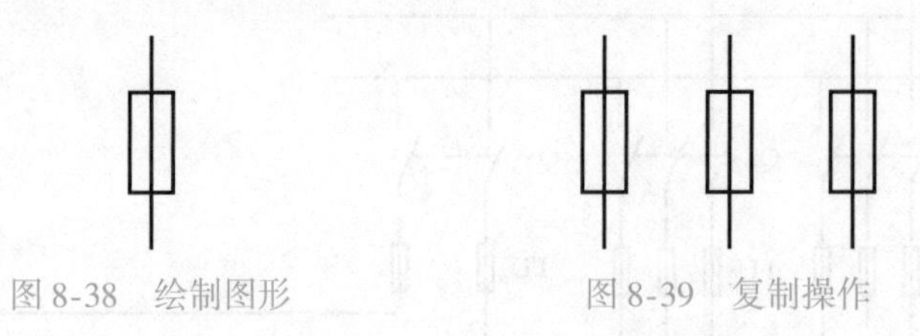

图8-38 绘制图形　　图8-39 复制操作

2. 绘制接触器

1）执行“直线”命令，连续绘制3条长度均为10mm的竖直直线，如图8-40所示。

2）执行“旋转”命令，将中间线段以下端点为基点旋转25°，如图8-41所示。

3）执行“圆弧”命令，结合追踪、对象捕捉和相对坐标，在图形相应位置绘制半径为2mm的圆弧，如图8-42所示。

图8-40 绘制直线　　图8-41 旋转操作　　图8-42 绘制圆弧

4）执行“复制”命令，将图形复制，相互之间的间距为9mm，如图8-43所示。

5）执行“直线”命令，连接斜线中点绘制水平直线，线型为虚线，如图8-44所示。

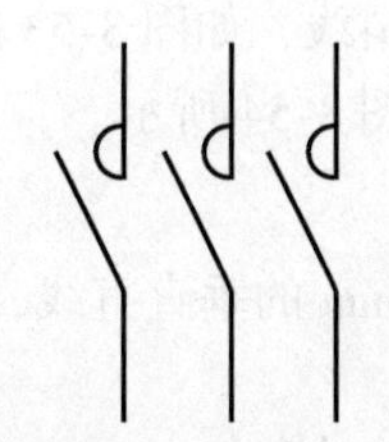
图8-43　复制图形

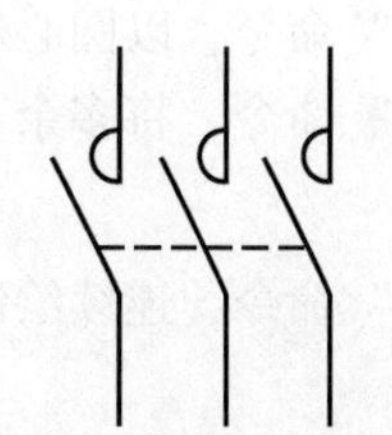
图8-44　绘制连接线

3. 绘制两极热继电器

1）执行“矩形”命令，绘制尺寸为30mm×12mm的矩形，如图8-45所示。

2）执行“直线”命令，绘制一条直线，长度为24mm，经过矩形水平线中点，如图8-46所示。

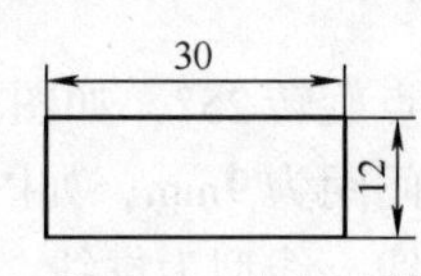

图8-45　绘制矩形

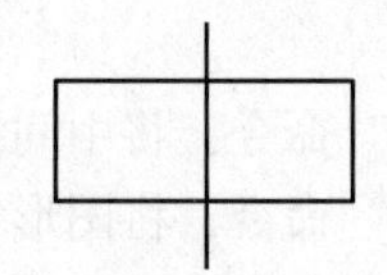
图8-46　绘制直线

3）执行“偏移”命令，将2）中绘制的直线向两侧偏移9mm，如图8-47所示。

4）执行“矩形”命令，结合追踪和对象捕捉，在相应位置分别绘制尺寸为3mm×3mm的矩形，矩形的竖直线中点与直线的中点重合，如图8-48所示。

5）执行“修剪”命令，修剪掉多余的直线，结果如图8-49所示。

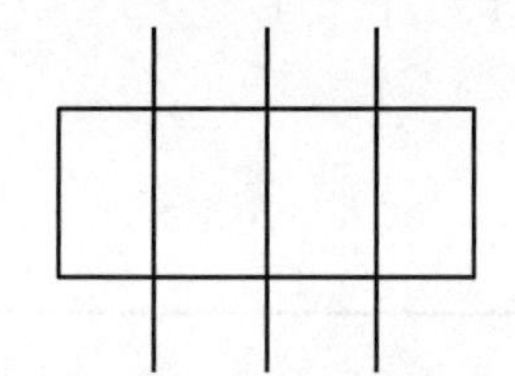
图8-47　偏移操作

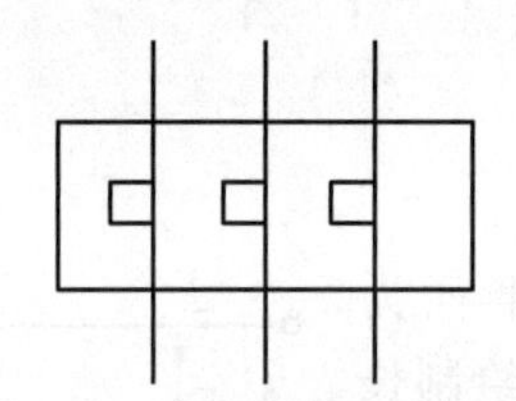
图8-48　矩形操作

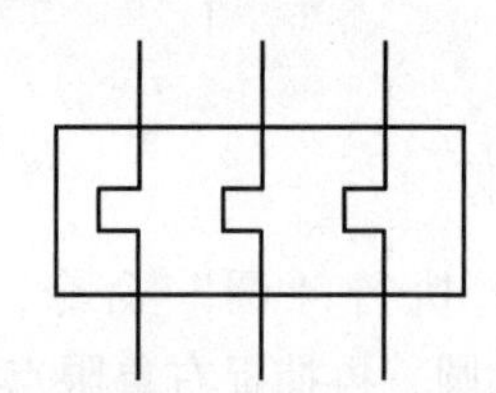
图8-49　修剪操作

4. 绘制三相电动机

1）执行“圆”命令，绘制半径为9mm的圆，如图8-50所示。

2）执行“多行文字”命令，设置文字高度为4.5mm，在圆内输入文字，如图8-51所示。

3）执行“直线”命令，过圆心和左、右象限点向上绘制长度为25mm的垂直线，如图8-52所示。

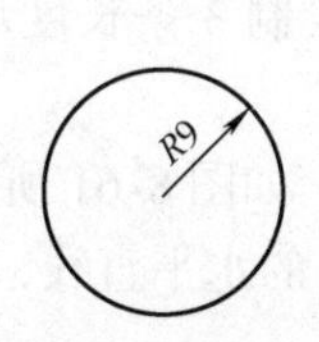

图8-50　绘制圆

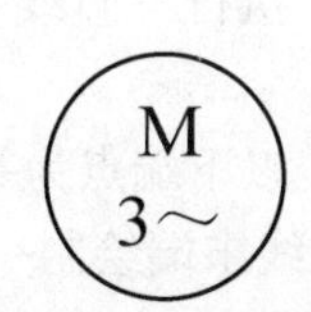

图8-51　输入文字

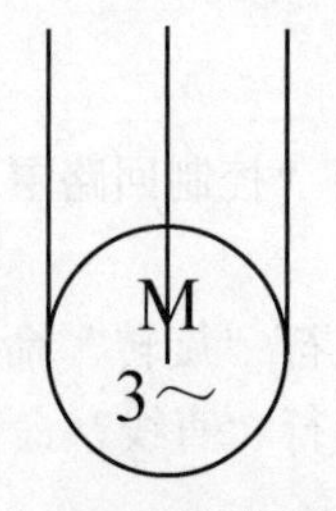

图8-52　绘制直线

4）执行“直线”命令，以圆心和垂直线中点绘制斜线，如图 8-53 所示。

5）执行“修剪”命令，将多余直线修剪，结果如图 8-54 所示。

5. 绘制多极开关

1）执行“直线”命令，连续绘制 3 条长度均为 10mm 的垂直直线，如图 8-55 所示。

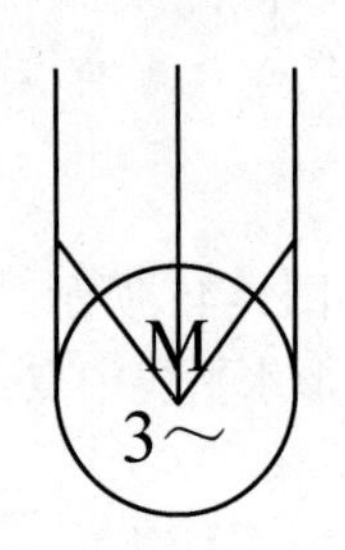

图 8-53　绘制斜线

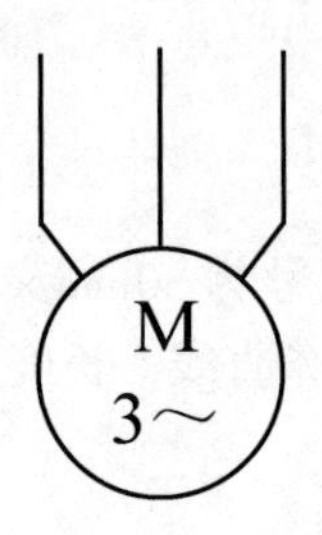

图 8-54　修剪结果

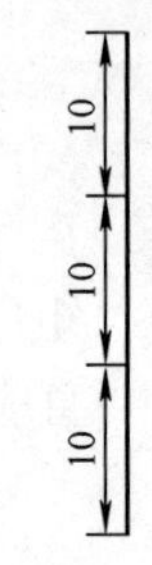

图 8-55　绘制直线

2）执行“旋转”命令，将中间线段以下端点为基点旋转 25°，如图 8-56 所示。

3）执行“复制”命令，将图形复制，相互之间的间距为 9mm，如图 8-57 所示。

4）执行“直线”命令，连接斜线中点绘制水平直线，线型为虚线，如图 8-58 所示。

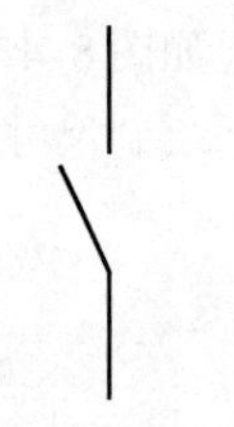

图 8-56　旋转操作

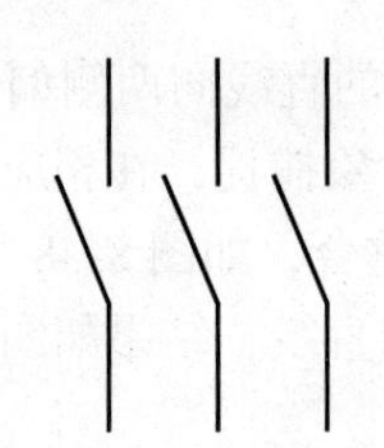

图 8-57　复制图形

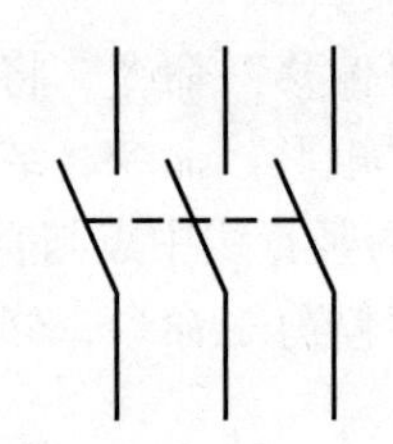

图 8-58　绘制连接线

6. 组合图形

1）执行“圆”命令，绘制半径为 3mm 的圆，再捕捉右象限点，向右绘制长度为 130mm 的水平直线。

2）执行“复制”命令，将圆和线段向上进行 12mm 等距离的复制操作，如图 8-59 所示。

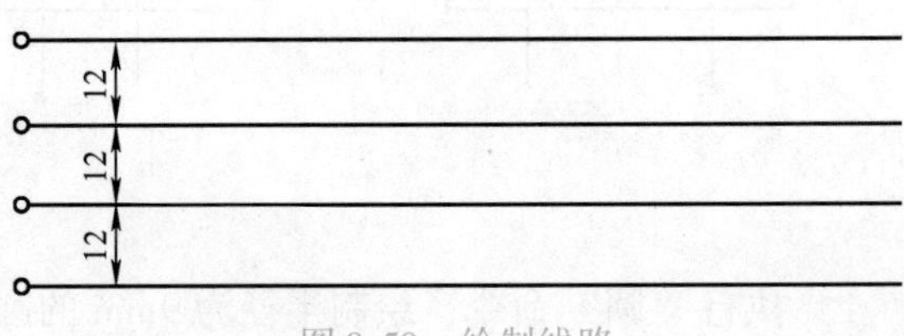

图 8-59　绘制线路

3）通过“移动”“复制”“直线”等命令，将主回路图进行组合，结果如图 8-60 所示。

8.4.3　绘制控制回路

1. 绘制按钮

1）将“控制回路层”置为当前层，执行“直线”命令，连续绘制 3 条长度均为 10mm 的垂直线。

2）执行“旋转”命令，将中间直线以下端点为基点旋转 −25°，如图 8-61 所示。

3）执行“直线”命令，在第一条直线末端绘制一条长度为 6mm 的水平直线，如图 8-62 所示。

4）执行“拉长”命令，选择增量，将斜线上端延长3mm，如图8-63所示。

5）执行“直线”命令，捕捉斜线中点向左绘制长为9mm的水平线，线型为虚线，如图8-64所示。

6）执行“矩形”命令，绘制尺寸为3mm×7mm的矩形，矩形左边竖直线的中点与虚线端点重合，如图8-65所示。

7）执行“修剪”命令，修剪掉多余的直线，如图8-66所示，完成常闭按钮的绘制。

8）执行“复制”命令，复制常闭按钮符号，执行“删除”命令，将相应的直线进行删除，如图8-67所示。

9）执行“镜像”命令，将斜线以下端点进行镜像，且删除源对象；再执行“移动”命令，调整图形相应位置，如图8-68所示，完成常开按钮的绘制。

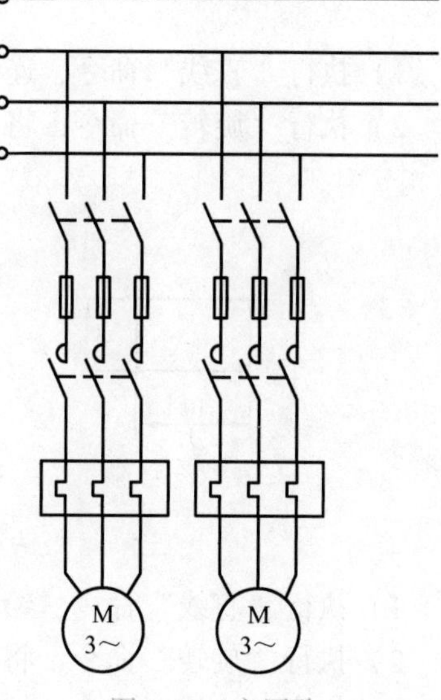

图8-60　主回路

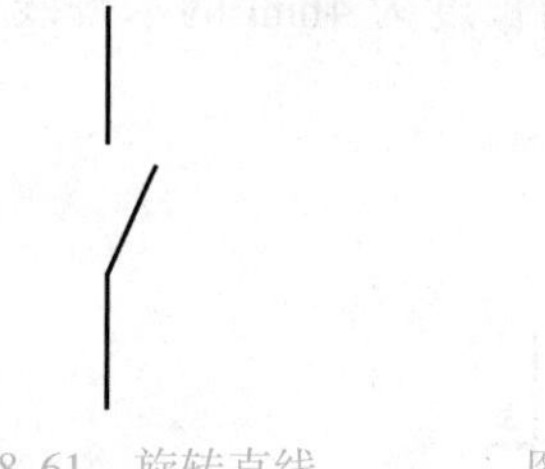
图8-61　旋转直线

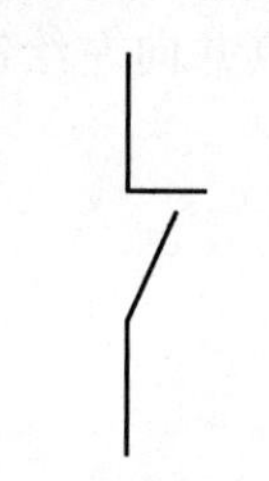
图8-62　绘制水平线

图8-63　拉长斜线

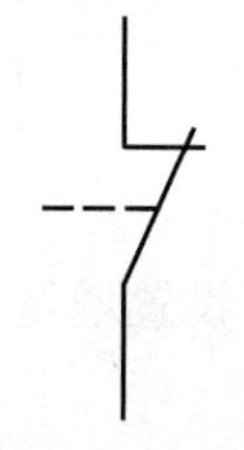
图8-64　绘制直线

图8-65　绘制矩形

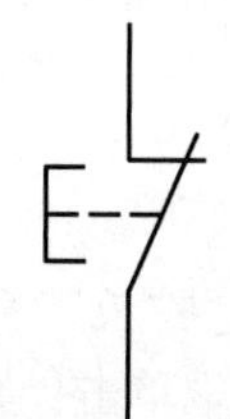
图8-66　常闭按钮

图8-67　复制、删除的结果

图8-68　常开按钮

2. 绘制热继电器

1）执行“矩形”命令，绘制尺寸为10mm×6mm的矩形，如图8-69所示。

2）执行“直线”命令，分别从矩形上、下侧中点出发，绘制长度为4mm的垂直线，如图8-70所示。

3. 绘制单极开关

1）执行“直线”命令，连续绘制 3 条长度均为 10mm 的垂直线。

2）执行“旋转”命令，将中间直线以下端点为基点旋转 25°，如图 8-71 所示。

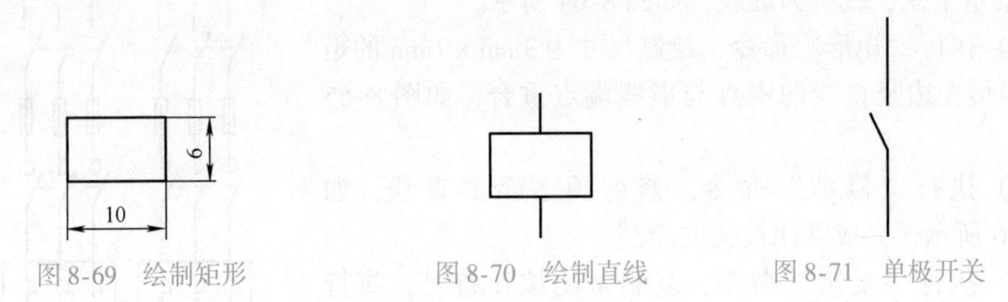

图 8-69　绘制矩形　　图 8-70　绘制直线　　图 8-71　单极开关

4. 绘制热继电器常闭触点

1）执行“直线”命令，绘制图 8-72 所示的 3 条线段。

2）执行“旋转”命令，将中间直线绕下端点旋转 –25°，结果如图 8-73 所示。

3）执行“直线”命令，捕捉端点并向右绘制长度为 3mm 的水平直线，如图 8-74 所示。

4）执行“直线”命令，捕捉斜线中点并向左绘制长度为 4mm 的水平线，且将线型设置为虚线，如图 8-75 所示。

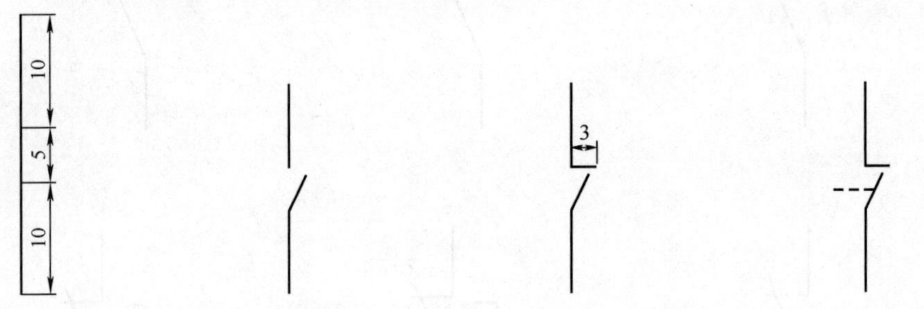

图 8-72　绘制直线　　图 8-73　旋转操作　　图 8-74　绘制水平直线　　图 8-75　绘制虚直线

5）执行“拉长”命令，根据命令提示行选择“增量（ED）”，设置增量长度为 2mm，然后在斜线上端单击，则将斜线上端拉长 2mm，如图 8-76 所示。

6）执行“矩形”命令，利用捕捉、追踪命令和相对直角坐标，绘制尺寸为 2mm × 3mm 的矩形，如图 8-77 所示，矩形右边的竖直线中点与虚线端点重合。

7）执行“修剪”命令，将 6）中矩形左边的竖直线修剪掉，如图 8-78 所示。

8）执行“直线”命令，捕捉上、下端点，向上、向下绘制长度为 2mm 的两条垂直线段，如图 8-79 所示。

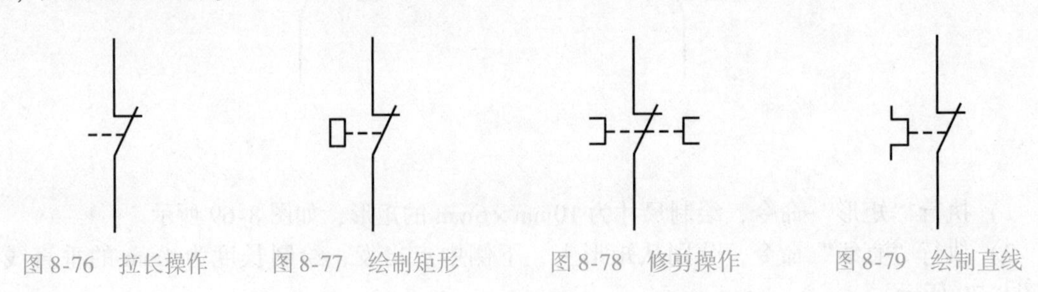

图 8-76　拉长操作　　图 8-77　绘制矩形　　图 8-78　修剪操作　　图 8-79　绘制直线

5. 绘制熔断器

1）将“主回路层”置为当前层，执行“矩形”命令，绘制尺寸为3mm×7mm的矩形。

2）执行“直线”命令，利用追踪和捕捉命令，绘制一条长度为15mm的垂直线，经过矩形上下两边的中点，如图8-80所示。

图8-80　绘制图形

6. 绘制两极开关

1）执行“直线”命令，连续绘制3条长度均为10mm的垂直直线，如图8-81所示。

2）执行“旋转”命令，将中间线段以下端点为基点旋转25°，如图8-82所示。

3）执行“复制”命令，将图形复制，相互之间的间距为18mm，如图8-83所示。

4）执行“直线”命令，连接斜线中点绘制水平直线，线型为虚线，如图8-84所示。

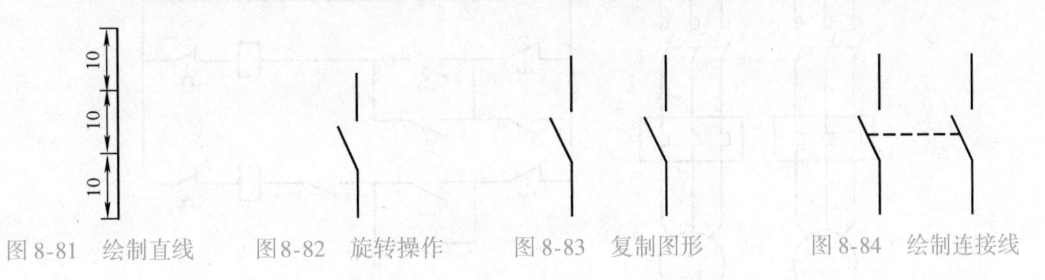

图8-81　绘制直线　　图8-82　旋转操作　　图8-83　复制图形　　图8-84　绘制连接线

7. 组合图形

通过“移动”“复制”“旋转”“直线”等命令，将元件移动到相应位置，用直线进行连接，组合成图8-85所示的控制回路。

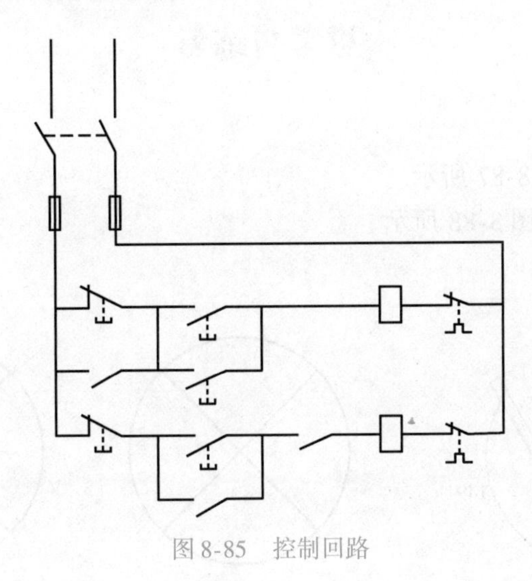

图8-85　控制回路

8.4.4　连接图形

前面已经将主回路和控制回路绘制完成，下面将两组回路移动到一起，并进行文字标注，具体操作步骤如下：

1）执行“移动”命令将各元器件符号放置到相应位置，并结合“直线”命令将图形进行连接，结果如图 8-86 所示。

2）将“文字说明层”置为当前层，执行“多行文字”命令，设置文字高度为 4.5mm，在图形位置进行文字注释，结果如图 8-37 所示。

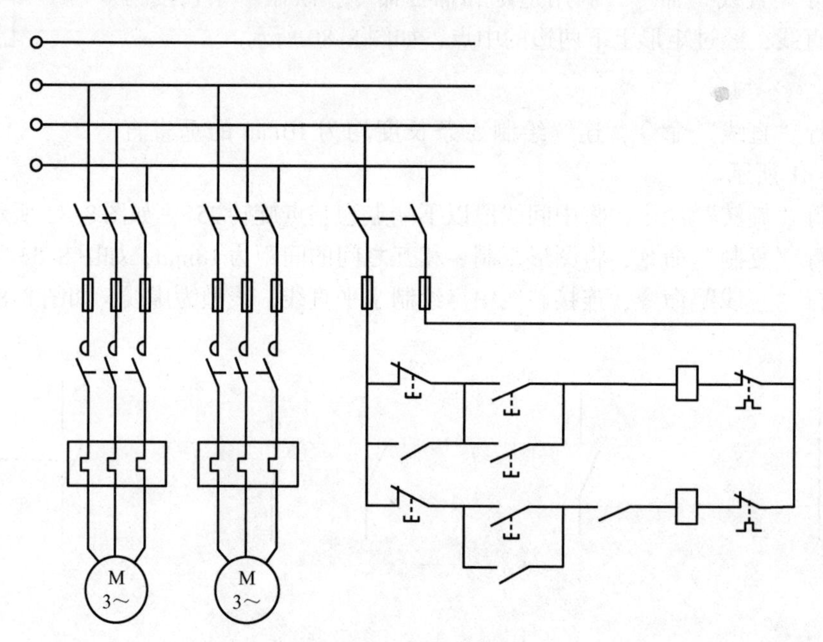

图 8-86　连接图形

思考与练习

绘制下面的电路图。

1）绘制开关，如图 8-87 所示。

2）绘制信号灯，如图 8-88 所示。

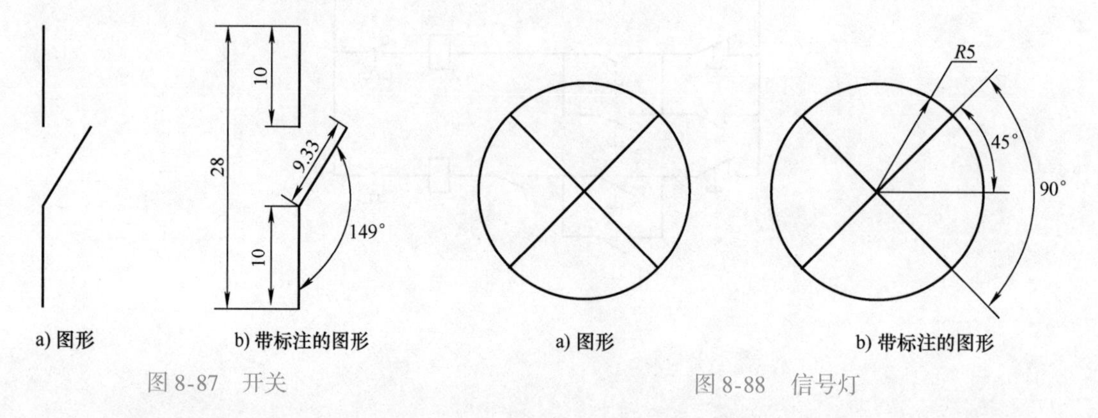

图 8-87　开关　　图 8-88　信号灯

3）绘制电阻，如图 8-89 所示。

4）绘制电源，如图 8-90 所示。

5）将1）~4）中的图形进行移动，再进行连接，绘制出图8-91所示的电路图。

a) 图形　b) 带标注的图形

图8-89　电阻

a) 图形　b) 带标注的图形

图8-90　电源

图8-91　电路图

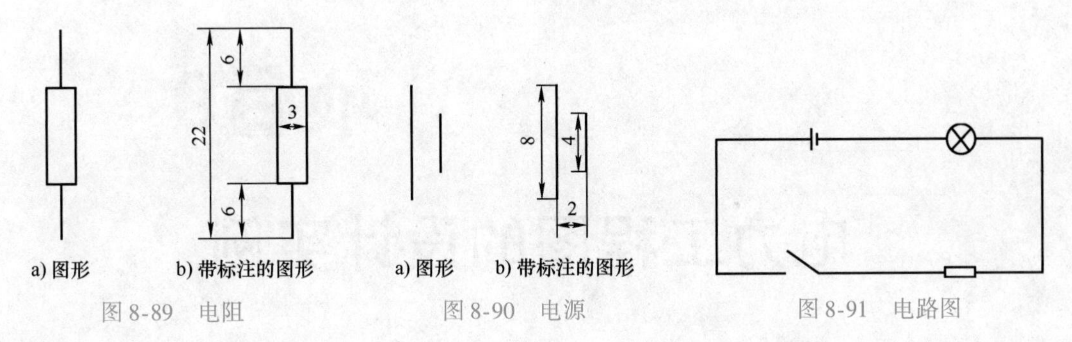

项目9

电力工程图的设计实例

学习目标：▲

- △ 掌握电力工程图的设计原则
- △ 掌握电力工程图的设计步骤
- △ 了解电力工程图的基本原理

知识点：▲

1. 掌握电力工程图的绘制步骤
2. 掌握输出工程图的绘制方法
3. 掌握变电工程图的绘制方法

技能点：▲

1. 能根据要求绘制电力工程图所需的元件
2. 能将绘制好的元件进行整体布局和连线
3. 能结合辅助命令完成电力工程图的绘制

素养点：▲

1. 具备认真负责的学习态度
2. 具备严谨细致的学习作风
3. 具备学习主体意识
4. 具备职业道德意识
5. 具备团队合作意识

任务 9.1　110kV 输出工程图的绘制

为了把发电厂发出的电能（又称为电力或电功率）送达用户，必须有电力输送线路。输出工程图就是用来描述电力输送线路的电气工程图。图 9-1 所示为 110kV 输出线路保护图，下面将详细介绍其绘制方法和步骤。

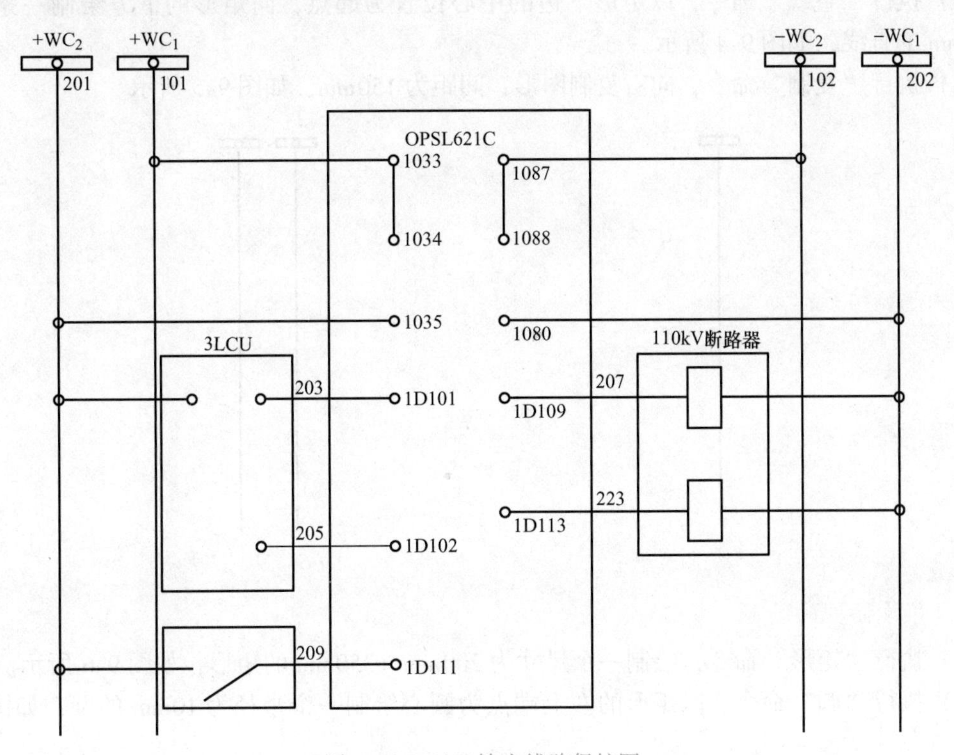

图 9-1　110kV 输出线路保护图

9.1.1　设置绘图环境

1）启动 AutoCAD 2020，在快速访问工具栏中单击“保存”按钮，将文件保存为“110kV 输出线路保护图 . dwg”文件。

2）在面板上右击，在弹出的快捷菜单中选择常用面板名称，并使各面板在绘图窗口中处于显示状态。

9.1.2　线路图的绘制

根据图 9-1 所示的图形可知，该线路保护图主要由接线端子、电源插件、压板、保护装置和 110kV 断路器等部分组成。下面依次绘制各组成部分。

1. 接线端子的绘制

1）执行“矩形”命令，绘制一个尺寸为 100mm×20mm 的矩形，如图 9-2 所示。

2）执行“圆”命令，在矩形的中心位置绘制一个半径为 10mm 的圆，如图 9-3 所示。

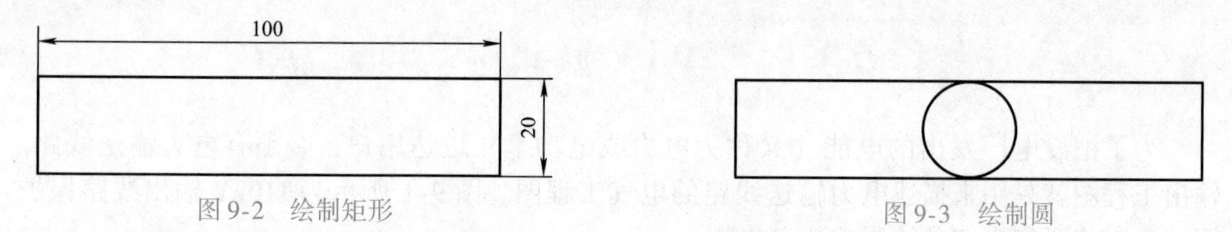

图 9-2　绘制矩形　　图 9-3　绘制圆

3）执行“直线”命令，以矩形下边的中心位置为起点，向矩形的下方绘制一条长为1000mm的直线，如图9-4所示。

4）执行“复制”命令，向右复制图形，间距为150mm，如图9-5所示。

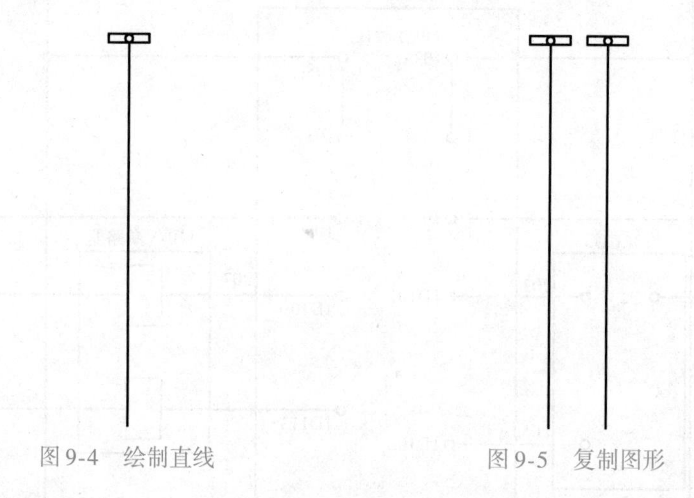
图 9-4　绘制直线　　图 9-5　复制图形

2. 电源插件的绘制

1）执行“矩形”命令，绘制一个尺寸为200mm×350mm的矩形，如图9-6所示。

2）执行“圆”命令，以矩形的左上端点为圆心绘制一个半径为10mm的圆，如图9-7所示。

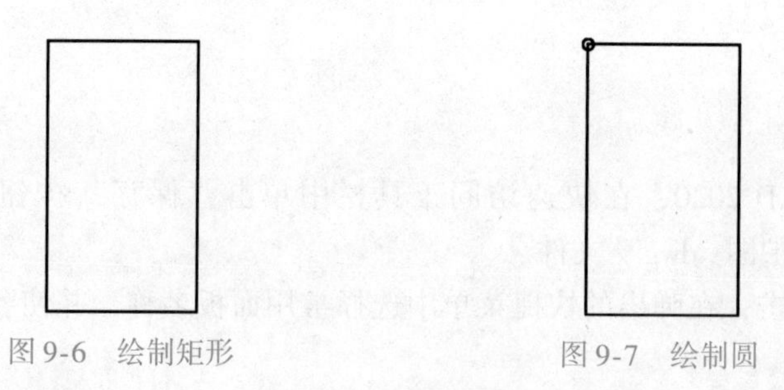
图 9-6　绘制矩形　　图 9-7　绘制圆

3）执行“移动”命令，以圆心为基点分别向下移动65mm、向右移动50mm，如图9-8所示。

4）执行“直线”命令，以圆心为起点向左绘制一条长度为210mm直线；再执行“圆”命令，在直线的另一端点处绘制一个半径为10mm的圆，如图9-9所示。

5）执行“镜像”命令，对直线、圆进行镜像，如图9-10所示。

6）执行“修剪”命令，对包含在圆内的直线段进行修剪，如图9-11所示。

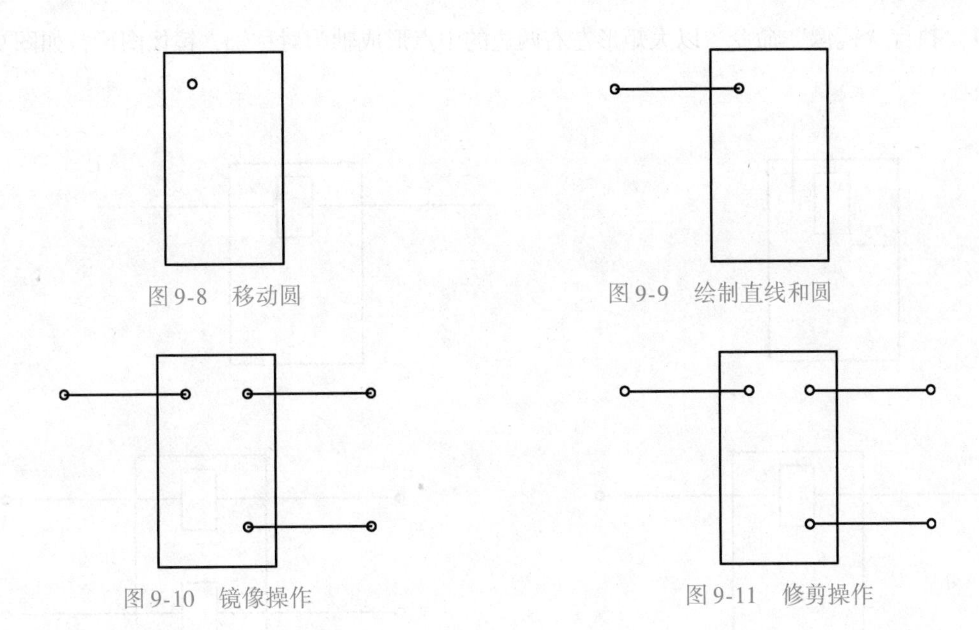

图 9-8　移动圆　　图 9-9　绘制直线和圆

图 9-10　镜像操作　　图 9-11　修剪操作

3. 压板的绘制

1）执行“直线”命令，分别绘制三条直线，两端直线长度为 210mm，中间直线长度为 100mm，如图 9-12 所示。

2）执行“旋转”命令，将中间的直线，以其右边的端点为基点旋转 30°，如图 9-13 所示。

3）执行“矩形”命令，绘制一个尺寸为 200mm × 120mm 的矩形，如图 9-14 所示。

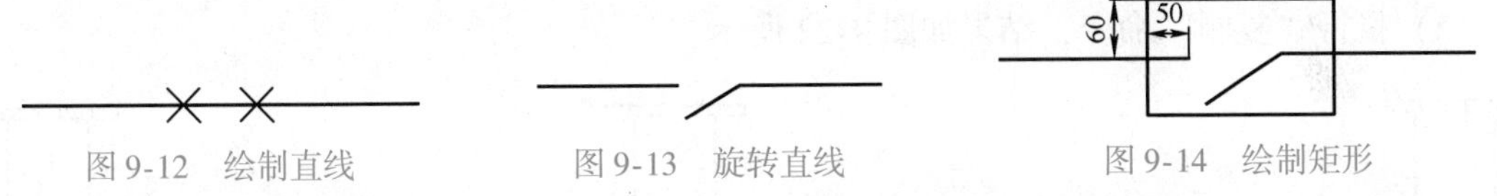

图 9-12　绘制直线　　图 9-13　旋转直线　　图 9-14　绘制矩形

4）执行“圆”命令，分别在两条水平线的两边端点绘制半径为 10mm 的圆，如图 9-15 所示。

5）执行“修剪”命令，对包含在圆内的直线进行修剪，如图 9-16 所示。

图 9-15　绘制圆　　图 9-16　修剪直线

4. 110kV 断路器的绘制

1）执行“矩形”命令，分别绘制尺寸为 50mm × 90mm 和 200mm × 300mm 的两个矩形，如图 9-17 所示。

2）执行“直线”命令，分别以小矩形左、右两边中点为起点绘制两条长度为 280mm 的直线，如图 9-18 所示。

3）执行“圆”命令，分别以在 2）中绘制直线的端点为圆心，绘制半径为 10mm 的圆，再执行“修剪”命令，对包含在圆内的直线进行修剪，如图 9-19 所示。

4）执行“镜像”命令，以大矩形左右两边的中点形成轴为对称轴，镜像图形，如图 9-20 所示。

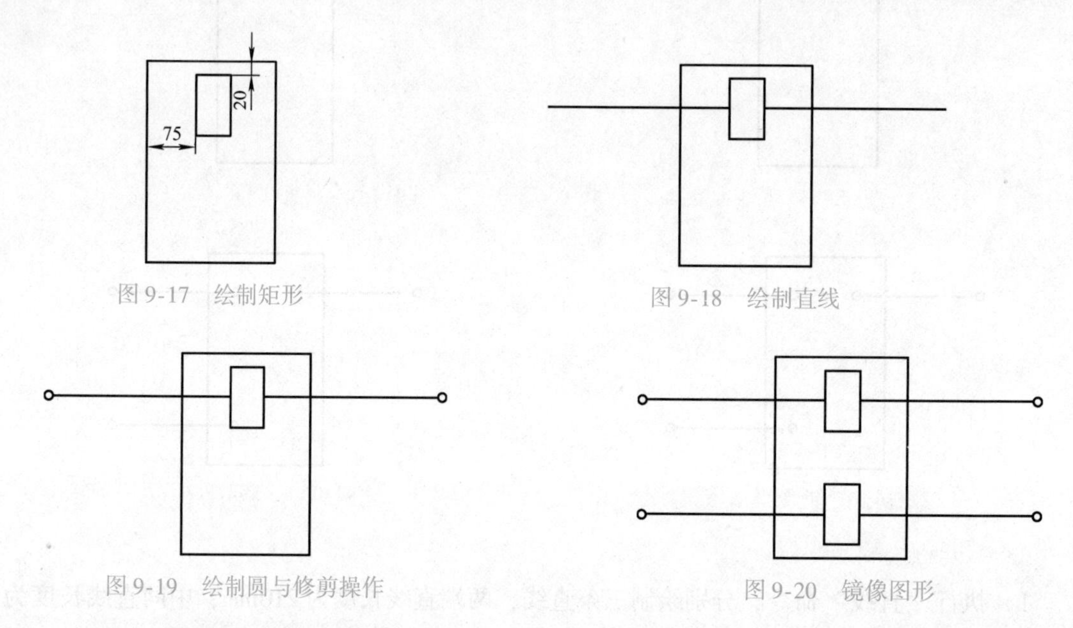

图 9-17　绘制矩形

图 9-18　绘制直线

图 9-19　绘制圆与修剪操作

图 9-20　镜像图形

9.1.3　组合图形

前面分别完成了输电线路各元器件的绘制，下面将这些元器件组合成完整的输出线路保护图。

1）执行“移动”命令，将元器件移到相应位置，如图 9-21 所示。

2）执行“复制”命令，结果如图 9-22 所示。

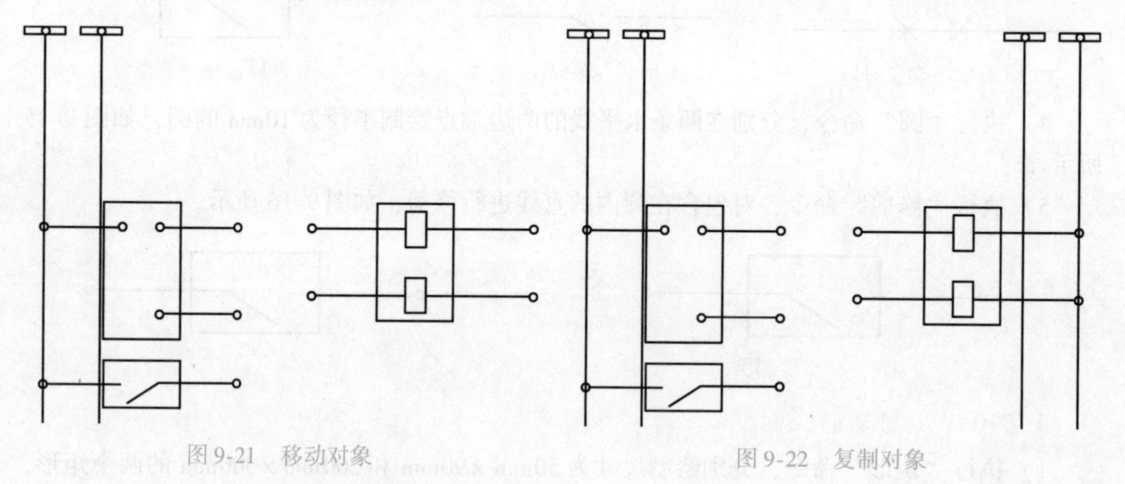

图 9-21　移动对象

图 9-22　复制对象

3）执行“矩形”命令，绘制一个尺寸为 400mm × 900mm 的矩形；再执行“直线”和“圆”命令，添加连接线和半径为 10mm 的圆，再执行“修剪”命令，如图 9-23 所示。相关尺寸如图 9-24 所示。

4）执行“多行文字”命令，将文字指定到合适位置；设置字体高度为 20mm，输入相应的文字，见图 9-1。

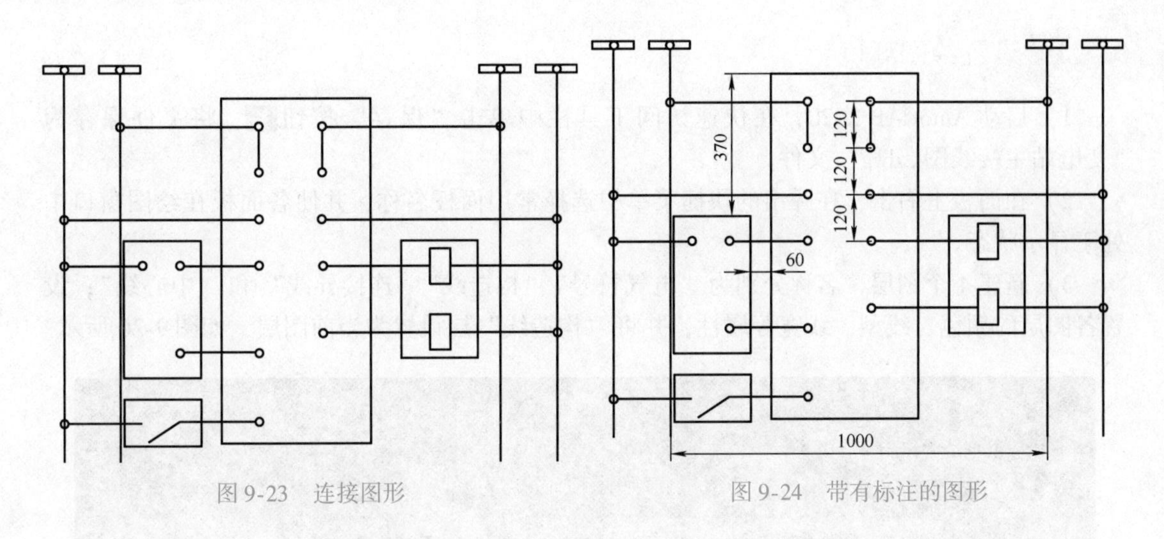

图 9-23 连接图形

图 9-24 带有标注的图形

任务 9.2 变电工程图的绘制

变电站主要起变换和分配电能的作用。变电站和输电线路作为电力系统的变电部分，是电力系统的重要组成部分。图 9-25 所示为某变电站的一次主接线图，全图基本上是由图形符号、连线及文字注释组成的，不涉及出图比例。

绘制此类图的要点有两个，一是合理绘制图形符号（或以适当的比例插入事先做好的图块），二是布局合理、图面美观。

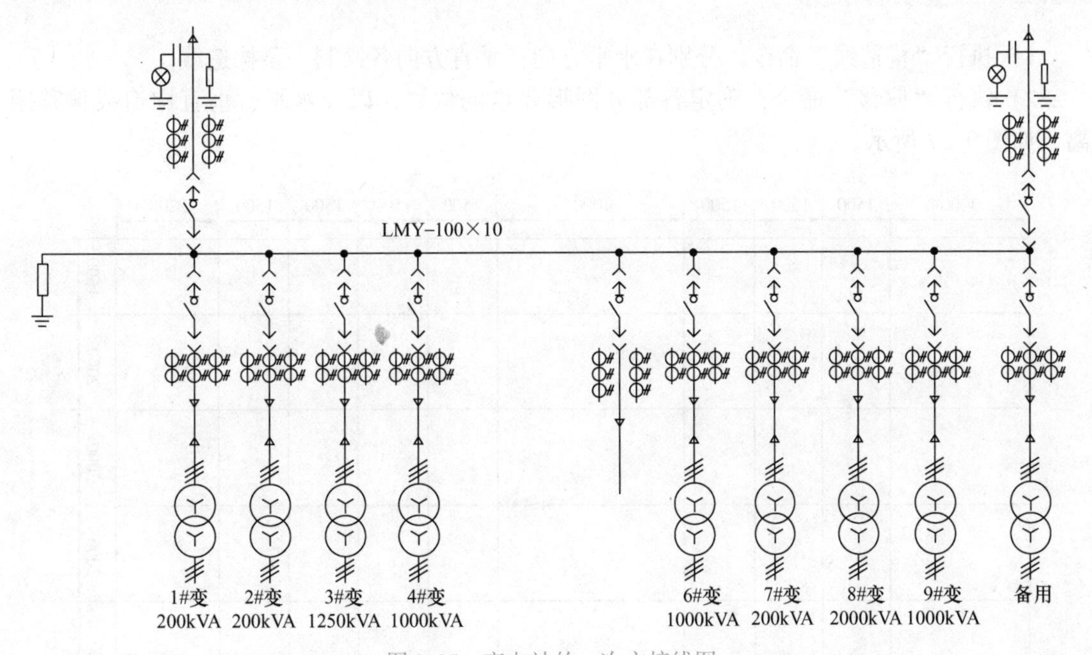

图 9-25 变电站的一次主接线图

9.2.1 设置绘图环境

1）启动 AutoCAD 2020，在快速访问工具栏中单击“保存”按钮，将文件保存为“变电站主接线图 . dwg”文件。

2）在面板上右击，在弹出的快捷菜单中选择常用面板名称，并使各面板在绘图窗口中处于显示状态。

3）新建 4 个图层，名称分别为“电气符号”“构造线”“连接导线”和“中心线”；设置各图层的颜色、线型、线宽等属性，并将“构造线”层设置为当前图层，如图 9-26 所示。

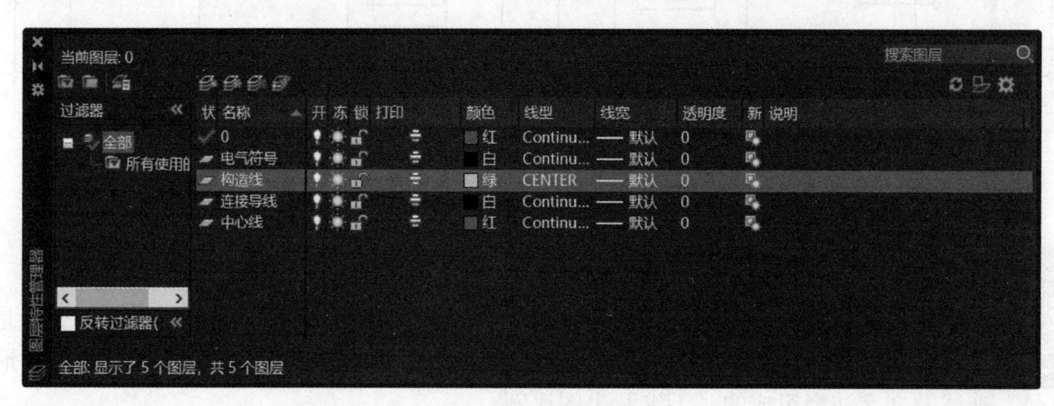

图 9-26 设置变电站主接线图图层属性

9.2.2 构造线的绘制

1）执行“构造线”命令，分别在水平方向、垂直方向各绘制一条构造线。

2）执行“偏移”命令，确定各部分图形要素的位置，以及水平、垂直构造线偏移距离，如图 9-27 所示。

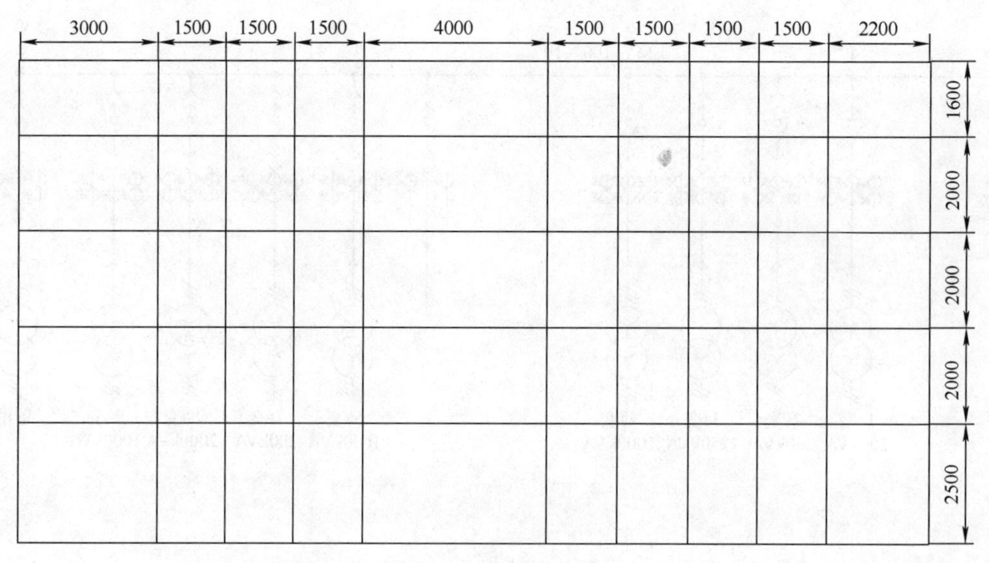

图 9-27 绘制构造线

9.2.3　线路图的绘制

根据图9-25所示的图形可知，该线路图主要由母线、主变支路、变电站支路、接地线路和供电线路等部分组成。下面依次绘制各条线路。

1. 母线的绘制

35kV母线及10kV母线均用单直线表示，线宽设置为0.7mm。执行“直线”命令，绘制一条长度为20000mm的直线，如图9-28所示。

图9-28　绘制母线

2. 主变支路的绘制

图9-25中有9个主变支路，包括8个工作主变支路和1个备用支路。每个主变支路的图形符号完全相同，绘制步骤如下：

1）执行“直线”命令，分别绘制长度为360mm、180mm、420mm和360mm的4条直线，取直线名为1、2、3、4，如图9-29所示。

2）在右下角的状态栏中选择右侧的下拉按钮，选择设置追踪角度为45°、90°、135°、180°，如图9-30所示。开启“极轴”命令，然后执行“直线”命令，分别以直线1和直线2的下端点为起点，绘制一条角度为315°、长度为200mm的直线，如图9-31所示。

3）执行“镜像”命令，以直线1为镜像轴，对2）中的直线进行镜像，再执行“删除”命令，将直线2删除，如图9-32所示。

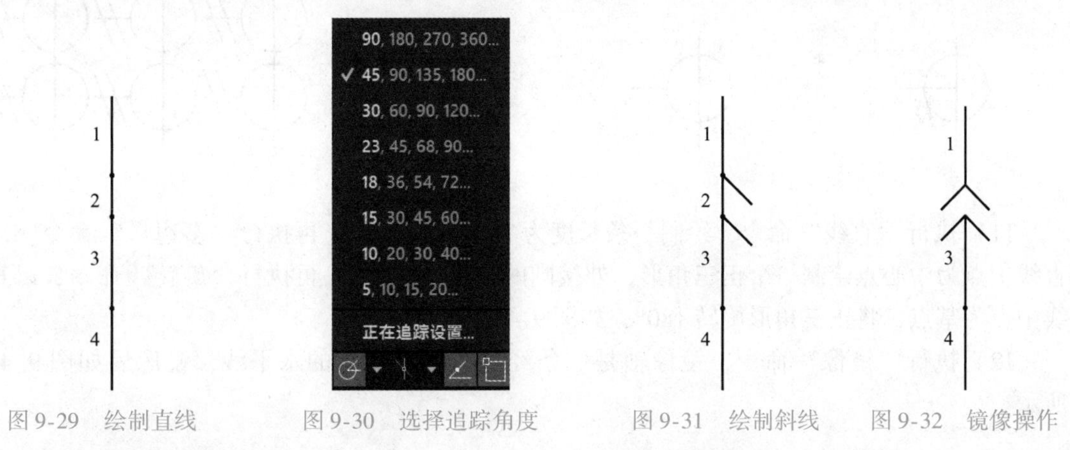

图9-29　绘制直线　　图9-30　选择追踪角度　　图9-31　绘制斜线　　图9-32　镜像操作

4）执行“镜像”命令，以经过直线4的中点水平线为镜像轴，将直线3与3）中的斜线进行镜像，如图9-33所示。

5）执行“旋转”命令，将直线4进行旋转，以直线4的下端点为基点，旋转30°，如图9-34所示。

6）执行“直线”命令，在直线3的下端点绘制一条长度为96mm的直线，其中点与直线3的下端点重合，再执行“圆”命令，绘制一个半径为36mm的圆，圆的上象限点与直线3的下端点重合，如图9-35所示。

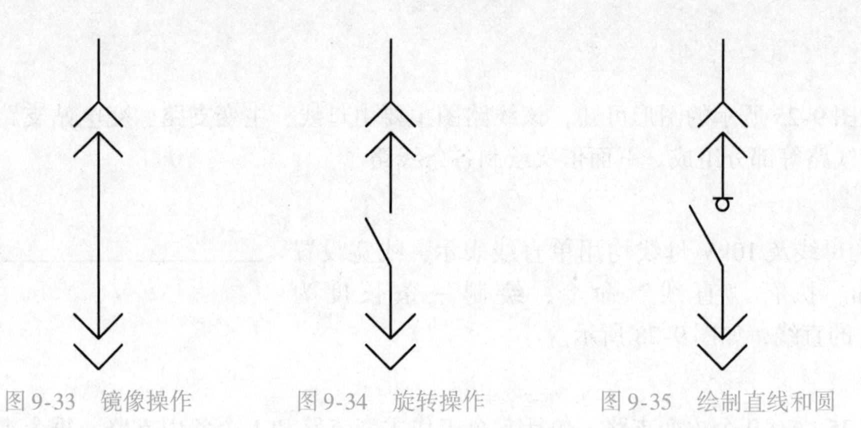

图9-33　镜像操作　　图9-34　旋转操作　　图9-35　绘制直线和圆

7）执行“圆”命令，绘制一个半径为120mm的圆，再执行“直线”命令，沿Y方向绘制一条长度为360mm的直线，直线的中点与圆心重合，再以圆心为起点向X正方向绘制一条长度为270mm的直线，如图9-36所示。

8）执行“修剪”命令，将包含在圆内的水平线部分修剪掉，如图9-37所示。

9）执行“定数等分”命令，将水平线三等分，再执行“直线”命令，绘制两条长度为180mm、与水平线成60°角相交的直线，直线的中点与等分点重合，如图9-38所示。

10）执行“矩形阵列”命令，2行3列，行间距为300mm，列间距为420mm，如图9-39所示。

图9-36　绘制圆、直线　　图9-37　修剪直线　　图9-38　绘制直线　　图9-39　阵列对象

11）执行“直线”命令，绘制一条长度为720mm的直线，再执行“多边形”命令，以直线中点为中心点绘制一个正三角形，外接圆的半径为80mm，再执行“旋转”命令，以直线中点为基点，将正三角形旋转180°，如图9-40所示。

12）执行“镜像”命令，镜像轴是一条经过直线下端点的水平线，镜像后如图9-41所示。

图9-40　绘制正三角形　　图9-41　镜像对象

13）执行“圆”命令，绘制半径为400mm的圆，再执行“复制”命令，将圆垂直向下

复制600mm的距离，如图9-42所示。

14）执行“直线”命令，捕捉圆上、下侧象限点，分别向两边绘制长度为500mm的线段，如图9-43所示。

15）执行“直线”命令，在上方垂直直线的中点处绘制一条角度为30°、长度为400mm的斜线，如图9-44所示。

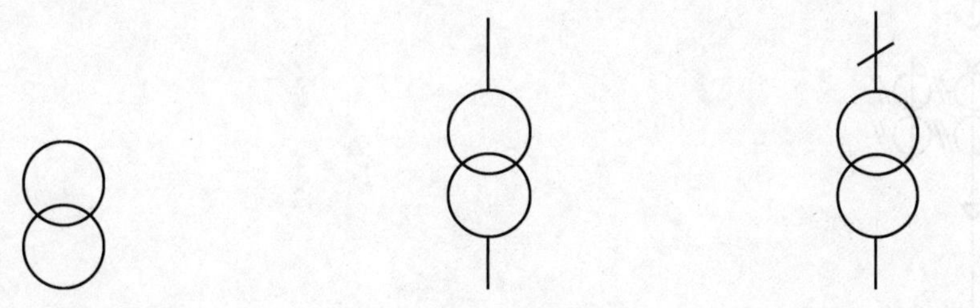

图9-42　圆和复制操作　　图9-43　绘制直线　　图9-44　绘制斜线

16）执行“复制”命令，分别向上、下各复制距离为100mm的两条斜线，如图9-45所示。

17）执行“直线”命令，在两个圆内分别以圆心为起点绘制三条长度为180mm的直线，如图9-46所示。

18）执行“直线”命令，在下方垂直直线的中点处绘制一条角度为30°、长度为400mm的斜线，执行“复制”命令，分别向上、下各复制距离为100mm的两条斜线，如图9-47所示。

图9-45　复制操作　　图9-46　绘制直线　　图9-47　绘制斜线

19）执行“移动”命令，将绘制好的图形按顺序依次组合起来，就完成了主变支路的绘制，如图9-48所示。

3. 变电站支路的绘制

1）执行“复制”命令，复制一次图9-38所示的图形，再执行“矩形阵列”命令，3行2列，行间距为300mm，列间距为720mm，如图9-49所示。

2）执行“复制”命令，复制图9-35和图9-40所示的图形，执行“移动”命令，再将这两图形和图9-49进行移动，形成图9-50所示效果。

4. 供电线路的绘制

1）执行“块插入”命令，分别以适当的比例插入信号灯、电阻器、电容器符号，如图9-51所示。

2）执行“复制”“旋转”和“移动”命令，在电阻器、信号灯的下端绘制接地符号，将图9-35、图9-40、图9-49和信号灯、电容器、电阻器符号组合，如图9-52所示。

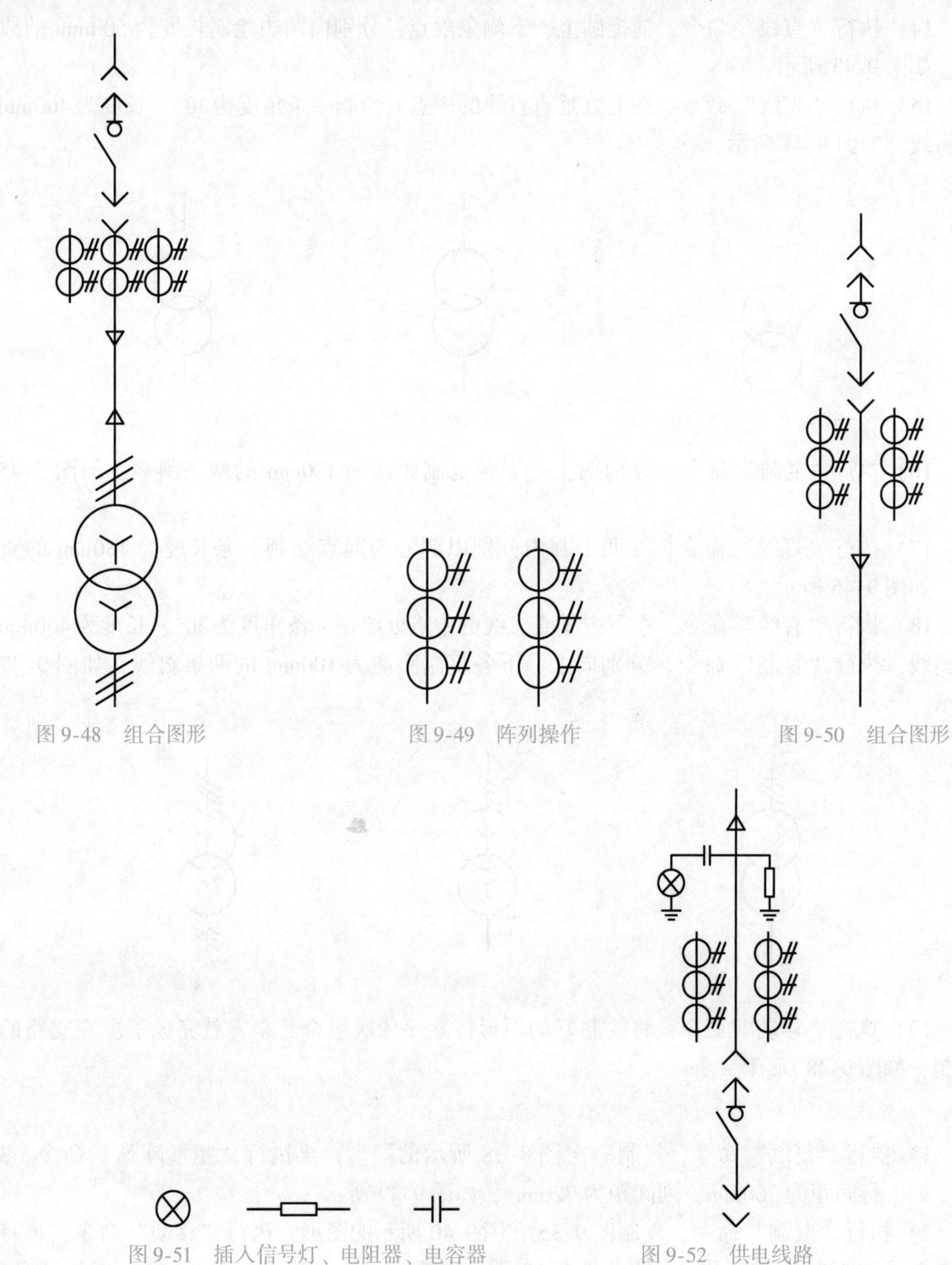

图9-48　组合图形

图9-49　阵列操作

图9-50　组合图形

图9-51　插入信号灯、电阻器、电容器

图9-52　供电线路

9.2.4　组合图形

前面已经分别完成了变电站各条支路的绘制，下面介绍如何将各支路分别安装到母线上，具体操作步骤如下：

1）执行“复制”和“移动”命令，将各支路连接起来，如图 9-53 所示。

2）执行“多行文字”命令，分别设置相应的字体、字高等，再在图 9-53 中的有关位置添加相应的文字，如图 9-25 所示。

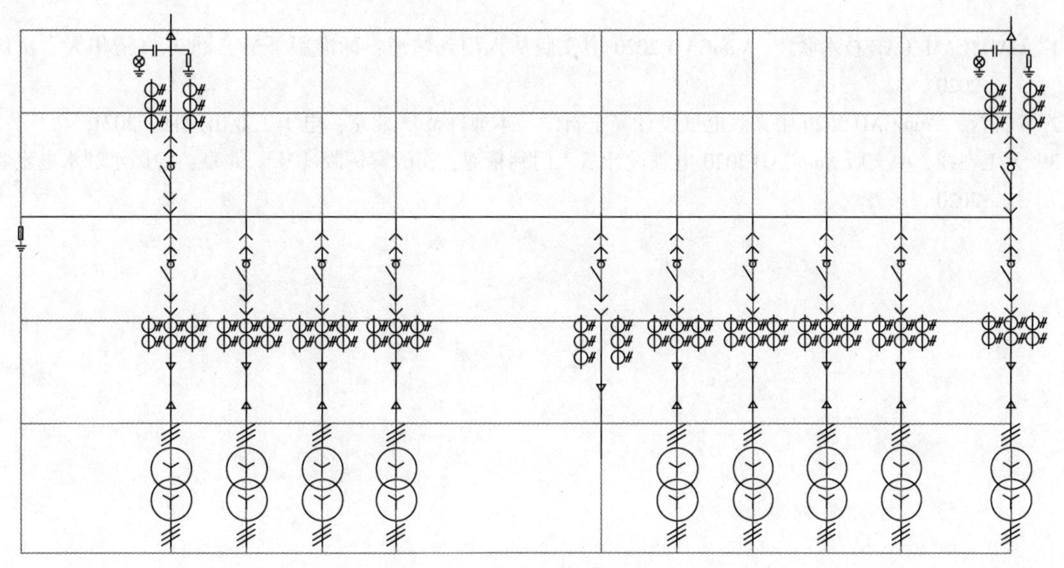

图 9-53　组合图形

思考与练习

1. 绘制图 9-54 所示的电路图。
2. 绘制图 9-55 所示的电路图。

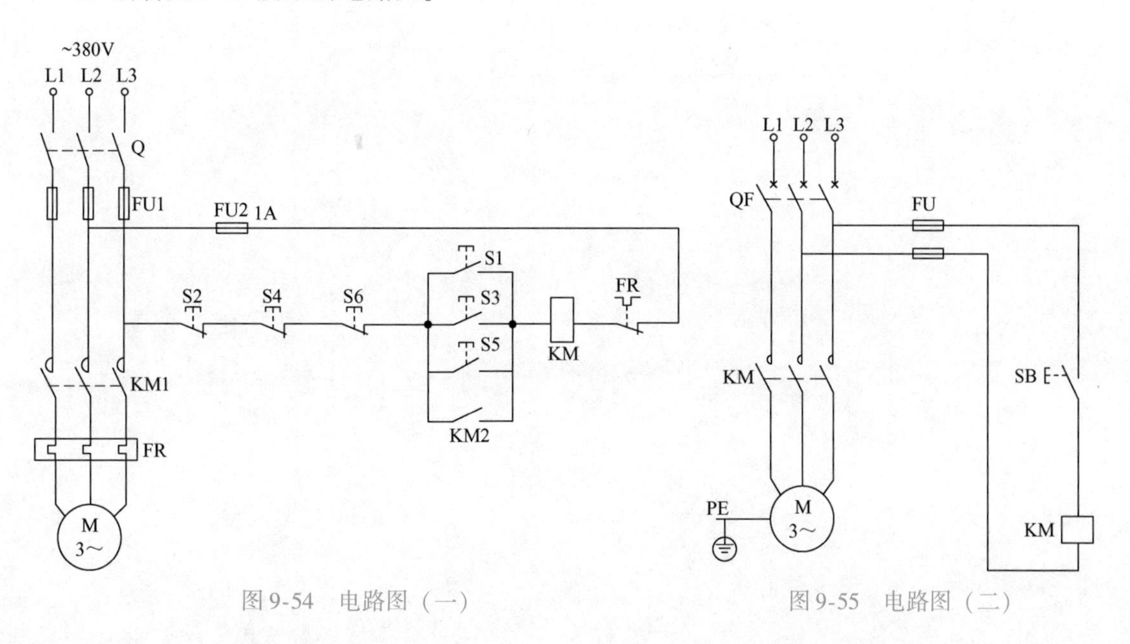

图 9-54　电路图（一）　　图 9-55　电路图（二）

参考文献

[1] CAD/CAM/CAE 技术联盟. AutoCAD 2020 中文版从入门到精通：标准版 [M]. 北京：清华大学出版社，2020.

[2] 高雷娜. AutoCAD 2020 中文版电气设计完全自学一本通 [M]. 北京：电子工业出版社，2021.

[3] 天工在线. 中文版 AutoCAD 2020 电气设计从入门到精通：实战案例版 [M]. 北京：中国水利水电出版社，2020.